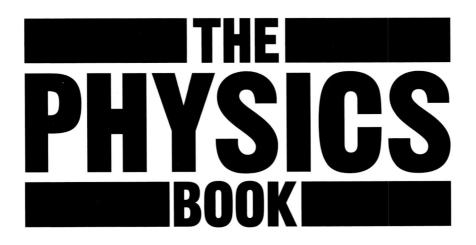

THE PHYSICS BOOK

"人类的思想"百科丛书
精品书目

经济学百科　心理学百科　哲学百科　科学百科　商业百科

政治学百科　莎士比亚百科　社会学百科　文学百科　福尔摩斯百科

电影百科　历史百科　艺术百科　罪案百科　宗教学百科

天文学百科　生态学百科　数学百科　古典音乐百科　法律百科

神话百科　化学百科　第二次世界大战百科　医学百科　物理学百科

更多精品图书陆续出版，
敬请期待！

"人类的思想"百科丛书

DK 物理学百科

英国DK出版社◎著

戚竞 张文彬◎译

电子工业出版社
Publishing House of Electronics Industry
北京·BEIJING

Original Title: The Physics Book: Big Ideas Simply Explained

Copyright © Dorling Kindersley Limited, 2020

A Penguin Random House Company

本书中文简体版专有出版权由 Dorling Kindersley Limited 授予电子工业出版社。未经许可，不得以任何方式复制或抄袭本书的任何部分。

版权贸易合同登记号　图字：01-2023-4890

图书在版编目（CIP）数据

DK物理学百科 ／ 英国DK出版社著 ；戚竞，张文彬译.

北京 ： 电子工业出版社，2025. 4. -- （"人类的思想"
百科丛书）. -- ISBN 978-7-121-49897-8

Ⅰ. 04-49

中国国家版本馆CIP数据核字第20254JR647号

责任编辑：郭景瑶

文字编辑：刘　晓

印　　刷：鸿博昊天科技有限公司

装　　订：鸿博昊天科技有限公司

出版发行：电子工业出版社

　　　　　北京市海淀区万寿路 173 信箱　邮编：100036

开　　本：850×1168　1/16　　印张：21　字数：672 千字

版　　次：2025 年 4 月第 1 版

印　　次：2025 年 4 月第 1 次印刷

定　　价：168.00 元

凡所购买电子工业出版社图书有缺损问题，请向购买书店调换。若书店售缺，请与本社发行部联系，联系及邮购电话：
（010）88254888，88258888。

质量投诉请发邮件至 zlts@phei.com.cn，盗版侵权举报请发邮件至 dbqq@phei.com.cn。

本书咨询联系方式：（010）88254210，influence@phei.com.cn，微信号：yingxianglibook。

www.dk.com

混合产品
纸张 |
支持负责任林业
FSC® C018179

"人类的思想"百科丛书

  本丛书由著名的英国DK出版社授权电子工业出版社出版，是介绍全人类思想的百科丛书。本丛书以人类从古至今各领域的重要人物和事件为线索，全面解读各学科领域的经典思想，是了解人类文明发展历程的不二之选。

  无论你还未涉足某类学科，或有志于踏足某领域并向深度和广度发展，还是已经成为专业人士，这套书都会给你以智慧上的引领和思想上的启发。读这套书就像与人类历史上的伟大灵魂对话，让你不由得惊叹与感慨。

  本丛书包罗万象的内容、科学严谨的结构、精准细致的解读，以及全彩的印刷、易读的文风、精美的插图、优质的装帧，无不带给你一种全新的阅读体验，是一套独具收藏价值的人文社科类经典读物。

  "人类的思想"百科丛书适合10岁以上人群阅读。

《DK物理学百科》的主要贡献者有 Ben Still, John Farndon, Tim Harris, Hilary Lamb, Jonathan O'Callaghan, Mukul Patel, Robert Snedden, Giles Sparrow, Jim Al-Khalili等。

目　录

声和光
波的属性

量子世界
不确定的宇宙

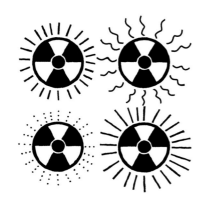

引 言

当我还是一个小男孩的时候，我就已经爱上了物理，因为我对于周遭世界所产生的各种各样的疑问，物理总能给我提供最好的答案。比如，"磁铁是怎么产生磁力的？""空间是否是无限延伸的？""彩虹是怎么形成的？""科学家是如何知道原子内部结构和恒星内部构造的？"，等等。此外，我还发现，通过学习物理，我对脑中挥之不去的一些复杂问题有了更好的理解，比如，"时间的本质是什么？""人掉进黑洞会是什么感觉？""宇宙怎样开始又将如何结束？"，等等。

如今，几十年过去了，对于一些问题，我已经有了答案，但对于另一些问题，我需要继续寻找答案。你会发现：物理学其实是一门富有生命力的科学。尽管我们现在已经对很多自然规律有了深刻的了解，我们也利用这些知识发展出了很多让世界改头换面的技术，但是我们不知道的东西其实更多。这也就是为什么对于我来说，物理学是所有学科中最令人激动的学科。说实话，我有时甚至想知道为什么不是每个人都像我一样热爱物理。

然而，要让一门学科变得生动起来，并且传达那种探索未知时的美妙感觉，需要的远远不止收集一堆干巴巴的事实那么简单。解释我们的世界是如何运作的就是在讲故事，也就是在讲述我们是如何一步步了解宇宙的奥秘的，同时也是在分享历史上众多伟大的科学家在揭开自然奥秘之初的那种强烈的喜悦之情。我们是如何一步步达到如今对于自然、对于物理的深刻理解的，这一过程本身与物理知识一样重要，一样令人欣喜。

这也正是我对物理学一直如此着迷的原因。我时常觉得很遗憾，因为学校从来没有教过我们那些科学中的重要概念和想法最初是如何发展起来的，学生只需要机械死板地接受这些概念和想法，但是物理学乃至整个科学都不是这样机械死板地发展起来的。我们追问这个世界的运行规律，提出假设并发展理论，通过观察和实验去求证，然后根据已知的知识对先前的假设和理论进行修正和改进。有时我们会走弯路、错路，甚至许多年之后才意识到某个特定的理论和假设是完全错误的或者只是有限条件下的近似解。有时我们也会有令人震惊的新发现，促使我们彻底改变已有观点。

我遇到过的一个绝佳的例证就是1998年关于宇宙加速膨胀的发现，这一发现引出了"暗能量"的概念。直到今天，"暗能量"都是个未解之谜——这种由空间拉伸产生的、可抵抗引力作用且不可见的场到底是什么？渐渐地，人们认识到，"暗能量"很可能就是所谓的"真空能量"。你可能会问：仅仅是名称的改变（从"暗能量"到"真空能量"）如何称得上是理解上的进步？其实，"真空能量"的概念并不新鲜，爱因斯坦早在一百多年前就已经提出了这个概念，但当时他认为自己犯了一个错误，于是改变了主意，并称这是他此生"最大的错误"。我不以为然，因为我认为正是这样的历史轶事才让物理学变得真正生动有趣起来。

这也是《DK物理学百科》如此生动有趣的原因。本书中每个主题都有关键人物介绍、趣闻轶事、重要概念发展时间表，因此读起来更容易理解。这不仅是对科学发展过程的忠实还原，也是使科学跃然纸上的有效方式。

我希望你能和我一样喜爱这本书。

Jim Al-Khalili

INTRODUCTION

前言

人类对于周遭的环境有着极强的感知能力，我们进化出这种感知能力是为了智胜更强、更快的掠食者。为了实现这一点，我们必须有能力预测生物界和非生物界的行为模式。我们从经验中获得的知识通过不断进化的语言文字系统代代相传，这种感知能力和使用工具的能力让人类这个物种站上了食物链的顶端。

大约在6万年前，人类走出了非洲大陆。通过纯粹的智慧和创造力，人类极大地提高了在非宜居地区生存的能力。我们的祖先发展出了农耕技术，种植种类丰富的食物，并在社区中定居下来。

实验方法

早期人类会从毫不相关的事件中寻找意义并找寻某种规律和模式，还开发了新的生产工具和生产方法。这就需要掌握客观世界运行的内在规律，比如尼罗河每年发洪水的时间。只有准确掌握了这些规律，人们才能安全地扩大生产。早期人类社会也曾有过相对和平富足的时期，在这样的时期，人们可以在闲暇时间自由地思考一些深刻的

问题——比如，人类在宇宙中的位置。先是古希腊人，然后是古罗马人，他们试图通过观察自然界的运行模式来理解世界。米利都的泰勒斯（Thales of Miletus）、苏格拉底（Socrates）、柏拉图（Plato）、亚里士多德（Aristotle）和其他人开始拒绝用超自然的方法解释自然现象，并在寻求创造绝对知识的过程中提出理性的答案——他们开始进行实验。

罗马帝国灭亡之时，西方世界流失了很多这样的先进思想，并进入了黑暗时代。但这些思想并没有消亡，它们"继续在阿拉伯地区和亚洲蓬勃发展"，那里的学者继续提出问题并进行实验。数学的发明就是为了记录这些新发现的知识。伊本·海什木（Ibn al-Haytham）和伊本·萨尔（Ibn Sahl）是10世纪和11世纪竭力保存科学知识火种的两位阿拉伯学者，可惜的是，他们两人在光学和天文学领域的发现在伊斯兰世界之外被忽视了长达几个世纪。

一个思想的新时代

随着大航海时代的到来和全

球化贸易的发展，商人和水手把书籍、故事和技术发明从东方带到了西方。这些先进的技术和思想带领欧洲走出了黑暗时代，进入了著名的文艺复兴时期。随着古代文明的观念逐渐更新或者被淘汰，人类开始认识到自己在宇宙中的位置，一场世界观的革命开始了。新一代奉行实验主义的学者夜以继日地探索大自然，总结自然规律。在波兰和意大利，尼古拉·哥白尼（Nicolaus Copernicus）和伽利略·伽利雷（Galileo Galilei）勇敢地挑战了两千年来被认为是神圣不可侵犯的思想——地心说，却遭受了残酷的迫害。

任何研究科学的人都必须以最高精度来审视实验和解释。

伊本·海什木

随后，在17世纪的英国，艾萨克·牛顿（Isaac Newton）的运动定律奠定了经典物理学的基础。对物体运动的理解使我们能够制造新的工具和机器，它们能够以多种形式利用能量来工作。蒸汽机和水车便是其中最重要的两个，它们的发明直接引发了第一次工业革命（1760—1840）。

物理学的发展

19世纪，一个新的国际科学家工作团体对实验结果进行了多次验证。一些科学家通过论文分享他们的发现，并用数学语言解释他们观察到的规律。其他科学家则建立了模型，试图解释这些与经验相关的方程，将自然的复杂性简化为可理解的部分，并用简单的几何形状和关系来描述。这些模型对自然界的新行为做出了预测，并被新一批的先驱实验主义者用实验验证。如果某个模型做出的预测经实验验证为正确的，那么这个模型就被视为自然都遵循的法则。法国物理学家尼克拉·萨迪·卡诺（Nicolas Sadi Carnot）等探索了热和能量的关系，奠定了热力学的基础。英国物理学家詹姆斯·克拉克·麦克斯韦（James Clerk Maxwell）则用方程描述了电与磁之间的密切关系，开创了电磁学。

到了1900年，物理世界的所有伟大现象似乎都有了定律来解释。然而，在20世纪的前十年，一系列发现震惊了科学界，挑战了以往的"真理"，同时也催生了现代物理学。德国物理学家马克斯·普朗克（Max Planck）揭示了量子物理学的世界。后来，他的同胞阿尔伯特·爱因斯坦（Albert Einstein）发展了相对论。其他科学家发现了原子的结构，并揭示了更小的亚原子粒子间的相互作用，开创了粒子物理学。新发现并不局限在微观层面，人们还利用更先进的望远镜对浩瀚宇宙进行了研究。

在短短几代人的时间里，人类便从宇宙正中心的居民变成了生活在亿万星系边缘一粒毫不起眼的"尘埃"上的居民。我们不仅看到了物质的内部世界，"释放"了原子核内部的巨大能量，还通过观测自宇宙大爆炸之后不久就开始传播的远古光线勾勒出了宇宙的图景。

物理学作为一门科学，在随

人们在思考永恒的奥秘、生命的奥秘，以及现实世界的精妙结构时，会不禁感到敬畏。

阿尔伯特·爱因斯坦

着时间的推移不断发展，不断开拓新的领域。可以说，它的主要关注领域现在集中在我们物质世界的边缘，在比生命更大或者比原子更小的尺度上。现代物理学已经得到了广泛应用，包括化学、生物学和天文学等领域。本书介绍了物理学中最重要的思想，从日常生活和古代科学开始，逐步涵盖经典物理学和微观的原子世界，直至广袤的宇宙空间。■

MEASUREMENT AND MOTION

PHYSICS AND THE EVERYDAY WORLD

测量和运动

物理和日常世界

古埃及人用腕尺（以人的前臂为长度单位）丈量距离和管理农田。

古希腊哲学家欧几里得的《几何原本》问世，它成为当时关于几何学和数学的最重要教科书之一。

波兰天文学家尼古拉·哥白尼发表了《天体运行论》，这标志着科学革命的开端。

荷兰物理学家克里斯蒂安·惠更斯发明了钟摆，使科学家能够精确测量物体的运动。

公元前 3000 年　　**公元前 300 年左右**　　**1543 年**　　**1656 年**

公元前 4 世纪　　**1361 年**　　**1603 年**

古希腊科学家亚里士多德建立了科学方法，通过观测归纳演绎出万物运行规律。

法国哲学家尼克尔·奥里斯姆证明了平均速度定理，该定理可以计算出做匀加速运动物体所运行的距离。

意大利物理学家伽利略·伽利雷指出，沿着斜面滚动的小球做匀加速运动，其加速度与小球质量无关。

生存的本能造就了人类喜爱比较和衡量的天性。我们的祖先总是想要为族人找到足够的食物，或找到合适的伴侣养育后代，从而繁衍生息。虽然后来生存环境得到了改善，但这些原始的本能已经随着我们的社会演变为追求新式的对应物，如财富和权力。因此，我们不得不开始度量自身、其他人，以及我们身边的事物。有些度量是感官方面的，关注以人类自我感受为前提的个性特征；而有一些则是绝对的，如高度、质量或年龄。

对于古代和现代的许多人来说，衡量成功与否的标准就是财富。为了积累财富，具有冒险精神的商人在全球进行商品交易。这些商人在一个地方低价购买大量货物，然后把它们运输到货物稀缺的地方，以更高的价格售出。于是，地方官员开始对商品贸易进行征税并制定价格标准。为了实现这一点，他们需要对货物的物理属性进行标准化测量，以便进行比较。

度量的语言

由于意识到个体经验的相对性，古埃及人设计了一些系统，可以毫无偏差地将信息由一个人传达给另一个人。他们开发了第一套度量系统——一种衡量周围世界的标准方法。古埃及人发明的腕尺使工程师能够设计出无与伦比的建筑，并发展出能够养活迅速增长的人口的农业系统。随着古埃及人的

贸易活动遍布全球，共用一套通用度量语言的想法在世界各地传播开来。

科学革命（1543—1700年）给度量带来了一些新的需求。对于科学家而言，度量不是为了交易货物，而是理解自然的一种工具。科学家不再依赖直觉，而是通过设计条件可控的实验来窥探不同现象之间的联系。早期的实验集中在对日常生活有直接影响的物体运动上。科学家发现了线性、圆形和往复振荡的运动模式。这些用数学语言描述的运动模式一直流传了下来，它们是伊斯兰世界发展了几个世纪的古代文明给予人类的宝藏。数学为记录实验结果提供了一种清晰明确的方法，并允许科学家据此做出预

英国牧师约翰·沃利斯提出了动量守恒定律，即物体在不受外力或所受外力和为零时，其质量与速度的乘积保持不变。

英国物理学家艾萨克·牛顿出版了《自然哲学的数学原理》一书，革新了人类对于物体如何在地球和宇宙中运动的理解。

瑞士数学家欧拉提出了欧拉运动定律，给出了动量的概念以及角动量的变化速率。

英国物理学家詹姆斯·焦耳指出，当能量从一种形式转化成另一种形式时，其总量保持不变，既不增加也不减少。

1668 年　　**1687** 年　　**1752** 年　　**1845** 年

1663 年　　**1670** 年　　**1740** 年　　**1788** 年　　**2019** 年

法国物理学家布莱兹·帕斯卡提出一条定律，指出在密闭容器里液体的压强处处相等。

法国天文学家、数学家加布里埃尔·莫顿推出了一套基于米、升、克的度量系统。

法国数学家夏特莱侯爵夫人揭示了如何计算运动物体的动能。

法国物理学家拉格朗日建立了拉格朗日方程，简化了计算运动系统的方程。

计量学家重新定义了国际单位制的基本单位，使其完全依赖自然现象本身。

测，从而进行新的实验验证。科学在一套通用语言体系和度量系统的推动下向前迈进。这些先驱研究了距离、时间和速度之间的关系，并提出了他们自己对于自然现象可重复、可验证的理解。

测量运动

　　科学理论迅速发展，数学的语言也随之改变。英国物理学家艾萨克·牛顿在他的运动定律基础上发明了微积分，从而能够描述系统随时间的变化，而不仅仅是计算出系统在某一时刻的状态。为了解释下落物体的加速运动及热的本质，人们提出了一种叫作能量的物理量，能量无法用肉眼观测。我们的世界不再仅用距离、时间和质量来

定义，还需要新的度量基准来衡量能量大小。

　　科学家使用度量衡来描述他们的实验结果。度量衡提供了一种毫不含糊的语言，使科学家能够解释实验结果，并重复实验以检查他们的结论是否正确。今天，科学家用国际单位制（SI）描述实验结果，国际单位制中每个单位的大小，以及与其他单位的转换关系，都是由一个被称为计量学家的国际科学家小组来定义和决定的。

　　本书第一章将描述我们今天称为物理学的这门科学的早期发展，例如，物理学如何通过实验不断进步，以及这些实验成果如何在全世界普及。从意大利博学家伽利略·伽利雷用于研究加速运动的下

落物体到为精确计时奠定基础的往复振荡的钟摆，这是科学家如何开始测量距离、时间、能量和运动的故事，彻底变革了人们对世界如何运行的理解。■

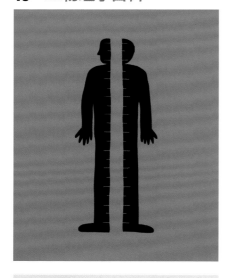

人是万物的标尺

测量长度

背景介绍

关键文明

古埃及

此前

约公元前3500年 在古老的美索不达米亚平原上，农场主们发明了一套测量农田大小的计量系统。

约公元前3100年 古埃及人用在拉伸的绳子上等间距地打结的方法测量土地长度和建筑物的地基。

此后

1585年 荷兰人西蒙·斯蒂文系统讲解了十进制的方法。

1799年 法国政府采用米作为长度单位。

1875年 17个国家签署了一项国际公约，统一了长度单位。

1960年 第11届国际计量大会建立了国际单位制（SI）。

当人类开始有序地建造房屋时，他们不得不面临测量高度和长度的难题。最早用于测量的工具有可能是一根有缺口的木棍，并没有统一的标准长度。公元前4000年到公元前3000年间，腕尺（cubit）作为第一个被广泛使用的长度单位出现了，它在古埃及、美索不达米亚平原、印度河流域流行。"腕尺"一词源于拉丁文中的"肘部"（cubitum），表示从人的肘部到伸直的中指顶端之间

古埃及腕尺长度相当于从肘部到伸直的中指顶端之间的长度。1腕尺可分为28指尺，以及其他一系列中间单位，如掌宽、手长等。

的距离。不过，并非每个人的手臂都一样长，因此这个长度单位是近似的。

皇家计量工具

当古埃及人开始建造大型建筑和神庙时，他们需要一个标准的长度单位。古埃及人制定的皇家腕尺自然就成了世界上第一个已知的腕尺长度标准。这种腕尺至少在公元前2700年就开始被使用，1腕尺为523～529毫米（20.6～20.8英寸），它可以平均分为28指尺，1指尺相当于一根手指的宽度。

金字塔的考古挖掘现场发现了各种用木头、石板、玄武岩和青铜等材料制成的腕尺，建筑工人用这些腕尺测量长度。吉萨金字塔高280腕尺，底部各边长为440腕尺，人们在吉萨金字塔的国王墓室中也发现了一把腕尺。古埃及人又进一步将腕尺分割为掌宽（4指尺）、手长（5指尺）、小拃（12指尺）、大拃（14指尺或者半腕尺）、泰瑟（t'ser，16指尺或4掌宽）。测量农田一般用吉特

参见：自由落体 32~35页，测量时间 38~39页，国际单位制和物理常数 58~63页，热量和传热 80~81页。

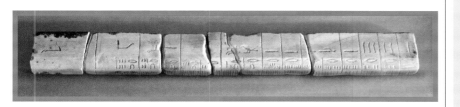

（khet）（100腕尺）作单位，计量更长的距离时则用亚特（ater）（20000腕尺）作单位。

　　中东各地也使用了长度不一的腕尺。公元前700年，亚述人就使用了腕尺，希伯来语《圣经》中就有大量关于腕尺的记载，特别是《出埃及记》中讲到建造放置十诫的神圣帐幕时。古希腊人自己发明了24等分的腕尺，还发明了视距，1视距等于300腕尺。公元前3世纪，古希腊学者埃拉托斯特尼（Eratosthenes）测量得出地球的周长约250000视距，后来他又进一步修正为252000视距。古罗马人也采用过腕尺，还发明了约等于成年男子拇指长度的英寸，以及英尺和英里等单位，1英里相当于走1000

肘杆——比如这根来自公元前14世纪古埃及第18王朝的文物，曾被广泛使用以实现度量一致的尺度测量。

步的距离，每步约为5英尺。随着罗马帝国的扩张，这些长度单位传播到了西亚和包括英格兰在内的欧洲等地。1593年，英国女王伊丽莎白一世重新规定1英里等于5280英尺。

现行公制

　　1585年，荷兰物理学家西蒙·斯蒂文（Simon Stevin）在他的《论十进》一书中系统介绍了十进制的处理方法，并预言这种方法迟早会广泛流行。两个多世纪后，法国科学院的一个委员会开始了有关公制系统的工作，他们将1米定义为从地球赤道到北极点距离的千万分之一。法国于1799年成为第一个采用这一长度单位标准的国家。

　　直到1960年国际单位制将米作为长度的基本单位，米才得到国际认可，人们一致接受1米等于1000毫米或者100厘米，1000米计为1千米。■

你要把皂荚木用作神圣帐幕的竖板。每块竖板长10腕尺，宽1.5腕尺。

《出埃及记》第26章15~16页

定义的演变

　　1688年，在斯蒂文的十进制长度单位的基础上，英国牧师约翰·威尔金斯（John Wilkins）给出了米的新定义：时间周期为2秒的单摆臂长为1米。荷兰物理学家克里斯蒂安·惠更斯（Christiaan Huygens）计算出这个长度为39.26英寸（997毫米）。

　　1889年，一根铂铱合金棒（90%铂，10%铱）被定为米原标准。然而，由于合金棒会随着温度变化而伸缩，因此只有当温度处于冰的熔点时，合金棒的长度才精确地等于1米。这根合金棒一直被保存在法国巴黎的国际计量局。1960年，国际单位制建立后，米的定义变为以氪原子辐射光波波长为基准。然而，1983年，米又有了新定义：米是在1/299792458秒的时间间隔内光在真空中传播的距离。

1英里应该为8弗隆，1弗隆为40杆，1杆为16.5英尺。

英国女王伊丽莎白一世

审慎提问，
多半答案已现

科学方法

背景介绍

关键人物
亚里士多德（约公元前384—公元前322年）

此前
公元前585年 古希腊思想家米利都的泰勒斯通过分析太阳和月亮的运动轨迹成功预测了日食的发生。

此后
1543年 尼古拉·哥白尼的《天体运行论》和安德烈·维萨里的《人体结构》出版，这两本书都是基于实验观测的著作，标志着科学革命的开端。

1620年 弗朗西斯·培根提出了归纳法，认为应该根据大量精确的观测数据得到普适的规律。

仔细观测实验现象和对观测结果的质疑态度是科学研究的核心，而科学研究是物理学和其他所有科学的基础。由于先验知识和假设很容易歪曲对实验现象的解释，所以科学的研究方法应遵循一套既定程序。根据现象提出一个假设，然后进行实验以验证这个假设。如果这个假设错了，那么它可以被修正和重新检验，但如果它是可靠的，那么它将被同行评议——由专家进行独立评估。

人们总是试图了解周围的世界，而在人类思想产生以前，寻找食物和掌握天气变化已是生死攸关

参见：自由落体 32~35页，国际单位制和物理常数 58~63页，聚焦光线 170~175页，宇宙模型 272~273页，暗物质 302~305页。

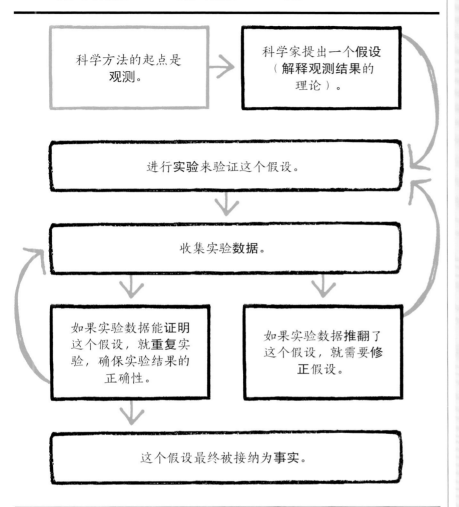

科学方法的起点是**观测**。

科学家提出一个**假设**（解释观测结果的理论）。

进行**实验**来验证这个假设。

收集实验**数据**。

如果实验数据能**证明**这个假设，就**重复**实验，确保实验结果的正确性。

如果实验数据**推翻**了这个假设，就需要**修正**假设。

这个假设最终被**接纳**为**事实**。

亚里士多德

亚里士多德是马其顿王室宫廷医生的儿子，年幼时他的父母双亡，他后来由监护人抚养长大。17岁左右，他加入了雅典的柏拉图学院，这是古希腊最重要的学术中心。在接下来的20年里，他专心学习和写作，涉猎哲学、天文学、生物学、化学、地质学和物理学，以及政治、诗歌和音乐。他还前往莱斯沃斯，对岛上的动植物进行了开创性的观测。

公元前343年，亚里士多德受马其顿腓力二世的邀请，教导他的儿子，也就是未来的亚历山大大帝。公元前335年，他在雅典创办了一所叫吕克昂的学校，在那里他写了许多著名的科学论文。亚里士多德于公元前322年去世，享年62岁。

主要作品

《形而上学》
《论天》
《物理学》

的事情。在许多文明中，神话传说被用来解释自然现象；而在另一些地方，人们相信一切都是神的恩赐，任何事情都是命中注定的。

早期研究

早期文明，如古埃及、古希腊和中国，已经出现了一些"自然哲学家"——那些试图解释自然界并记录其发现的思想家。最早拒绝对自然现象进行超自然解释的是古希腊思想家米利都的泰勒斯。后来，哲学家苏格拉底和柏拉图把辩论和论证作为理解自然现象的方法，但亚里士多德——一位精通物理学、生物学和动物学的研究者——开始发展出一种科学的研究方法，将逻辑推理应用于观察到的现象中。他是一位经验主义者，相信所有的知识都建立在依靠感官获得的经验基础上，单凭理性不足以解决科学问题——需要证据。

所有的真理一旦被揭示就很容易理解，关键是要发现它们。

伽利略·伽利雷

亚里士多德四处游历，他是第一个对动物进行详细观察的人——他从动物行为和结构中寻找依据，对动物进行分类。为了收集并解剖鱼类和其他海洋生物，他和渔民一起出海捕捞。在发现海豚有肺之后，他断定海豚应该被归为鲸类而非鱼类，还将会生幼仔（哺乳动物）的四足动物与产卵的动物（爬行动物和两栖动物）分为两类。

然而，在其他领域，亚里士多德仍然受到缺乏良好科学基础的传统观念的影响。他没有质疑被广泛接受的地心说——认为太阳和其他恒星围绕地球转动的学说。公元前3世纪，另一位古希腊思想家萨摩斯的阿里斯塔库斯（Aristarchus of Samos）认为，太阳和其他恒星距离地球都很遥远，地球和已观测到的其他行星围绕太阳转动，同时地球也围绕自身的轴自转。尽管这种观点是正确的，但由于亚里士多德和他的学生克罗狄斯·托勒密（Clandius Ptolemaeus）拥有更高的权威，它还是

《人体结构》（1543年）的解剖图，反映了维萨里对解剖的精通，并为研究人体确立了一个新的标准，而此前的标准自古罗马医生克劳迪亚斯·盖伦（Clandius Galenns）以来一直没有改变。

被否定了。事实上，地心说一直被认为是正确的，部分原因是天主教会的强力推行阻止了那些挑战《圣经》权威的观点出现。直到17世纪，地心说才被哥白尼、伽利略和牛顿提出的观点所取代。

测量和观察

阿拉伯学者海什木是主张科学方法的先行者。在10世纪和11世纪，他建立了自己的实验方法来证明或反驳假说。他最重要的工作是在光学领域，同时他也对天文学和数学做出了重要贡献。海什木用太阳光、人造光源的反射光和折射光做实验。例如，他做实验证明了"发光物体的每一个点都沿着直线向每一个方向辐射光"这一假设。

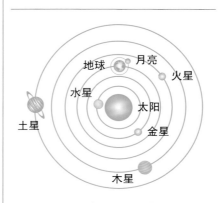

哥白尼的日心模型——之所以被称为日心模型，是因为它将太阳作为行星运动轨道的焦点——得到了一些科学家的认可，但被教会认定为异端思想。

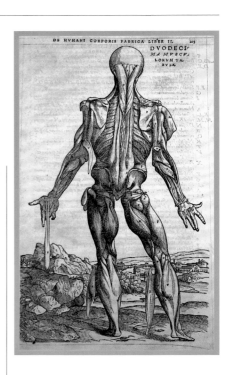

不幸的是，海什木的方法并没有被伊斯兰世界以外的国家采用。直到500年后的科学革命期间，类似的科学方法才在欧洲独立出现。但在16世纪的欧洲，那些对现有理论造成威胁，或者能够证明有另一种更好的选择的观点并不会成为主流。教会拒绝了许多科学观点，如波兰天文学家哥白尼的工作。他用肉眼对夜空进行了艰苦的观测，解释了行星的短暂逆行（"后退"）现象，而地心说从未能解释这一点。哥白尼意识到，这种现象是因地球和其他行星围绕太阳运行的轨道不同造成的。尽管哥白尼缺乏证明日心说的工具，但他用理性论证来挑战公认的权威，这说明他是一位真正的科学家。在同一时间，弗拉芒解剖学家安德烈·维萨里（Andreas Vesalius）对人体进行了大量研究，从而改变了

> 如果一个人满足于从确定性开始，那他将在怀疑中结束；但如果他愿意从怀疑开始，那他将在确定性中结束。

弗朗西斯·培根

医学思想。与哥白尼把他的理论建立在详细观测的基础上一样，维萨里分析了他在解剖人体各部位时的发现。

实验方法

对于伽利略而言，实验是科学方法的核心。他仔细地记录了对行星运动、钟摆摆动和落体速度等各种现象的观测结果。他提出理论来解释它们，然后进行更多的实验来检验这些理论。他利用望远镜这种新发明研究了围绕木星运行的四颗卫星，证明了哥白尼的日心模型——而在地心说下，所有物体都应该绕地球运行。1633年，伽利略受到教会的审判，被判犯有异端罪，他在软禁中度过了余生。

17世纪后期，英国哲学家弗朗西斯·培根（Francis Bacon）强调了有条理的、持怀疑态度的科学探究方法的重要性。培根认为，通往真理之路的唯一方法是把公理和定律建立在观察到的事实基础上，而非依赖（即使只是部分依赖）未经证实的推论和猜想。培根的方法包括进行系统的观测，以建立可证实的事实；从一系列事实中归纳，以创建公理（这一过程被称为归纳），同时小心避免归纳超出事实可告知我们的范围；然后收集进一步的事实，以产生越来越复杂的知识基础。

未经证实的科学

当科学主张无法得到验证时，它们并不一定是错的。1997年，意大利格兰萨索实验室（Gran Sasso laboratory）的科学家声称发现了暗物质存在的证据，据说暗物质约占宇宙总质量的27%。他们说，信号最可能的来源是弱相互作用大质量粒子（WIMP）。当一个粒子撞击一个"目标"原子的原子核时，这些粒子应该被探测到，表现为细微的闪光（闪烁）。然而，其他研究小组虽然尽了最大的努力来重复这个实验，但并没有发现暗物质存在的其他证据。可能还存在一种尚未被证实的解释——闪烁也许是由氮原子产生的，而氮原子存在于该实验的光电倍增管中。■

科学方法案例

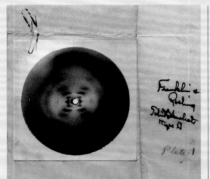

"照片51号"由富兰克林拍摄，是1952年人类DNA的X射线衍射图样。"X"形是由DNA双螺旋结构造成的。

脱氧核糖核酸（DNA）于1944年被确定为人体遗传信息的载体。然而，当时还不清楚遗传信息是如何储存在DNA中的。三位科学家——莱纳斯·鲍林（Linus Pauling）、弗朗西斯·克里克（Francis Crick）和詹姆斯·沃森（James Watson），提出了DNA具有螺旋结构的假设，并从其他科学家所做的工作中认识到，如果真是这样的话，那它的X射线衍射图样将是"X"形的。从1950年开始，英国物理化学家罗莎琳德·富兰克林（Rosalind Franklin）通过对结晶的纯DNA进行X射线衍射来验证这一假说。经过两年的不断改进，她发现了一个"X"形的图案（在"照片51号"中可以清晰地看到），这证明了DNA具有双螺旋结构。鲍林、克里克、沃森的假设被证实了，这也成为进一步研究DNA的起点。

万物皆数

物理学的语言

背景介绍

关键人物
欧几里得（约公元前330—约公元前270年）

此前
公元前3000—公元前300年 美索不达米亚文明和古埃及文明发展出数字体系和技巧用于解决数学问题。

公元前600—公元前300年 包括毕达哥拉斯和泰勒斯在内的古希腊学者用逻辑和证明将数学演绎形式化。

此后
约630年 印度数学家婆罗摩笈多在算术中最先使用了零和负数。

约820年 波斯学者阿尔·花剌子模创立了代数原理。

约1670年 戈特弗里德·威廉·莱布尼茨和牛顿各自发明了微积分，即研究连续变化的数学理论。

物理学试图通过观察、实验、建立模型和理论来理解宇宙。所有这些都与数学紧密联系在一起。数学是物理学的语言，无论用于实验科学中的测量和数据分析，还是为理论提供严格的表达方式，抑或是构建所有物质存在和事件发生的基本"参照系"。只有理解了维度、形状、对称性和变化这些概念，才有可能对空间、时间、物质和能量开展研究。

需求驱动

数学的发展史是一部越来越抽象化的历史。早期关于数字和形状的想法随着时间的推移逐渐发展成为最普适、最精确的语言。在文字出现之前的史前时代，放牧和货物交易无疑促成了最早的统计和计数尝试。

随着复杂文明在中东和中美洲的出现，对更精确的观测和预测的需求也在增加。权力与掌握天象周期和气候变化知识息息相关，如预测何时会发生洪水。农业和建筑

> 数字是形式和思想的统治者，是神和恶魔的起因。
>
> 毕达哥拉斯

业需要精确的历法知识和土地测量技术。最早的位值制记数法（每个数字所表示的大小取决于它在数字系统中的位置）和求解方程的方法可以追溯到3500多年前的美索不达米亚、古埃及和（后来的）中美洲文明。

逻辑和分析

古希腊的崛起带来了关注点的根本性变化。数字系统和测量不再是简单的实用工具；古希腊学者更多是出于自身的目的研究它们，

欧几里得

尽管欧几里得所著的《几何原本》影响深远，但他的生平鲜为人知。他生于公元前330年左右，即古埃及法老托勒密一世统治时期，卒于公元前275年。他主要住在亚历山大，当时那里是一个重要的学术中心，不过他也可能在雅典的柏拉图学院学习过。

古希腊数学家普罗克鲁斯（Proclus）在5世纪写的《关于欧几里得的评论》中指出，欧几里得整理了早期古希腊数学家欧多克斯（Eudoxus of Cnidus）的定理，并为其他学者的零碎

思想带来了"无可辩驳的证明"。因此，欧几里得13卷本《几何原本》中的定理并非原创，但两千多年来它们为数学公理化确立了标准。现存最早的《几何原本》版本可以追溯到15世纪。

主要作品

《几何原本》

《已知数》

《反射光学》

《光学》

参见：测量长度 18~19页，测量时间 38~39页，运动定律 40~45页，国际单位制和物理常数 58~63页，反物质 246页，粒子动物园和夸克 256~257页，弯曲时空 280页。

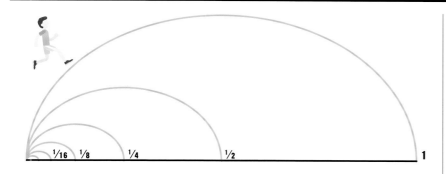

两分法悖论是芝诺的悖论之一，它显示出运动在逻辑上是不可行的。在走一段距离之前，一个人必须先走一半距离，在走到一半距离之前，他必须先走1/4的距离，以此类推。因此，走任何距离都需要无限多个阶段，需要无限的时间才能完成。

他们同时还研究形状和变化。尽管古希腊人从早期文明中继承了许多用于实践的数学知识，如毕达哥拉斯定理的各种要素，但他们引入了严谨的逻辑论证和基于哲学的研究方法。古希腊语中"哲学"一词的意思就是指"对智慧的热爱"。

使用定理（在任何地方和任何时候都是正确的普遍陈述）和证明（使用逻辑定律进行的形式论证）的做法最早出现于公元前6世纪初古希腊哲学家泰勒斯创立的几何学中。大约在同一时间，毕达哥拉斯（Pythagoras）和他的追随者将数字提升为构建宇宙的基石。

在毕达哥拉斯学派看来，数字必须是"可公度的"——用比率或分数来表示——从而保持与自然的联系。直到毕达哥拉斯学派的哲学家希帕索斯（Hippasus）发现了无理数（例如$\sqrt{2}$，它不能精确地表示为一个整数除以另一个整数），这种世界观才被打破。据说，希帕索斯是被愤慨的同行谋杀的。

数学巨人

公元前5世纪，古希腊哲学家芝诺（Zeno of Elea）提出了关于运动的悖论，如阿基里斯悖论。它指的是，在任何追逐竞赛中，落后的追逐者总是在追赶，最终只能以无穷小距离接近领先的一方，而永远无法超越。这种逻辑上的悖论在现实生活中很容易反驳，却让几代数学家犯了难。直到17世纪微积分的发展才部分解决了这些悖论。微积分是用于处理连续变化量的数学分支。

微积分的核心是计算无穷小量，这种思想最早由生活在公元前3世纪锡拉库萨的阿基米德（Ar-

古希腊哲学家在沙子上作画以教授几何学。据说阿基米德在被一名古罗马士兵杀死时，仍专心在沙子上画圈。

chimedes）提出。例如，为了计算一个球体的近似体积，他把球分成两半，把半球放在一个圆柱体里，然后想象着从半球的顶部向下水平切割，顶部切出的圆半径是无穷小的。他知道切片越薄，计算得到的球体积越精确。传闻随着"尤里卡！"的呼喊声，阿基米德发现了浸没在水中的物体受到的向上的浮力等于它所排开的液体的重量。他将数学应用于力学和其他物理学分支，以解决涉及杠杆、螺丝、滑轮和水泵的问题，他因此而闻名于世。

阿基米德在亚历山大城的一所学校学习，这所学校是由被称为几何之父的欧几里得（Euclid）建立的。正是通过对几何学本身的分析，欧几里得为之后两千年的数学论证建立了范式。他所著的13卷本《几何原本》介绍了几何学的"公理化方法"。他定义了术语，如

"点",并提出了五个公理（也被称为假设,或不言而喻的真理）,如"在任何两点之间可以画出一条线段"。从这些公理出发,他用逻辑定律推导出了其他定理。

按照今天的标准,欧几里得的公理是有缺陷的;现代数学家希望这些假设能够有规范的表达形式。然而,《几何原本》仍然是一部了不起的作品,不仅涵盖了平面几何和三维几何,还涵盖了比率和比例、数论,以及毕达哥拉斯学派无法接受的无理数。

语言与符号

在古希腊或更早的时候,学者用日常语言和几何学来描述和解决代数问题（给定一些已知量和它们之间的关系计算得出未知量）。现代数学中高度简洁、精确、符号化的语言到了近代才出现,它对于分析问题来说更为有效,而且易于被人理解。250年前后,古希腊数学家丢番图（Diophantus）在其主要著作《算术》中引入了数学符号来处理代数问

题,从而影响了罗马帝国灭亡后阿拉伯代数的发展。

在伊斯兰黄金时代（从8世纪到14世纪）,代数研究在东方蓬勃发展,巴格达成为学术重地。在巴格达一家名为"智慧之家"的学术中心,数学家可以研究古希腊几何学和数论教材的翻译本,或者研究介绍十进制计数系统的古印度著作。9世纪早期,花剌子模（al-Khwarizmi）——"算法"（algorithm）一词便源于他的名字——在他的著作《代数学》中汇总了平衡和求解方程的各种方法。他推广了古印度数字的使用,这些数字后来演变成阿拉伯数字,不过他仍然用文字来描述代数问题。

法国数学家弗朗索瓦·韦达（François Viète）在其1591年出版的《分析方法入门》中终于开创了在方程中使用符号的先河。虽然这种符号语言还不是很标准,但数学家已经可以在不借助图表的情况下用简洁的形式写出复杂的表达式了。1637年,法国哲学家和数学家勒内·笛卡儿（René Descartes）

> 虚数是奇妙的人类精神寄托,它好像是存在与不存在之间的一种两栖动物。
> 戈特弗里德·威廉·莱布尼茨

通过建立坐标系重新统一了代数和几何。

越来越抽象的数字

几千年来,为了解决不同的问题,数学家扩展了数字,从整数扩展到分数和无理数。零和负数的引入表明数学研究越来越抽象。在古代的数字系统中,零被用作占位符——例如,用来区分10和100。到7世纪前后,负数被用来表示债务。628年,印度数学家婆罗摩笈多（Brahmagupta）最早将负整数（负的正整数）用于数学运算,就像对待正整数一样。然而,即便在1000多年后,仍然有许多欧洲学者认为负数作为方程的正式解是不可接受的。

在画家叶海亚·瓦斯蒂（Yahya al-Wasiti）1237年所作的画中,伊斯兰学者聚集在巴格达的一座大图书馆里。

16世纪，意大利博学家吉罗拉莫·卡尔达诺（Gerolamo Cardano）不仅使用了负数，还在其《大术》一书中引入了复数（实数和虚数的结合）的概念来求解三次方程（至少存在一个三次方变量，如x^3，但不能有更高次幂）。复数的形式是$a+bi$，其中a和b是实数，i是虚数单位，表示$\sqrt{(-1)}$。虚数的平方是负数，而任何实数的平方，不管是正数的还是负数的，都是一个正数。尽管与卡尔达诺同时代的拉斐尔·邦贝利（Rafael Bombelli）制定了使用复数和虚数的第一条规则，但直到200多年后，瑞士数学家莱昂哈德·欧拉（Leonhard Euler）才引入了符号i来表示虚数单位。

与负数一样，复数也遭到了抵制，直到18世纪才得以迅猛发展。然而，复数的出现代表了数学的重大进步，它不仅可以用来求解三次方程，还可以用于求解所有高

> 一种新的、广泛的、强大的语言被开发出来，用于今后的分析，在分析中让真理大行其道，以便它们可以更迅速、更准确地用于实践，并为人类服务。
>
> 阿达·洛芙莱斯

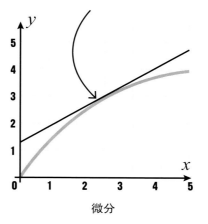

在微分学中，曲线在某一点的切线的梯度（斜率），表示该点的变化率

微分

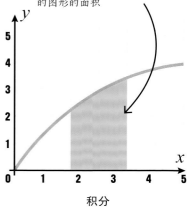

对于一个曲线方程，在未知数x的两个值之间的积分，可以理解为曲线在这两个值之间所围的图形的面积

积分

微分研究随时间的变化率，在图中用曲线的变化率来表示。
积分研究由曲线包围的面积、体积或位移。

阶多项式方程（涉及两个或更多项相加及变量x的高次幂，如x^4或x^5），这与实数不同。复数在物理学的许多分支中自然而然地得到了应用，如在量子力学和电磁学中。

微积分

从14世纪到17世纪，随着数学符号的广泛使用，出现了许多新的方法和技术。对于物理学而言，最重要的一点就是发展了"无限小"方法来研究曲线和变化率。古希腊的穷竭方法——用较小的多边形填充形状以算出形状的面积——被改进为计算曲线所包围的区域面积。它最终演变成了一个叫作积分学的数学分支。17世纪，法国律师皮埃尔·德·费马（Pierre de Fermat）对曲线切线的研究启发了微分学的发展，微分学用于计算变化率。

1670年前后，英国物理学家艾萨克·牛顿和德国哲学家戈特弗里德·威廉·莱布尼茨（Gottfried Wihelm Leibniz）各自独立提出了一种理论，将积分和微分统一成微积分。其基本思想是将曲线看作由许多条线段（一系列不同的固定量）组成的近似曲线（一个变化量）。在理论极限下，曲线等同于无穷个无穷小近似之和。

在18世纪和19世纪，微积分在物理学中的应用得到迅猛发展。物理学家现在可以精确地模拟动力学（变化）系统，从振动弦到热扩散。19世纪，苏格兰物理学家詹姆斯·克拉克·麦克斯韦的工作极大地促进了矢量运算的发展。矢量运算可以用于计算既有大小又有方向的物理量的变化。麦克斯韦还开创了利用统计学的方法研究大量粒子的先河。

欧几里得几何和非欧几里得几何

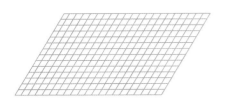

在欧几里得几何中，空间被认为是平的。平行线间保持恒定的距离，从不相交。

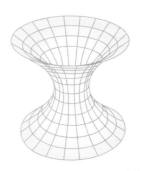

在鲍耶·亚诺什和罗巴切夫斯基的双曲几何中，曲面像马鞍一样弯曲，曲面上的线彼此远离。

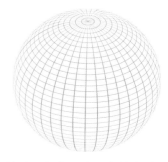

在椭圆几何中，曲面向外弯曲，像球体一样，曲面上的线朝向彼此弯曲，最终相交。

非欧几里得几何

欧几里得在《几何原本》中提出了关于几何学的第五个公设，也被称为平行公设。即使在早期，它也是有争议的，因为它似乎不像其他公设那么不言而喻，虽然许多定理依赖它。它指出，给定一条直线和一个不在该直线上的点，恰好可以通过该点画一条直线，与原直线平行。纵观历史，许多数学家，如5世纪雅典的普罗克鲁斯或阿拉伯数学家海什木，试图证明平行公设可以通过其他公设推导出来，但一切都是徒劳的。19世纪初，匈牙利数学家鲍耶·亚诺什（János Bolyai）和俄国数学家尼古拉斯·伊万诺维奇·罗巴切夫斯基（Nikolas Ivanovich Lobachevsky）相继独立地提出了一种新的几何体系（双曲几何学），在该体系中，第五公设是错误的，平行线永不相交。在他们的几何学中，表面不像欧几里得几何中那样平坦，而是向内弯曲。相较之下，在19世纪提出的椭圆几何学和球面几何学中，没有平行线；所有的线都相交。

德国数学家波恩哈德·黎曼（Bernhard Riemann）和其他人将这种非欧几里得几何公理化。爱因斯坦在他的广义相对论（对引力的最先进解释）中运用了黎曼的理论，质量可以弯曲时空，使其成为非欧几里得几何空间，尽管空间仍然是均质的（均一的，在每一点上都具有相同的性质）。

我凭空创造了一个新奇的世界。我先前呈现给你的世界和这个新世界比起来，就如同纸牌屋和真正的高塔之间的区别一般。

鲍耶·亚诺什

抽象代数

到了19世纪，代数取得了巨大的发展，成为研究抽象对称性的学科。法国数学家埃瓦里斯特·伽罗瓦（Évariste Galois）主导了这项重要发展。1830年，在研究多项式方程的根（解）所表现出的某些对称性时，他提出了一种研究抽象数学对象的理论，称为群，用来表示不同类型的对称性。例如，所有正方形都表现出相同的镜像对称性和旋转对称性，因此与特定的群相关联。伽罗瓦认为，与二次方程（变量的指数最高为2，如x^2）不同，五次（如x^5）或者更高次多项式方程没有一般的公式解。这是一个令人惊叹的结论；他已经证明了，无论数学的未来如何，都不可能有这样的公式解。

随后，代数发展为研究群和其他类似抽象的对象以及其中所蕴含的对称性的学科。20世纪，群和对称性被证明是描述最深层次自然现象的关键。1915年，德国代数学家艾米·诺特（Emmy Noether）将方程中的对称性与物理中的守恒定律（如能量守恒定律）联系起来。20世纪五六十年代，物理学家利用群论发展出了粒子物理学的标准模型。

模拟现实

数学是对数字、物理量和形状的抽象研究，物理学用它来模拟现实、描述理论和预言结果——通常具有惊人的准确性。例如，电子自旋g因子（描述电子在电磁场中行为的参数）计算值为2.002 319 304 361 6，而实验测量值为2.002 319 304 362 5（仅相差万亿分之一）。

有些数学模型已经存在了几个世纪，只需要稍微调整就能应用。例如，德国天文学家约翰尼斯·开普勒（Johannes Kepler）1619年提出的太阳系模型，经过牛顿和爱因斯坦的一些修正，至今仍然有效。物理学家在描述物理模型时，会运用数学家已经发展起来的理论（例如，19世纪的群论在现代量子物理学中的应用），有时甚至比数学家更早地提出数学理论。还有许多数学理论推动物理学新发现的例子。英国物理学家保罗·狄拉克（Paul Dirac）提出了其描述电子行为的方程，即相对论形式的量子力学方程（被称为狄拉克方程），当他发现自己得到了一些两倍于预期的结果时，他假设了正电子的存在；多年后，正电子果然被发现了。

当物理学家研究"宇宙是什么"的时候，数学家对于他们的研究对象还存在分歧。有人认为是自然，有人认为是人类的思想，还有人认为是符号的抽象操作。在一个奇特的历史转折中，研究弦理论的物理学家开始向几何学家（研究几

艾米·诺特是一位极具创造力的代数学家。她最初在德国哥廷根大学任教，但1933年，身为犹太人的她被迫离开。1935年，她在美国去世，享年53岁。

何的数学家）呼唤纯数学的革命性进展。这将如何阐明数学、物理和"现实"之间的关联，我们拭目以待。■

数学是一种**抽象、简洁、符号化**的语言，用于描述**数量、模式、对称和变化**。

↓

物理学家为自然现象建立的**数学模型**，具有很强的**预测能力**。

↓

数学必须是**对宇宙**正确（即使是部分正确）的**描述**。

除了空气阻力，物体不受任何阻碍

自由落体

背景介绍

关键人物
伽利略·伽利雷（1564—1642）

此前

约公元前330年 在《物理学》中，亚里士多德将重力解释为一种使物体向其"自然位置"移动，即向地球中心移动的力量。

1576年 朱塞佩·莫莱蒂认为不同重量的物体以相同的速度自由下落。

此后

1651年 乔瓦尼·里乔利和弗朗西斯科·格里马尔迪掌握了测量坠落物体下降时间的方法，从而可以计算出它们的加速度。

1687年 牛顿在其《自然哲学的数学原理》一书中详细阐述了引力理论。

1971年 大卫·斯科特演示了月球上锤子和羽毛以相同的速度下落。

物体在只受重力作用的情况下，从静止开始下落的运动，被称为自由落体。从飞机上跳下的跳伞者所做的并不是自由落体——因为他还受到空气阻力作用，而围绕太阳或其他恒星运行的行星的运动可被看作自由落体。古希腊哲学家亚里士多德认为，高处物体的下落运动是由它们的本性引起的，它们会朝着"自然位置"（也就是地球的中心）运动。从亚里士多德所处的时代到中世纪，人们都认为物体自由落体的速度与其重量成正比，与其所穿过的介质的

参见：测量长度 18~19页，测量时间 38~39页，运动定律 40~45页，万有引力定律 46~51页，动能和势能 54页。

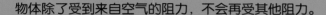

如果重力是运动物体受到的**唯一作用力**，
那么物体从静止开始下落的运动，就是自由落体。

除非它在真空中运动，否则它就会受到**空气阻力**和（或）**摩擦力**，从而导致下落速度变慢。

在真空中，无论物体的大小或者重量是多少，它的下降速度都将以恒定的加速度增加。

物体除了受到来自空气的阻力，不会再受其他阻力。

伽利略·伽利雷

　　伽利略·伽利雷是家中六个兄弟姐妹中年龄最大的，他于1564年出生在意大利比萨。16岁时，他进入比萨大学学习医学，但涉猎广泛，1592年，他接替朱塞佩·莫莱蒂成为帕多瓦大学数学系主任。伽利略对物理学、数学、天文学和工程学的贡献使他成为16—17世纪欧洲科学革命的关键人物之一。他发明了第一个测温仪（早期的温度计），捍卫了哥白尼的日心说，并在重力研究方面取得了重要发现。因为他的一些想法挑战了教会的权威，1633年，他被判犯有异端罪，遭到软禁，直到1642年去世。

主要作品

1623年 《试金者》

1632年 《关于两大世界体系的对话》

1638年 《关于两门新科学的谈话和数学证明》

密度成反比。因此，如果两个重量不同的物体开始自由落体，那么越重的物体下落得越快，而且会比较轻的物体先到达地面。亚里士多德还认为，物体的形状和下落时的朝向也会影响下落速度，因此，展开的纸片比卷成球的同一张纸下落得慢得多。

下落球体

　　意大利物理学家伽利略的学生兼传记作者温琴佐·维维亚尼（Vincenzo Viviani）记载，在1589年至1592年间的某个时刻，伽利略从比萨斜塔上同时扔下两个重量不同的球体，以检验亚里士多德的理论。尽管这更可能是一个思想实验而不是真实发生的事件，但据报道，伽利略惊奇地发现，较轻的球体和较重的球体同时落到地面。这与亚里士多德的观点相矛盾，亚里士多德认为较重的物体会比较轻的物体下落得更快。亚里士多德的论述在伽利略时代也受到了其他几位科学家的质疑。

　　1576年，帕多瓦大学数学系主任朱塞佩·莫莱蒂（Giuseppe Moletti）曾写道，不同重量但由相同材质制成的物体会以相同的速

大自然是不可阻挡和
不可改变的，它从不越过加
在其上的自然规律半步。
　　　　　　　伽利略·伽利雷

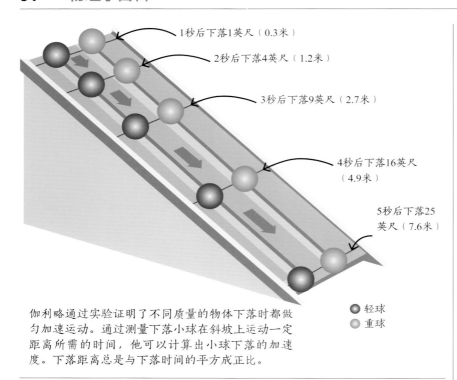

1秒后下落1英尺（0.3米）

2秒后下落4英尺（1.2米）

3秒后下落9英尺（2.7米）

4秒后下落16英尺（4.9米）

5秒后下落25英尺（7.6米）

● 轻球
● 重球

伽利略通过实验证明了不同质量的物体下落时都做匀加速运动。通过测量下落小球在斜坡上运动一定距离所需的时间，他可以计算出小球下落的加速度。下落距离总是与下落时间的平方成正比。

度下落。他还认为，体积相同但材质不同的物体下落速度相同。10年后，荷兰科学家西蒙·斯蒂文（Simon Stevin）和扬·科奈特·德·葛鲁特（Jan Cornets de Groot）爬上代尔夫特一座10米高的教堂塔楼，同时放下两个铅球，其中一个比另一个大10倍，也重10倍。在场的人们目睹了两个铅球同时砸在地面上。重物比轻物下落速度更快的古老观念正在逐渐被抛弃。

亚里士多德的另一个观念——自由落体的物体以恒定速度下降——在更早的时候就受到了挑战。大约在1361年，法国数学家尼

克尔·奥里斯姆（Nicole Oresme）研究了物体的运动。他发现，如果一个物体的加速度是恒定的，那么它的速度与时间成正比，它所移动的距离与处于加速运动的时间平方成正比。也许最为令人惊讶的是，在天主教会中担任主教的奥里

斯姆竟然挑战了亚里士多德的"真理"，而当时的天主教会认为这些真理是神圣不可侵犯的。目前尚不清楚奥里斯姆的研究是否影响了伽利略后来的工作。

斜坡上的球

从1603年起，伽利略开始研究自由落体的加速度。他不相信自由落体的物体以恒定的速度下落，他认为它们在加速下落——但问题是如何证明这一点。准确测量下落速度的手段在当时根本不存在。伽利略的巧妙解决办法是用一个从斜坡上滚下来的球来代替下落的物体，从而将下落速度减慢到可测量的范围。他用水钟和自己的脉搏作为实验的计时工具。水钟是一种在球运动时对滴入瓮中的水进行称重的装置。他发现，把球滚动下落的时间延长一倍，球运动的距离会变为原来的四倍。

为确保万无一失，伽利略将实验重复了"整整一百次"，直到达到了"两次观测之间的时间偏差永远不会超过单次脉搏时间的十分

在朱塞佩·贝佐利（Giuseppe Bezzuoli）的这幅壁画中，伽利略在佛罗伦萨强大的美第奇家族面前演示他的滚球实验。

之一这样的精度"。他还改变了斜坡的坡度：当斜坡变得更陡时，加速度缓慢地变大。伽利略的实验不是在真空中进行的，因此它们是不完美的——下落球体会受到空气阻力和斜坡的摩擦力作用。然而，伽利略得出结论说，在真空中，所有物体，无论重量或形状，都做匀加速运动：下落时间的平方与下落距离成正比。

测量重力加速度

尽管伽利略的工作很出色，但自由落体的加速问题在17世纪中期仍然是有争议的。从1640年到1650年，基督教会牧师乔瓦尼·里乔利（Giovanni Riccioli）和弗朗西斯科·格里马尔迪（Francesco Grimaldi）在博洛尼亚进行了各种研究。他们能够成功的关键在于一座非常高的塔和里乔利发明的当时最精确的计时钟摆。两位牧师和助手从98米高的阿西内利塔的不同高度放下重物，记录它们的下落时间。他们详细描述了自己的实验方法，并进行重复实验。

锤子和羽毛

1971年，阿波罗15号登月任务的指挥官、美国航天员大卫·斯科特（David Scott）进行了一次著名的自由落体实验。作为美国航空航天局第四次登月探险，阿波罗15号在月球上能够停留的时间比以往更长，它搭载的航天员成为第一个使用月球漫游车的人。

阿波罗15号也比早期登月任务更注重科学研究。在登月任务快结束的最后一次月球行走中，斯科特从1.6米高处放下了一把1.32千克的地质锤和一根0.03千克的猎鹰羽毛。在月球表面的真空条件下，没有空气阻力，超轻的羽毛与锤子以相同的速度落到地面。这个实验被拍摄下来，从而证实了伽利略的理论，即所有物体不论质量如何都做匀加速运动，这一过程被数百万名电视观众见证。

里乔利认为自由落体的速度应该是指数增加的，但结果表明他错了。分别放置在塔顶和塔底的钟摆为这一系列自由落体实验计时。重物在1秒内下落了15罗马尺（1罗马尺=29.57厘米），在2秒内下落了60罗马尺，在3秒内下落了135罗马尺，在4秒内下落了240罗马尺。1651年发表的实验数据证明，物体下落距离与下落时间的平方成正比，这证实了伽利略的斜坡实验。由于相对精确的计时，人类第一次能够计算出重力加速度的值：9.36（±0.22）米/秒²。这一数字仅比今天公认的精确值（约9.81米/秒²）小约5%。

g（重力加速度）的大小和许多因素有关：地球两极的重力加速度大于赤道处的重力加速度；高海拔处的重力加速度低于海平面处的；它也会根据当地的地质情况而发生轻微变化，例如，地表附近有特别致密的岩石时。如果地球表面物体自由落体时的恒定加速度用 **g** 表示，初始下落高度为 z_0，时间为 t，那么在其下落的任何阶段，物体的离地高度 $z = z_0 - 1/2 gt^2$，其中 gt 是物体的运动速度。质量为 m 的物体在离地 z_0 高度处具有的重力势能为 U，则 $U = mgz_0$（质量×加速度×离地高度）。∎

当伽利略开始让球从斜面上滚落时，一道光照亮了所有追求真理的人。

伊曼努尔·康德

在科学问题面前，一千个人的权威不抵一个人的谦卑推理。

伽利略·伽利雷

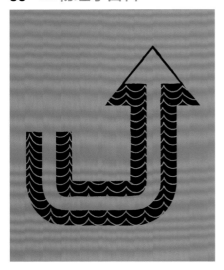

提升作用力的新机器

压强

在研究水动力学（液体的机械性质）时，法国数学家和物理学家布莱兹·帕斯卡（Blaise Pascal）提出了一个将彻底改变许多工业过程的发现。众所周知，帕斯卡定律指出，如果对封闭空间中液体的任何部分施加压强，压强将均匀地传递到液体的每个部位和容器壁上。

帕斯卡的影响

帕斯卡定律意味着施加在充有液体的圆柱管一端活塞上的压强会在圆柱管另一端活塞上产生相同的压强。更重要的是，如果第二个活塞的横截面是第一个活塞的两倍，那么施加在它上面的压力将是第一个活塞的两倍。因此，在小活塞上施加1千克（2.2磅）的载荷，大活塞就能举起2千克（4.4磅）的物体；横截面的比值越大，大活塞可以提升物体的重量就越大。帕斯卡的发现直到他去世后第二年，也就是1663年才公布，工程师将利用这一发现使操纵机器更加容易。1796年，约瑟夫·布拉默（Joseph Bramah）利用帕斯卡定律制造了一台能压平纸浆、布料和钢材的液压机，比以前的木制压机更高效、更有力。■

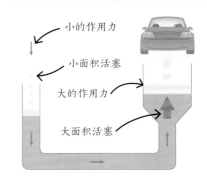

小的作用力

小面积活塞

大的作用力

大面积活塞

液体不能被压缩，因此可以在汽车千斤顶等液压系统中用于传递作用力。在长距离上施加的小力被转化为短距离上的大力，从而可以提升重物。

参见：运动定律 40~45页，拉伸和压缩 72~75页，液体 76~79页，气体定律 82~85页。

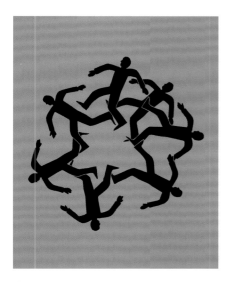

运动会持续下去

动量

背景介绍

关键人物

约翰·沃利斯（1616—1703）

此前

1518年 法国自然哲学家让·布里丹提出了"冲量"的概念，后来被称为动量。

1644年 法国科学家笛卡儿在他的《哲学原理》一书中将动量描述为"运动的总量"。

此后

1687年 牛顿在《自然哲学的数学原理》一书中提出了他的运动定律。

1927年 德国理论物理学家沃纳·海森堡认为，对于像电子这样的亚原子粒子而言，它的位置越精确，它的动量就越不精确，反之亦然。

物体发生碰撞时，会产生一些现象。物体运动的速度和方向发生变化，其动能可以转化为热或者声音。

1666年，英国皇家学会向科学家发出挑战，让他们提出一种理论来解释物体碰撞时会发生什么。两年后，三人相继独立发表了自己的理论，这三人是来自英国的约翰·沃利斯（John Wallis）和克里斯多弗·雷恩（Christopher Wren），以及来自荷兰的克里斯蒂安·惠更斯。

所有运动的物体都有动量（物体质量和速度的乘积）。静止物体没有动量，因为它们的速度为零。沃利斯、雷恩和惠更斯一致认为，在弹性碰撞（任何没有动能因产生热量或噪声而损失的碰撞）中，只要没有其他外力作用，动量就是守恒的。真正的弹性碰撞在自然界是罕见的；即使一个斯诺克球被另一个斯诺克球轻轻撞一下，也

运动物体总是会保持运动状态。

约翰·沃利斯

会有一些动能损失。在《运动力学的几何处理》一书中，约翰·沃利斯更进一步地证明了动量在非弹性碰撞中也是守恒的。在非弹性碰撞中，物体在碰撞后会附着在一起，造成动能的损失。其中一个例子是彗星撞击行星。

现在动量守恒定律有许多实际应用，例如，发生道路交通事故后确定车辆速度。■

参见：运动定律 40~45页，动能和势能 54页，能量守恒 55页，能量和运动 56~57页。

最绝妙的机械工艺品

测量时间

背景介绍

关键人物

克里斯蒂安·惠更斯

（1629—1695）

此前

约1275年 第一台纯机械钟被制造了出来。

1505年 德国钟表匠彼得·亨莱因利用螺旋弹簧的弹力制造出了第一块怀表。

此后

约1670年 锚式擒纵机构的使用让时钟更为精准。

1761年 约翰·哈里森的第四台航海钟H4通过了海试。

1927年 第一台石英电子钟被制造了出来。

1955年 英国物理学家路易斯·埃森和杰克·帕里制造出了第一台原子钟。

摆锤在重力作用下朝每个方向的摆动时间是相同的。

摆臂越长，它摆动得越慢。

摆动越小，摆锤计时的精度就越高。

摆就是一种简单的计时装置。

擒纵机构维持摆臂运动。

17世纪50年代中期的两项发明预示着精密计时时代的开端。1656年，荷兰数学家、物理学家、发明家克里斯蒂安·惠更斯建造了第一台摆钟。不久之后，锚式擒纵机构被制造了出来，它可能是由英国科学家罗伯特·胡克（Robert Hooke）发明的。到了17世纪70年代，计时装置的精确度已取得革命性进步。

13世纪，欧洲出现了第一台纯机械式计时装置，取代了以往依赖太阳运动、水流或蜡烛燃烧的计时工具。这些机械钟依靠一个"机轴擒纵机构"，通过钟表的齿轮组（一系列齿轮）来传递悬挂重物的作用力。在接下来的三个世纪里，这些机械钟的精确度得到不断提高，但它们仍然不能精确计时，还需要有规律地进行调时。

1637年，伽利略意识到摆有用于制作更精确计时工具的潜力。他发现，摆锤的摆动几乎是等时的，这意味着无论摆锤的长度如

参见：自由落体 32~35页，简谐运动 52~53页，国际单位制和物理常数 58~63页，亚原子粒子 242~243页。

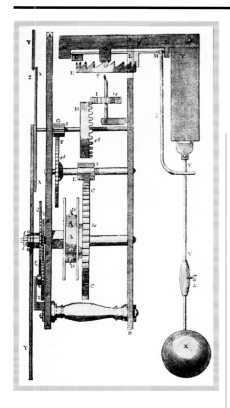

克里斯蒂安·惠更斯的摆钟极大地提高了计时装置的准确性。这幅17世纪的木刻画展示了惠更斯摆钟的内部构造，包括齿轮和钟摆。

分钟；现在，这个偏差可以减少到15秒。

石英钟和原子钟

在20世纪30年代同步电子钟问世之前，摆钟一直是最精确的计时方式。来自电源的交流电的周期振荡可以被同步电子钟捕获；积累一定数量的振荡，就可以转化为时钟指针的移动。

第一台石英钟制造于1927年，它利用了石英晶体的压电特性。当弯曲或挤压石英晶体时，石英晶体会产生一个微小的电压；反之，如果受到电压的影响，石英晶体也会振动。时钟内部的电池提供电压，石英晶体芯片随之产生振动，从而导致液晶显示器发生变化，或者利用微小的马达驱动秒针、分针和时针。

第一台精确的原子钟制造于1955年，它使用了铯-133同位素。原子钟测量微波作用下电子在两个不同能级之间跃迁时发出的周期性电磁信号的频率。铯原子中"被激发"的电子每秒振荡9192631770次，基于这种振荡来校准的时钟可以做到极度精确。■

何，摆锤每次从摆动的末端返回初始位置（周期性）所需的时间大致相同。摆锤的摆动可以提供比当时的机械钟更精确的计时方式。然而，在1642年他去世之前，他还没有成功建造出一台摆钟。

惠更斯制造的第一台摆钟，其摆锤摆动角度达到80度至100度，这对于计时所需的精确度来说太大了。胡克引入了锚式擒纵机构，每次摆动时通过给摆锤一个小小的推力来维持摆锤的摆动，使摆钟可以采用较长的摆锤，并且仅用较小的4~6度摆幅，就可以实现更高的精度。在此之前，即使是最先进的非钟摆式时钟也会每天偏差15

哈里森的航海钟

18世纪早期，即使是最精确的摆钟也不能在海上工作，这是航海技术的一个难题。由于没有可见的地标，计算船的位置取决于经纬度。虽然很容易测量纬度（通过观察太阳的位置），但只有知道相较于一个固定位置的时间，如格林尼治子午线，才能确定经度。如果没有可以在海上工作的时钟，就不可能做到这一点。这会导致船只失事，许多人会因此丧命，于是，英国政府在1714年发布了悬赏，激励人们发明航海钟。

英国发明家约翰·哈里森（John Harrison）在1761年解决了这个问题。他发明的航海钟使用快速跳动的平衡轮和温度补偿螺旋弹簧，在跨大西洋旅行中实现了非常精确的计时。这个装置的发明拯救了许多生命，彻底改变了航海探险和世界贸易。

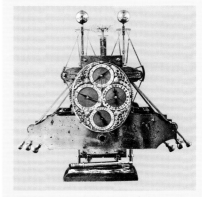

约翰·哈里森的H1航海钟原型。1736年，H1航海钟从英国到葡萄牙进行了海上试验，整个航程结束，钟只慢了几秒。

任何作用力都有
一个反作用力

运动定律

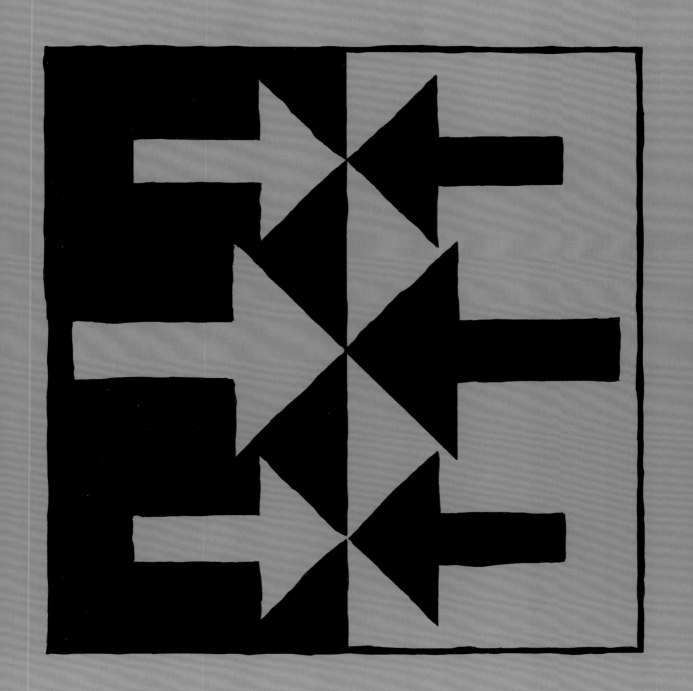

背景介绍

关键人物

戈特弗里德·威廉·莱布尼茨
（1646—1716）

艾萨克·牛顿（1642—1727）

此前

约公元前330年 亚里士多德在他的《物理学》一书中提出，力是运动产生的原因。

1638年 伽利略的《关于两门新科学的谈话和数学证明》出版。后来，爱因斯坦将其称为莱布尼茨和牛顿工作的开端。

1644年 勒内·笛卡儿发表了《哲学原理》一书，里面详细描述了运动定律。

此后

1827—1833年 威廉·卢云·哈密顿认为物体倾向于沿着需要最少能量的路径运动。

1907—1915年 爱因斯坦提出了广义相对论。

在16世纪末之前，人们对运动物体加速或减速的原因知之甚少——大多数人认为，某种不确定的、与生俱来的属性使物体落到地面上或飘向天空。不过，在科学革命初期，这些观点发生了变化。科学家开始认识到，有几种作用力可以改变运动物体的速度（同时包含速率和方向的物理量），包括摩擦力、空气阻力和重力。

早期观点

几个世纪以来，人们普遍接受的运动理论来自古希腊哲学家亚里士多德，他认为世界万物由土、水、气、火和以太五种基本元素组成，其中第五种元素以太是构成"天"的基本元素。亚里士多德认为，岩石掉到地上是因为它的成分与地面（"土"）相似；雨水落到地面上是因为水的自然位置在地球表面；烟雾上升是因为它主要是由空气构成的。然而，天体的圆周运动并不能用基本元素的理论来解释，相反，这些天体被认为是由上帝之手牵引的。

亚里士多德认为，物体只有在被推动的情况下才会运动，一旦推力消失，物体就会停止运动。有人也许会质疑，为什么箭从弓上射出，脱离了与弓的接触之后，仍然能在空中飞行，但亚里士多德的观点在两千多年来基本上没有受到广泛质疑。

1543年，波兰天文学家尼古拉·哥白尼发表了他的理论，认为地球不是宇宙的中心，相反，地球和其他行星一起围绕太阳运转。1609—1619年，德国天文学家约翰尼斯·开普勒提出了行星运动定律，该定律描述了行星运行轨道的形状和运行速度。随后，17世纪30年代，伽利略挑战了亚里士多德关于下落物体的观点，提出发射出的箭是由于惯性而继续飞行的，并描述了摩擦力起到了阻止书在桌面上滑动的作用。

这些前人的工作为法国哲学家勒内·笛卡儿和德国哲学家戈特弗里德·莱布尼茨提出他们自己的

戈特弗里德·威廉·莱布尼茨

戈特弗里德·威廉·莱布尼茨于1646年出生在莱比锡（现德国境内），是一位伟大的哲学家、数学家和物理学家。在莱比锡大学学习哲学之后，他在巴黎遇到了惠更斯，从而决心自学数学和物理。1676年，他成为汉诺威不伦瑞克皇室的政治顾问、史学工作者和图书管理员，这使他有机会开展广泛的研究，包括对微积分的开发。然而，他被人指责偷看了牛顿尚未发表的微积分理论，并将其作为自己的观点。尽管后来人们普遍认为莱布尼茨是独立提出自己的理论的，但他生前从未摆脱这个丑闻。他于1716年在汉诺威去世。

主要作品

1684年 《求最大值和最小值的新方法》

1687年 《动力学》

参见： 自由落体 32~35页，万有引力定律 46~51页，动能和势能 54页，能量和运动 56~57页，天堂 270~271页，宇宙模型 272~273页，从经典力学到狭义相对论 274页。

> **不发生作用的东西是不会存在的。**
> 戈特弗里德·威廉·莱布尼茨

运动理论奠定了基础。之后，英国物理学家牛顿融合了这些思想，并将其关于运动的理论写入了《自然哲学的数学原理》（以下简称《原理》）一书中。

新观点

勒内·笛卡儿在《哲学原理》中提出了三个运动定律，否定了亚里士多德的运动观和受上帝引导的宇宙观，并用力、动量和碰撞这些概念来描述运动。1687年，莱布尼茨在其论文《动力学》中批评了勒内·笛卡儿的运动规律。不过，莱布尼茨认识到，勒内·笛卡儿对亚里士多德的许多批判是合理的，于是在17世纪90年代，他发展出了自己的"动力学"理论，即他对运动和碰撞的理论描述。

其实莱布尼茨的工作仍未完成。1687年，也就是其发表论文《动力学》的同一年，牛顿阐述其关于运动定律的《原理》一书也出版了。莱布尼茨也许在看了牛顿的深刻理论之后，暂停了进一步的工

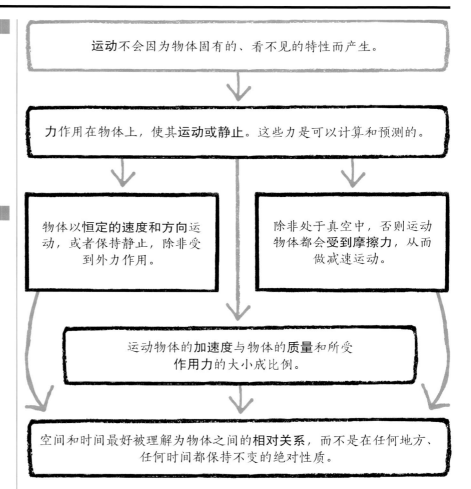

运动不会因为物体固有的、看不见的特性而产生。

力作用在物体上，使其运动或静止。这些力是可以计算和预测的。

物体以恒定的速度和方向运动，或者保持静止，除非受到外力作用。

除非处于真空中，否则运动物体都会受到摩擦力，从而做减速运动。

运动物体的加速度与物体的质量和所受作用力的大小成比例。

空间和时间最好被理解为物体之间的相对关系，而不是在任何地方、任何时间都保持不变的绝对性质。

作。牛顿认可勒内·笛卡儿对亚里士多德思想的批判，但认为笛卡儿学派（勒内·笛卡儿的追随者）既没有充分利用伽利略的数学手段，也没有充分利用化学家罗伯特·波义耳（Robert Boyle）的实验方法。然而，勒内·笛卡儿的前两个运动定律得到了牛顿和莱布尼茨的支持，并且成为牛顿第一运动定律的基础。

牛顿的三大运动定律（参见44~45页）清晰地描述了作用在所有物体上的力，彻底改变了物理学中对力的理解，为经典力学（研究物体运动）奠定了基础。牛顿在世时，并非所有的观点都被人们接受——提出批评的人中就包括莱布尼茨本人。但在牛顿去世后，其观点一直到20世纪初基本没有受到质疑，就像亚里士多德关于运动的观

自行车在骑手踩踏板提供的力的作用下向前运动。石头等产生的阻力作用，有可能使其停止。

摩擦力

向前运动

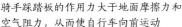

骑手踩踏板的作用力大于地面摩擦力和空气阻力，从而使自行车向前运动

骑手没有受到任何外力作用（石头），所以保持继续向前，结果从车上跌落

石头提供了阻力，且阻力大于引起自行车向前运动的力，从而导致自行车停止

点在两千年的大部分时间里一直主导着科学思想一样。然而，莱布尼茨关于运动的一些观点和对牛顿的批判远远超前于他所处的时代，在两个世纪后才被爱因斯坦的广义相对论证实。

惯性定律

牛顿第一定律，有时被称为惯性定律。它指出，在不受任何外力的作用下，静止的物体将保持静止，运动的物体将以相同的速度保持运动。例如，如果一辆正在前行的自行车的前轮撞到一块大石头上，自行车就会在受到外力的作用下停止前行。不幸的是，骑车的人不会受到同样的作用力，他将继续保持向前运动状态——从而从车上摔下去。

牛顿的运动定律第一次使人们能够对运动做出准确的预测。力被定义为一个物体施加在另一个物体上的推力或拉力，单位为牛顿（N，1N是使质量为1千克的物体产生1米/秒²加速度所需的力）。

如果已知作用在物体上所有外力的大小，就可以计算净外力（外力的总和），为$\sum F$（$\sum$表示"求和"）。如果一个球受到23N的向左推力和12N的向右推力，那么$\sum F$=11N，方向向左。事情并没有这么简单，因为向下的重力也会同时作用在球上，水平和垂直方向上的所有力都需要考虑在内。

还有其他力在起作用。牛顿第一定律指出，不受外力作用的运动物体应保持匀速直线运动。然而，球在地板上滚动时，为什么最

终会停止？事实上，当球滚动时，它会受到另一种外力——摩擦力，摩擦力会使它减速。根据牛顿第二定律，物体总是朝净外力方向加速。由于摩擦力与运动方向相反，它产生的加速度会使物体减速并最终停止。在星际空间，由于没有摩擦和空气阻力，航天器始终保持相同的运动速度，除非它被行星或恒星的引力场加速。

成比例变化

牛顿第二定律是物理学中最重要的定律之一，它描述了当一个物体受到一个给定的外力作用时，物体的加速度有多大。它指出，物体动量（质量和速度的乘积）的变化率与所施加的力的大小成正比，并且发生在所施加力的方向上。

它可以表示为$\sum F=ma$，其中F是外力，a是物体在外力方向上的加速度，m是物体的质量。如果外力增加，那么加速度也会增加。而且，动量的变化率与物体的质量成反比，所以如果物体的质量增加，那么它的加速度就会减小，这可以表示为$a=\sum F/m$。例如，当火箭的

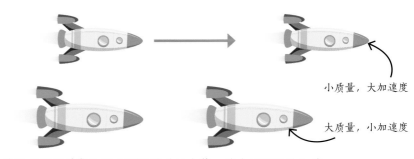

小质量，大加速度

大质量，小加速度

装配有相同引擎的两个不同质量的火箭，将会以不同的加速度运动。小火箭质量更小，因此加速度会更大。

> 运动定律……是上帝的自由法令。
>
> 戈特弗里德·威廉·莱布尼茨

燃料推进剂在飞行过程中燃烧时，其质量就会减小，假设发动机的推力保持不变，那么火箭的加速度就会越来越大。

作用力与反作用力相等

牛顿第三定律指出，每个作用力都有一个大小相等且方向相反的反作用力。一个坐在椅子上的人对椅子施加了向下的力，椅子对这个人的身体施加了相等的向上的力。这就是作用力与反作用力。

来复枪在射击后会在反作用力的作用下产生后坐力。当扣动扳机时，火药爆炸产生的热气迅速膨胀，沿着枪膛向前推动子弹。同样，子弹会向后推动枪支。作用在枪支上的力和作用在子弹上的力大小是一样的，但是加速度取决于力和质量（根据牛顿第二定律）两个因素，因为子弹的质量要小得多，所以它的加速运动比枪支快得多。

时间、距离和加速度的概念是理解运动的基础。牛顿认为，空间和时间是绝对的，独立于物质而存在。1715—1716年，莱布尼茨主张一种基于关系论的替代理论：换句话说，空间和时间是物体之间的关系系统。虽然牛顿认为绝对时间独立于任何观察者而存在，并且在整个宇宙中以恒定速度流逝，但莱布尼茨认为，如果不将时间理解为物体间的相对运动，那么它将毫无意义。牛顿认为，绝对空间"始终保持不变和不可移动"，而莱布尼茨认为，空间只有作为物体的相对位置时才有意义。

从莱布尼茨到爱因斯坦

1710年前后，爱尔兰主教和哲学家乔治·贝克莱（George Berkeley）提出了一个关于牛顿的绝对时间、绝对空间和速度概念的难题。贝克莱质疑，假设空间内只有一个旋转的圆球，别无他物，那么我们是否可以说它在运动。

莱布尼茨对牛顿的批评在当时被一致否定，直到两个世纪后爱因斯坦提出广义相对论（1907—1915年），它才逐渐被人理解。牛顿运动定律通常适用于日常条件下的宏观物体（肉眼可见的物

> 运动只不过是位置的改变。我们所经历的运动不过是一种关系。
>
> 戈特弗里德·威廉·莱布尼茨

体），但在极高的速度、极小的尺度和极强的引力场情况下，牛顿运动定律将不再有效。■

1977年，人类发射了两艘旅行者号宇宙飞船。由于太空中没有摩擦力和空气阻力，飞船至今仍在太空中翱翔。

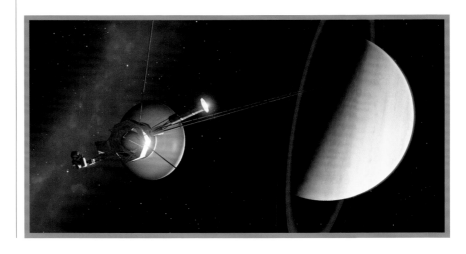

世界体系的框架

万有引力定律

背景介绍

关键人物

艾萨克·牛顿（1642—1727）

此前

1543年 尼古拉·哥白尼提出了他的日心模型，对正统思想发起了挑战。

1609年 约翰尼斯·开普勒在《新天文学》中发表了他的前两条行星运动定律，指出行星在椭圆轨道上运转。

此后

1859年 法国天文学家于尔班·勒威耶认为水星的旋进轨道（其轴向旋转角的微小变化）与牛顿力学不相容。

1905年 爱因斯坦在其《运动物体的电动力学》一文中提出了狭义相对论。

1915年 爱因斯坦的广义相对论表明引力会改变时间、光和质量。

什么阻止了天上的星星掉下来？

艾萨克·牛顿

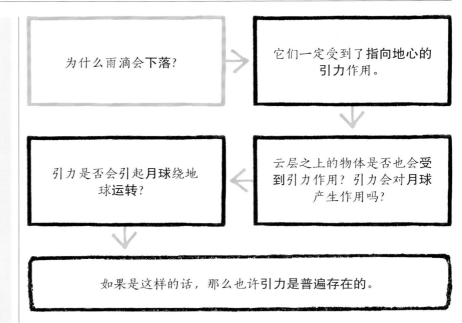

为什么雨滴会下落？

它们一定受到了指向地心的引力作用。

引力是否会引起月球绕地球运转？

云层之上的物体是否也会受到引力作用？引力会对月球产生作用吗？

如果是这样的话，那么也许引力是普遍存在的。

发表于1687年的牛顿万有引力定律，和牛顿运动定律一样，在两个多世纪里一直是经典力学不可撼动的基石。它指出，每个粒子都会吸引其他粒子，引力的大小与粒子质量的乘积成正比，与粒子中心之间的距离平方成反比。

在孕育牛顿理论的科学时代来临之前，西方对自然界的理解一直被亚里士多德的思想所主导。这位古希腊哲学家没有认识到地心引力的存在，反而认为重物落在地球上是因为那是它们的"自然位置"，天体绕着地球转是因为这样才是完美的。

亚里士多德的地心说在文艺复兴之前基本上没有受到质疑，后来波兰天文学家尼古拉·哥白尼提出了日心模型，认为地球和其他行星围绕太阳运转。根据他的模型，"我们与其他行星一样在围绕太阳旋转"。这一发表于1543年的观点是基于人眼对水星、金星、火星、木星和土星运行轨迹的详细观测推导出来的。

天文学证据

1609年，约翰尼斯·开普勒出版了《新天文学》一书，该书不仅为日心说提供了更多的支持，还指出了行星的运行轨道是椭圆形的（而不是圆形的）。约翰尼斯·开普勒还发现，行星绕轨道运行的速度取决于其与太阳之间的距离。

大约在同一时期，伽利略利用望远镜进行了仔细的天文观测，证实了约翰尼斯·开普勒的观点。当伽利略将观测聚焦在木星和围绕这颗巨行星运转的卫星上时，他找到了亚里士多德观点错误的进一步

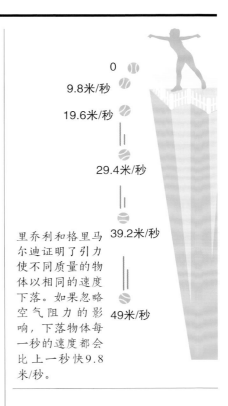

参见： 自由落体 32~35页，运动定律 40~45页，天堂 270~271页，宇宙模型 272~273页，狭义相对论 276~279页，等效原理 281页，引力波 312~315页。

里乔利在1651年出版的《新至大论》一书中介绍了两种行星运行模型之间的争论，认为第谷·布拉赫的地心说要优于日心说。

证据：如果所有的天体都围绕地球运行，那么木星的卫星就不可能存在。伽利略也观察了金星的相位，证明了它在绕太阳运行。

伽利略还对重物比轻物下落更快的观点提出了挑战。他的观点得到了意大利牧师乔瓦尼·里乔利和弗朗西斯科·格里马尔迪的支持。17世纪40—50年代，他们二人从博洛尼亚的一座塔上放下物体，并记录了物体落到地面上的时间。他们计算得到了相当准确的重力加速度，现在已知为9.8米/秒²。

1971年，美国航天员大卫·斯科特重复了类似的实验，他在执行美国航空航天局阿波罗15号的登月任务中同时放下了一把锤子和一根羽毛。由于月球表面没有空气阻力，两个物体同时落到了地面上。

牛顿的苹果

虽然苹果砸在牛顿头上的故事子虚乌有，但苹果掉在地上这一现象确实引起了他的好奇。当他在17世纪60年代开始认真思考引力问题时，前人已经完成了许多重要的基础研究。在他的开创性著作《原理》中，牛顿评论了意大利物理学家乔瓦尼·博雷利（Giovanni Borelli）和法国天文学家伊斯梅尔·布利奥（Ismael Bullialdus）的工作，他们都描述了太阳产生的引力。不过，布利奥错误地认为，太阳产生的引力在远日点（行星运行轨道上离太阳最远的点）是吸引行星的，而在近日点（行星运行轨道上离太阳最近的点）是排斥行星的。

> 如果地球不再吸引水，那么所有的海水都会升起，奔向月球。

约翰尼斯·开普勒

里乔利和格里马尔迪证明了引力使不同质量的物体以相同的速度下落。如果忽略空气阻力的影响，下落物体每一秒的速度都会比上一秒快9.8米/秒。

约翰尼斯·开普勒的工作对牛顿的影响可能是最大的。这位德国天文学家的行星运动第三定律指出，行星与太阳的距离与它绕太阳一周所需的时间之间存在着精确的数学关系。

1670年，英国自然哲学家罗伯特·胡克认为，引力适用于所有天体，引力的大小随着距离的增加而减小，在没有任何其他引力的情况下，天体会沿直线运动。1679年，他总结出了平方反比定律，即引力的大小与距离的平方成反比。换句话说，如果两个物体之间的距离增加一倍，那么它们之间的引力就会减小到原来的1/4。然而，这

自由落体的普适性

自由落体的原理是由伽利略等人根据经验发现的，然后牛顿对其进行了数学证明。它指出，所有的物体，无论重的还是轻的，在一个均匀的引力场中以相同的速度下落。假设两个不同重量的物体下落，既然牛顿的引力理论说物体的质量越大，引力就越大，那么重的物体下落的速度应该会越快。然而，牛顿第二定律告诉我们，如果施加相同的力，质量较大的物体不会像质量较小的物体那样加速，因此它会下降得更慢。事实上，这两种效果相互抵消，所以只要没有其他作用力（如空气阻力）存在，轻物和重物就会以相同的加速度下落。

意大利博洛尼亚的阿西内利塔是里乔利和格里马尔迪做自由落体实验的地方，这个实验验证了伽利略的理论。

牛顿认为万有引力是普遍的、相互吸引的力，适用于所有物体，无论大小。引力大小与物体的质量，以及相互之间的距离有关。

物体质量越大，彼此间的引力就越大

物体间的距离越大，相互之间的引力就越小

一规律是否适用于像地球这样的大型天体还不得而知。

万有引力

牛顿在1687年发表的《原理》中阐述了他的运动定律和万有引力定律，他指出，"每一个粒子都吸引着任何其他的粒子……引力的大小与它们质量的乘积成正比"。他解释了所有物体是如何产生引力而将其他物体拉向自己的中心的。引力是普遍存在的，其大小取决于物体的质量。例如，太阳产生的引力比地球的大，地球产生的引力又比月球的大，月球产生的引力又比落在月球上的圆球的大。引力大小可用公式 $F = Gm_1m_2/r^2$ 表示，其中 F 是引力，m_1 和 m_2 是两个物体的质量，r 是两个物体中心之间的距离，G 是引力常量。

《原理》出版后，牛顿进一步完善他的观点。牛顿大炮思想实验预测了在一个没有空气阻力的环境中从山顶上发射的炮弹的运动轨迹。如果引力不存在，那么炮弹将沿着射击方向直线运动直至离开地球。假设存在引力，如果炮弹发射速度相对较慢，那么炮弹会落回地球；但如果炮弹以更快的速度发射，那么它就将以圆形轨道环绕地球飞行，这就是它的轨道速度；如果它的速度再快一些，那么它将以椭圆轨道绕地球运行。如果发射速度超过11.2千米/秒；它就将脱离地球的引力场，飞向外太空。

三个多世纪后，现代物理学将牛顿的理论付诸实践。当卫星被送入飞行轨道时，我们可以看到大炮现象。具有强大推力的火箭替代了牛顿想象中的炮弹，推动卫星

充满人类智慧的万有引力定律让谬论坍塌，新的真理必将大行其道。

塞西莉亚·佩恩-加波施金

从地球表面升空，并赋予它上升速度。当它达到轨道速度时，火箭推进器停止工作，卫星将一直围绕着地球运转，不会撞击地球表面。卫星运转轨道的角度由其初始角度和速度决定。太空探索的成功在很大程度上依赖牛顿成功发现万有引力定律。

理解质量

一个物体的惯性质量是指物体抵抗任何力（无论是否为引力）所产生的加速度的惯性大小。它可以通过牛顿第二定律$F=ma$来定义，其中F是作用力，m是惯性质量，a是加速度。如果对物体施加已知大小的力，通过测量其加速度，就可以得到惯性质量，即$m=F/a$。同时，根据牛顿万有引力定律，引力质量是物体的一种物理性质，描述物体与其他物体发生相互作用时的引力场的大小。

牛顿一直被一个问题困扰着：物体的惯性质量和它的引力质量一样吗？反复的实验表明，这两个质量是相等的，这一结果使爱因斯坦很着迷，他把它作为广义相对论的基础。

重新诠释引力

直到1905年爱因斯坦的狭义相对论发表，牛顿关于引力和运动的观点才开始受到质疑。牛顿的理论依赖质量、时间和距离保持不变的假设，而爱因斯坦的理论将它们视为由观察者参照系定义的可变化量。一个人站在地球上，地球绕其轴线自转，同时也在绕太阳运行，而对于宇宙飞船中的航天员这样的参照系而言，地球在宇宙中穿行。爱因斯坦的广义相对论还指出，引力不是作用力，而是大质量物体弯曲时空的结果。

牛顿的定律适用于大多数日常生活，但不能解释从两个完全不同的参照系观察物体所产生的运动、质量、距离和时间的差异。在这种情况下，科学家必须依靠爱因斯坦的相对论。只要物体的运动速度很低或者它所处的引力场很小，经典力学和爱因斯坦的相对论就是一致的。■

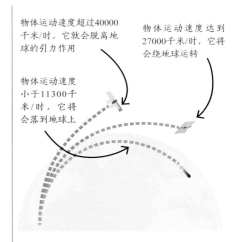

物体运动速度超过40000千米/时，它就会脱离地球的引力作用

物体运动速度达到27000千米/时，它将会绕地球运转

物体运动速度小于11300千米/时，它将会落到地球上

牛顿成功地预言，如果以恰当的速度发射物体，物体将环绕地球运行。如果一颗卫星运动得足够快，其下降轨迹的曲率会比地球表面的曲率小，因此它会停留在轨道上，永远不会返回地面。

艾萨克·牛顿

1642年的圣诞节，艾萨克·牛顿出生在英国的伍尔索普村，之后他在格兰瑟姆上学，并进入剑桥大学学习。在《原理》一书中，他用数学公式描述了万有引力定律和运动定律，这成为经典力学的基础。直到20世纪初，爱因斯坦相对论的出现才部分取代了牛顿定律。牛顿对数学和光学也做出了重要贡献。不过他也是有争议的，他和莱布尼茨就微积分的发现，以及和胡克就平方反比定律的发现的争论由来已久。牛顿不仅是一位充满热情的科学家，还对炼金术非常感兴趣。他于1727年在伦敦去世。

主要作品

1684年 《论轨道上物体的运动》
1687年 《自然哲学的数学原理》

振荡无处不在

简谐运动

周期运动——在相等时间间隔内重复运动——存在于许多自然现象和人类活动中。16世纪和17世纪对单摆的研究，为牛顿的运动定律奠定了基础。尽管这些定律是开创性的，但是物理学家在将它们应用于涉及系统（物体间相互关联）的现实问题时仍然面临着层层阻碍，这些系统比牛顿理想化的自由运动物体更为复杂。

琴弦的振动

一个特别有趣的现象是琴弦的振动——另一种形式的周期运动。在牛顿时代，弦以不同的频率振动产生不同声音的原理已经广为人知，但其具体的振动形式还不清楚。1732年，瑞士物理学家和数学家丹尼尔·伯努利（Daniel Bernoulli）发现了一种将牛顿第二定律应用于每一小段振动弦的计算方法。他指出，当距离中心线（静止时的起始位置）越远时，绳子上的拉力越大，而且力的方向总是与偏离中心线的方向相反。弦总是倾向于回到中心线，回到中心线后，它会向另一边运动，形成一个重复的循环。

这种运动的位移和作用力之间有着特定的关系，如今被称为简谐运动。和振动弦一样，简谐运动还包含单摆运动和弹簧振子运动等现象。伯努利还发现，绘制在图表上的简谐运动形成了一个正弦波，用正弦波这种数学函数可以轻易地解决许多物理问题。简谐运动也可以应用在一些令人意想不到的地

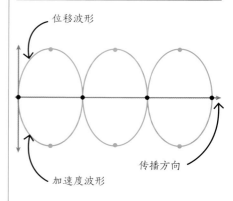

对于任何简谐运动来说，位移和加速度都可以用正弦波来描述，它们彼此镜像对称。

参见：测量时间 38~39页，运动定律 40~45页，动能和势能 54页，音乐 164~167页。

> 如果宇宙中没有某种极大的或极小的法则，那就根本不会发生任何事情。
>
> 莱昂哈德·欧拉

方。例如，圆周运动（一颗卫星环绕地球运行）和物体的旋转（地球自转）都可以被视为在两个或多个方向上的来回振动。

利用牛顿定律

瑞士数学家和物理学家莱昂哈德·欧拉对引起船舶俯仰（从船头到船尾的纵向上下摆动）和侧倾（从一侧向另一侧倾斜）的力很感兴趣。大约在1736年，他意识到船的运动可以分为平移（两个位置间的运动）和旋转。

欧拉在丹尼尔·伯努利工作的基础上，试图寻找描述旋转运动部分的方程，最终他得到了与牛顿第二定律相同形式的方程。1752年，欧拉首先采用已广为人熟知的方程$F=ma$（作用在物体上的力等于其质量乘以加速度）的形式来表达这一著名定律。他的旋转方程表述为$L=Id\omega/dt$，其中，L是力矩（作用在物体上的旋转力），I是物体的"惯性矩"（从广义上说，也就是转动惯量），$d\omega/dt$是其角速度的变化率，即"角加速度"。

看似简单的简谐运动现在已被广泛应用，那些在欧拉时代做梦都想不到的领域，从控制电路中电磁振荡到描述原子能级内部电子振动行为等，都涉及简谐运动。■

作为海军的一名年轻随军医生，莱昂哈德·欧拉对波浪影响船只运动的方式非常着迷。

莱昂哈德·欧拉

莱昂哈德·欧拉于1707年出生在瑞士巴塞尔的一个宗教家庭，他是18世纪最重要的数学家，对纯数学及其广泛应用产生了浓厚的兴趣，包括船舶设计、力学、天文学和音乐理论。欧拉13岁时进入巴塞尔大学，师从约翰·伯努利（Johann Bernoulli）。在腓特烈大帝邀请他去柏林之前，他在圣彼得堡的俄罗斯帝国学院（Imperial Russian Academy）任教和研究了14年。尽管欧拉在1766年双目完全失明，但他仍然以惊人的毅力为数学研究开辟了数个全新领域。回到圣彼得堡后，他继续工作，直到1783年死于脑出血。

主要作品

1736年《力学》

1744年《寻求具有某种极大或极小性质的曲线的方法》

1749年《海事科学》

1765年《刚体运动理论》

力不会造成损失
动能和势能

背景介绍

关键人物
夏特莱侯爵夫人（1706—1749）

此前

1668年 约翰·沃利斯首次用现在的数学表述提出了动量守恒定律。

此后

1798年 出生于美国的英国物理学家本杰明·汤普森，即伦福德伯爵，通过实验测量证明了热量是另一种形式的动能，是系统总能量的组成部分。

1807年 英国博学家托马斯·杨首次用"能量"这个词来描述夏特莱侯爵夫人有关"活力"的研究成果。

1833年 爱尔兰数学家威廉·卢云·哈密顿证明了力学系统中动能和势能之间是如何相互转化，以保持能量守恒的。

牛顿运动定律蕴含了一个基本思想：所有物体的动量之和在碰撞前和碰撞后是守恒的。然而，对于今天我们所熟知的能量概念，他几乎什么也没谈到。17世纪80年代，莱布尼茨指出了运动物体的另一个性质，被称为"活力"，似乎也是守恒的。

牛顿的追随者拒绝认可莱布尼茨的观点，他们认为能量和动量应该是不可区分的。但在18世纪40年代，莱布尼茨的观点重获生机。法国数学家夏特莱侯爵夫人（Marquise Émilie du Chatelet）在将牛顿《原理》一书翻译成法文时，发现了"活力"的重要性。她重复了最早由荷兰哲学家威廉·斯格拉维桑德（Willem's Gravesande）进行的一项实验。实验中，她把不同质量的金属球从不同高度扔到黏土中，并测量了撞击形成的黏土坑深度。结果表明，以两倍速度运动的球最终会形成一个四倍深度的深坑。

夏特莱侯爵夫人得出结论，每个球的"活力"（与现代运动粒子"动能"的概念大致相同）与其质量成正比，也与其速度的平方成正比。她假定，由于"活力"在碰撞过程中是守恒的（或发生转化），所以物体在下落开始时，其"活力"一定以另一种形式存在。这种形式现在被称为势能，其大小与所处力场中的位置有关。■

物理学是一栋宏伟的大厦，超出了任何人的攀登能力。

——夏特莱侯爵夫人

参见：动量 37页，运动定律 40~45页，能量和运动 56~57页，力场和麦克斯韦方程组 142~147页。

能量不会凭空产生，也不会凭空消失

能量守恒

背景介绍

关键人物
詹姆斯·焦耳（1818—1889）

此前

1798年 伦福德伯爵本杰明·汤普森用特别钝的镗孔工具摩擦炮管，并将其浸没在水中，证明了热是由机械运动产生的。

此后

1847年 德国物理学家赫尔曼·冯·亥姆霍兹在他的《论力的守恒》中给出了不同形式能量的数学表达式，以及它们之间的相互转换关系。

1850年 苏格兰土木工程师威廉·兰金首次用"能量守恒定律"来描述这一原理。

1905年 阿尔伯特·爱因斯坦在相对论中提出了他的质能方程，即每个物体即使处于静止状态，也具有与其质量相匹配的能量。

能量守恒定律指出，孤立系统的总能量随时间保持不变。能量既不会凭空产生，也不会凭空消失，它只会从一种形式转化为另一种形式。

尽管德国化学家和物理学家尤利乌斯·冯·迈尔（Julius von Mayer）在1841年第一次提出了这一想法，但人们常常将其归功于英国物理学家詹姆斯·焦耳（James Joule）。1845年，焦耳发表了一项重要的实验结果。他设计了一种装置：在独立的水缸中安装叶片，让下降重物带动叶片旋转，利用重力来做功。通过测量水温的升高，他精确计算出了机械做功产生的热量。最终他得出结论，能量在转换过程中没有损失。焦耳关于"热量由机械做功产生"的发现直到1847年才被广泛接受，那时候赫尔曼·冯·亥姆霍兹（Hermann von Helmholtz）提出了力、热、光、电和磁之间的关系——每一种都是能量的形式。1882年，为了表彰焦耳所做的贡献，人们将他的名字"焦耳"确定为能量的标准单位。■

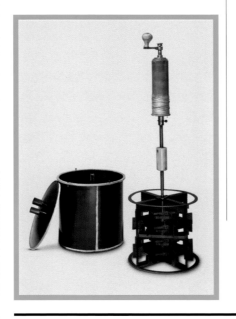

在焦耳的实验中，他在灌满水的容器中安装了黄铜叶片，由下落的重物带动叶片旋转。容器中水的温度上升表明机械做功产生了热量。

参见：能量和运动 56~57页，热量和传热 80~81页，内能和热力学第一定律 86~89页，质量和能量 284~285页。

新的力学理论

能量和运动

背景介绍

关键人物

约瑟夫·拉格朗日（1736—1813）

此前

1743年 法国物理学家和数学家让·勒朗·达朗贝尔指出，加速物体的惯性与引起其加速运动的力成正比，且方向相反。

1744年 法国数学家皮埃尔-路易·莫佩尔蒂表示，光的"最短路径原理"也可以用于推导运动方程。

此后

1861年 詹姆斯·克拉克·麦克斯韦利用拉格朗日和威廉·卢云·哈密顿的研究方法来计算电磁场。

1925年 埃尔温·薛定谔在哈密顿原理的基础上推导出了他的波动方程。

牛顿提出运动定律之后，物理学在整个18世纪有了长足的发展。这一发展很大程度上是由新的数学方法推动的，这些方法使牛顿运动定律的核心原理更容易被应用于研究更广泛的问题。

一个关键问题是如何很好地处理约束系统，在这些系统中，物体以受约束的方式运动。典型的例子就是末端固定的钟摆悬锤的运动，它不能从摆臂上脱离。引入任何形式的约束都会使牛顿运动定律的计算变得相当复杂——需要分析运动物体每个质点上的所有受力情况，并计算合力对运动造成的影响。

拉格朗日方程

1788年，法国数学家和天文学家约瑟夫·拉格朗日（Joseph-Louis Lagrange）提出了一种全新的理论，他称为分析力学。他得到了两类数学方程，从而使运动定律被更简便地用于更宽泛的情形。"第一类"拉格朗日方程构造了一个简单方程组，从而能够在计算一个或多个物体的运动时，将约束条件作为单独的方程来处理。

更重要的是"第二类"拉格朗日方程，它抛弃了牛顿运动定律中隐含的笛卡儿坐标系。笛卡儿坐标系基于直观的三维空间（通常表示为x、y和z），虽然易于理解，但只能解决牛顿物理学中最简单的问题，对于其他复杂问题很难应对。拉格朗日提出的方法允许用任何最便于解决问题的坐标系来进行计算。拉格朗日对"第二类"方程所

牛顿不仅是天才，还是世界上最幸运的人，宇宙体系只可能被发现一次，而这一次就让他碰上了。

约瑟夫·拉格朗日

参见： 运动定律 40~45页，能量守恒 55页，力场和麦克斯韦方程组 142~147页，反射和折射 168~169页。

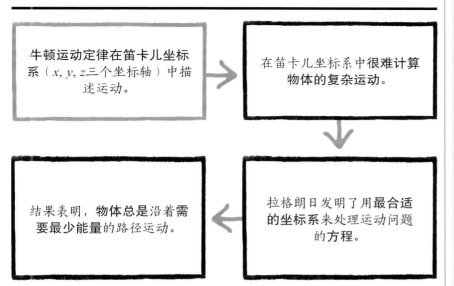

牛顿运动定律在笛卡儿坐标系（x, y, z三个坐标轴）中描述运动。

在笛卡儿坐标系中很难计算物体的复杂运动。

拉格朗日发明了用最合适的坐标系来处理运动问题的方程。

结果表明，**物体总是沿着需要最少能量**的路径运动。

约瑟夫·拉格朗日

约瑟夫·拉格朗日于1736年出生在意大利都灵，他最初学习法律，17岁时开始对数学感兴趣。从那时起，他通过自学迅速成长，开始在都灵军事学院讲授数学和弹道学。他后来成为都灵科学院的创始成员，他的论文吸引了包括欧拉在内的许多人的注意。

1766年，他移居柏林，接替欧拉成为科学院数学系主任。在那里，他完成了分析力学方面最重要的工作，并解决了诸如三个天体之间的引力关系之类的天文学问题。1786年，他定居巴黎，之后在那里度过了余生，直到1813年去世。

主要作品

1758—1773年 《都灵科学论丛》

1788—1789年 《分析力学》

做的概括，不仅提出了一种数学工具，还为深入理解动力学的本质指明了方向。

解决问题

1827—1833年，爱尔兰数学家威廉·卢云·哈密顿（William Rowan Hamilton）拓展了拉格朗日的工作，将人类对力学的认识提升到了一个新的高度。借鉴17世纪法国数学家皮埃尔·德·费马最早提出的光学中的"最短时间原理"，哈密顿基于最小（或平稳）作用量原理发展出了一种计算任何系统运动方程的方法。就像光线一样，物体总是倾向于沿着需要最少能量的路径运动。利用这一原理，他证明了任何力学系统都可以用一种数学方法来描述，这种方法类似于找出曲线上的转折点。

终于在1833年，哈密顿给出了一组功能强大的数学方程，利用这组方程可以计算出力学系统随时间的演化，并用广义坐标和系统的总能量（表示为H，现在称为哈密顿量）进行描述。哈密顿方程可以计算出系统在特定时间的动能和势能平衡，因此不仅可以预测物体的轨迹，也可以预测物体的确切位置。与他提出的"最短时间原理"的一般性原理一起，它们还将在其他几个物理领域得到应用，包括引力、电磁学，甚至量子物理学中。■

为了测量，我们必须寻求自然之道

国际单位制和物理常数

背景介绍

关键人物
布莱恩·基布尔（1938—2016）

此前
1875年 《米制公约》获得了17个国家的认可。

1889年 国际计量大会确定了国际千克原器和米原器。

1946年 安培和欧姆的新定义被采用。

此后
1967年 秒的定义与铯原子的辐射频率相关联。

1983年 米被重新定义为与真空中的光速c有关的物理量。

2019年 国际单位制的所有基本单位均由基本物理常数来重新定义。

整个宇宙中的每一个分子都印上了公制的印记，就像巴黎档案馆里的米一样清晰。

詹姆斯·克拉克·麦克斯韦

以前测量都是相对于一个标准单位（如国际千克原器，缩写为IPK）而言的。然而，这些标准单位会随时间发生变化。

基本物理常数的**大小**可以用这些标准单位**进行实验测量**得到。

基本物理常数是以**自然界**中已知**不变**的事物为基础的。

通过**固定**一个物理常数的值，实现用**真不变量**来**定义单位**。

每个物理量都需要有一个明确的单位（如长度的单位米），而对测量结果进行比较也要求世界各地以完全相同的方式定义单位。尽管标准单位制从古代（如古罗马时期）就发展起来了，但随着17世纪和18世纪国际贸易和工业化的发展，对单位统一性和精确性的需求变得日益迫切。

公制是在18世纪90年代法国大革命期间被引入的，目的是使计量更合理，简化贸易。当时被使用的单位有几十万种，甚至每个村都不一样。公制通过建立基于通用的、永久的自然基准来定义长度、面积、质量和体积。例如，米被定义为经过巴黎子午线的地球周长的一定比值。1799年，铂金米原器和千克原器被制作出来，复制品被送到法国各地的公共场所展出，巴黎等城市的景观石上还刻有1米的长度标准记号。

接下来的一个世纪里，欧洲其他国家，以及南美洲一些国家相继采用了公制。由于担心铂金原器磨损和弯曲变形，1875年，来自30个国家的代表在巴黎开会，试图建立全球通用的标准单位制。

会议最终通过了一份名为《米制公约》的国际公约，该公约规定了用铂铱合金制成的米和千克的新原器。原器的原件保存在巴黎。此外，还为17个签署国的国家标准机构制作了复制品。公约还制定了基于新原器对标准件进行定期校准的程序，并成立了国际计量局对其

参见：测量长度 18～19页，测量时间 38～39页，统计力学的发展 104～111页，电荷 124～127页，光速 275页。

进行监督。

公制的国际单位制（SI，Système International）版本于1948年开始使用，并于1960年在巴黎得到了签署国的批准。从那时起，它被用于几乎所有的科学技术和日常测量中。当然也有例外，如英国和美国的公路距离，但即便是英制单位和美制传统单位，如码（yard）和磅（pound），也都是按公制标准来定义的。

十进制单位

传统的单位制以2、3及它们的倍数作为比率，例如，12英寸等于1英尺。这对于一些日常的简单求和来说是容易的，但如果涉及复杂的问题，计算就困难重重。公制系统规定以10作为比率（以10为单位计算），这使计算容易多了。显而易见，百分之一米的十分之一等于千分之一米。

法国大约从1795年开始使用公制。这幅L.F.拉布鲁斯的版画展示了人们使用新的十进制单位进行测量，并标明了一系列公制单位，每个单位后面还备注了被替换的单位。

公制还明确了表示倍数的词头和缩写的规范，例如，千（k）表示1000倍，厘（c）表示百分之一，微（μ）表示一百万分之一。国际单位制允许的词头范围从方科托（q）一直到昆它（Q），也就是从10^{-30}到10^{30}。

厘米–克–秒、米–千克–秒和国际单位制

1832年，德国数学家卡尔·高斯（Carl Gauss）提出了一种基于长度、质量、时间三个基本量的单位制。高斯的想法是，所有物理量都可以通过这些单位或它

们的组合来衡量。每个基本量都有一个单位，这与一些传统系统使用几种不同单位来表示同一个物理量（例如，英寸、码和弗隆都是长度

国际千克原器只有4厘米高，放置在三层玻璃罩内，保存于法国巴黎的国际计量局（BIPM）。

国际千克原器

130多年来，千克是用一根铂铱合金棒来定义的，这根合金棒也称为国际千克原器（简称IPK或大K）。合金棒的复制品由世界各地的国家计量机构持有，包括英国国家物理实验室（NPL）和美国国家标准技术研究所（NIST），并随国际千克原器每隔40年进行一次校准。虽然铂铱合金非常稳定，但随着时间的推移，不同的合金棒间会产生重达50微克的差异。由于其

他基本单位取决于千克的定义，因此这种变化影响了许多物理量的测量。随着科学家和工业领域对实验和技术应用的精度要求越来越高，国际千克原器的不稳定性成了一个严重的问题。1960年，当用氪原子辐射的特定波长重新定义米时，千克成了唯一一个依赖物理实体的基准单位。随着2019年国际单位制被重新定义，这一问题被彻底解决了。

国际单位制基本单位

目前，国际单位制的基本单位都是通过数值固定的基本物理常数定义的，除秒和摩尔外的基本单位都可以用其他基本单位来表示。

时间	秒（s）	秒是通过铯-133原子在基态下的两个超精细能级之间跃迁所对应的辐射频率Δv_{cs}定义的，其大小为9192631770Hz，即9192631770s^{-1}。
长度	米（m）	米是通过真空中的光速c定义的，其大小为299792458m·s^{-1}，其中秒是通过Δv_{cs}定义的。
质量	千克（kg）	千克是通过普朗克常数h来定义的，其大小为6.62607015×10^{-34}J·s（也可写作6.62607015×10^{-34}kg·m^2·s^{-1}，其中米和秒是通过c和Δv_{cs}定义的）。
电流	安培（A）	安培是通过单位电荷e来定义的，其大小为1.602176634×10^{-19}C（也可写作1.602176634×10^{-19}A·s，其中秒是通过Δv_{cs}定义的）。
热力学温度	开尔文（K）	开尔文是通过玻尔兹曼常数k来定义的，其大小为1.380649×10^{-23}J·K^{-1}（也可写作1.380649×10^{-23}kg·m^2·s^{-2}·K^{-1}，其中千克、米、秒是通过h、c和Δv_{cs}定义的。）
物质的量	摩尔（mol）	摩尔是通过阿伏伽德罗常数N_A定义的，其大小为6.02214076×$10^{23}$$mol^{-1}$（1摩尔物质含有6.02214076×$10^{23}$个原子、分子或电子）。
发光强度	坎德拉（cd）	坎德拉是通过频率为540×$10^{12}s^{-1}$的单色辐射光源在给定方向上的发光效率K_{cd}来定义的，其大小为683 lm·W^{-1}（也可写作683 cd·sr·kg^{-1}·m^{-2}·s^3，其中sr是立体角的计量单位，千克、米和秒是通过h、c和Δv_{cs}定义的）。

单位）不同。1873年，英国物理学家提出以厘米、克和秒为基本单位。厘米-克-秒（CGS）单位制在几年里一直很管用，但后来逐渐被米-千克-秒（MKS）单位制所取代。最终，两者都被国际单位制（SI）所取代，后者包含了电学和磁学等较新研究领域的标准单位。

国际单位制的基础和推导

国际单位制规定了七个基本单位（和缩写）来度量七个基本物理量，如长度单位米（m）、质量单位千克（kg）、时间单位秒（s）。这些基本物理量被认为是相互独立的，但它们单位的定义不一定独立。例如，长度和时间是独立的，但米的定义取决于秒的定义。

其他物理量则可以根据物理公式由基本物理量推导出来，用"导出单位"度量，导出单位是基本单位的组合。例如，速度（单位时间内的运动距离）以米每秒（m/s）为单位。目前有22个"已命名的导出单位"，包括力的单位牛顿（N），1N=1kg·m/s^2。

提高精度

随着理论和技术的进步，国际单位制又被重新定义。现代计量学——测量科学——依赖高精度的科学仪器。1975年，英国计量学家布莱恩·基布尔（Bryan Kibble）发明了移动线圈式瓦特天平（基布尔秤），大大提高了安培的测量精度。瓦特天平将移动物体产生的功率与电磁线圈中的电流和电压联系了起来。

1978年，基布尔继续与英国国家物理实验室的伊恩·罗宾逊（Ian Robinson）合作，发明了一种实用的仪器——马克一号，使测量电流的精度达到了前所未有的高度。1990年，马克二号面世。它建造在真空腔内，能够精确测量普朗克常数，从而可以重新定义千克。后来的基布尔秤模型对最新的国际单位制有着重要的贡献。

一直以来，单位是根据人工标准制品（如国际千克原器）或测量得到的某种特性（如某种原子的特定辐射频率）定义的，并包括一个或多个基本物理常数。这些常数——例如，真空中的光速c，或铯原子中电子在特定能级（超精细能级结构）之间跃迁的辐射频率Δv_{cs}——是自然不变量。换言之，物理常数在所有时间和空间上都是相同的，因此比任何对它们的实验测量数据或任何标准材料制品都更稳定。

> 人们很自然地会把丈量旅行的距离与所居住的地球的维度联系起来。
>
> 皮埃尔-西蒙·拉普拉斯

重新定义国际单位制

2019年对国际单位制进行基于基本物理常数的重新定义是一种观念上的转变。在2019年之前，单位的定义是明确的。例如，1967年以来，秒被定义为铯超精细跃迁辐射周期的9192631770倍。这个倍数是通过实验测量得出的——通过比较辐射频率Δv_{cs}与当时最严格的基于地球绕太阳运行轨道定义出的秒的大小，计算出倍数。现在，这个定义有了微妙的变化。

首先假定辐射频率Δv_{cs}是一个固定的数值（如9192631770），这表明我们认为辐射频率Δv_{cs}是不变的。其实它的数值是多少并不重要，因为测量它时所采取单位的大小是任意的。然而，秒是现有的常用单位，新定义赋予它的值应尽可能接近现有定义的秒。也就是说，秒不再是一个相对固定的定义，也不再是基于秒去测量辐射频率Δv_{cs}，相反，计量学家首先固定了秒与辐射频率Δv_{cs}之间的关系，然后才通过辐射频率Δv_{cs}定义秒。

根据原有的千克定义，国际千克原器的重量被认为是常数。在新定义下，普朗克常数的值（$6.62607015 \times 10^{-34}$焦耳·秒）是固定的，千克在这个数值的基础上被重新定义了。

现在，新国际单位制因其重新定义的单位而有了更稳固的基础。在实际应用中，大多数情况和

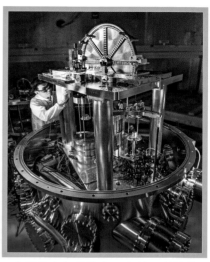

美国国家标准技术研究所研制的基布尔秤达到了前所未有的测量精度，并促成了最近基于物理常数对所有基本单位的重新定义。

以前一样，但在非常小或非常大的尺度下，使用新国际单位制将使测量结果的稳定性和精准度得到显著提高。■

布莱恩·基布尔

出生于1938年的英国物理学家和计量学家布莱恩·基布尔很早就展露出了科学才华，他获得了牛津大学的奖学金，并于1964年被授予了原子光谱学博士学位。在加拿大度过短暂的博士后阶段后，他于1967年返回英国，并在国家物理实验室担任研究员，直到1998年。

基布尔在其职业生涯中对计量学做出了几项重大贡献，其中最重要的贡献是他发明了移动线圈式瓦特天平，这使得测量（最初是测量电流）能够非常精确，而无须参考人工标准制品。2016年基布尔去世后，人们为了纪念他，将瓦特天平称为基布尔秤。

主要作品

1984年 《同轴交流电桥》（与G. H. 雷纳合著）

2011年 《无干扰测量用同轴电路》（与沙基尔·阿旺、尤尔根·舒尔合著）

ENERGY AND MATTER

MATERIALS AND HEAT

能量和物质

材料和热

古希腊哲学家德谟克利特和留基伯建立了原子主义学派。该学派认为世界是由微小的、不可摧毁的碎片组成的。

艾萨克·牛顿认为原子是由一种看不见的引力维系在一起的。

詹姆斯·瓦特发明了一种高效的蒸汽机，它后来被誉为工业革命的原动力。

英国物理学家和发明家本杰明·汤普森发表了关于能量守恒的权威定义。

公元前5世纪　　**1704年**　　**1769年**　　**1798年**

1678年　　**1738年**　　**1787年**　　**1802年**

英国博学家罗伯特·胡克发表了胡克定律，描述了物体在张力下的变形方式。

瑞士数学家丹尼尔·伯努利发现流体的压力随着流速的增加而减小。

雅克·查尔斯发现了恒定压力下气体体积与温度之间的关系，但他没有公开发表自己的研究成果。

约瑟夫·路易·盖-吕萨克重新发现了查尔斯气体定律以及气体温度和压强之间的关系。

宇宙中的一些东西是有形的，是我们可以触摸和握在手中的；而另一些东西显得虚幻和不真实，我们只有在观察到它们对我们持有的物体产生影响后，才能觉察到它们的存在。宇宙由有形物质构成，但同时又被无形的能量交换所支配。

自然界中一切具有形状、形态和质量的事物，都可以被称作"物质"（matter）。古希腊的自然哲学家最早提出"物质由许多称为原子的小块聚集而成"的观点。一个或多个原子以不同的方式组合在一起，便形成了物质。这些不同的微观结构赋予了这些物质全然不同的特性，例如，有些物质是有弹性的，而有些是硬而脆的。

早在古希腊人出现之前，人类就已经能够利用身边的材料来完成特定的任务了。那时的人们时不时地会发现一些全新的材料，其中大部分是偶然发现的，一小部分则是通过反复试验发现的。例如，将焦炭（碳）加到铁中就能制得钢，钢比纯铁更坚固但更脆，因此与单独用铁相比，用钢制造的刀刃更好。

实验时代

在17世纪的欧洲，实验逐渐让位于定律和理论，这些定律和理论推动了新材料和新方法的发展。在欧洲工业革命时期（1760—1840年），工程师选择特殊材料来制造能够承受巨大压力和高温的机器。这些机器由蒸汽驱动，热量是将水转化为蒸汽的关键。18世纪60年代，苏格兰工程师约瑟夫·布雷克（Joseph Black）和詹姆斯·瓦特（James Watt）有了一个重要发现：热是一个可测量的物理量，而温度是它的度量方法。随着工程师和物理学家竞相制造出更大、更好的机器，理解热如何传递，以及流体如何运动就成为工业生产取得成功的关键。

1650年，德国的奥托·冯·格里克（Otto von Guericke）发明了真空泵，由此开始了对气体物理性质的实验研究。在之后的1个世纪里，英国化学家罗伯特·波义耳、法国化学家雅克·查尔斯（Jacques Charles）和约瑟夫·路

尼古拉·萨迪·卡诺分析了蒸汽机的效率，提出了可逆过程的概念，开创了热力学的研究。

詹姆斯·焦耳发现热是能量的一种形式，其他形式的能量也可以转化为热。

荷兰物理学家约翰尼斯·范德瓦耳斯提出了他的状态方程，用数学方法描述了气体冷凝成液体时的行为。

德国物理学家马克斯·普朗克提出了一种新的黑体辐射理论，并引入了能量量子的概念。

1824 年　　**1844** 年　　**1873** 年　　**1900** 年

1803 年　　**1834** 年　　**1865** 年　　**1874** 年

英国化学家约翰·道尔顿提出了他的现代原子模型，该模型基于特定化学元素按不同比例结合可以形成不同化合物的思想。

法国物理学家埃米尔·克拉佩龙把波义耳、查尔斯、盖-吕萨克和阿伏伽德罗的气体定律结合到理想气体方程中。

德国物理学家鲁道夫·克劳修斯介绍了熵的现代定义。

爱尔兰工程师和物理学家威廉·汤姆森（后来的开尔文勋爵）正式提出了热力学第二定律，它最终推动了热力学时间箭头概念的形成。

易·盖-吕萨克（Joseph Louis Gay-Lussac）发现了有关气体温度、体积和压强的三个定律。1834年，这三个定律合并为一个统一的方程，简明地描述了气体压强、体积和温度之间的关系。

英国物理学家詹姆斯·焦耳所做的实验表明，热和机械功是同一种事物的两种可互相转换的形式，如今，我们称这种事物为"能量"。工业家希望用热量来获取机械功。化石燃料的燃烧热转化为了蒸汽的内能，然后蒸汽开始膨胀，推动活塞并驱动涡轮转动，对外做功。热、能量和做功之间的关系是由热力学第一定律阐明的。物理学家设计了新的热机，以尽可能多地从每一丁点儿热中获取有效功。法

国人尼古拉·萨迪·卡诺通过理论发现了实现这一目标的最有效方法，他的理论确定了在两个温度不同的热源之间交换热量时可以获得的功的上限。他证实热只能自发地从热源向冷源传递。人们也曾设想过能反向进行这一过程的机器（热从冷源向热源传递），但直到多年后这种机器才被制造出来，它就是冰箱。

熵和动力学理论

热只能从热源到冷源单向传递暗示了一个潜在的自然规律，于是，熵的概念出现了。熵描述了组成系统的基本粒子的无序程度。热只从热源向冷源流动是热力学第二定律的一个特例——热力学第二定

律更为普适地指出：任何孤立系统的熵和无序度只会不断增加，永远不会减少。

温度、体积、压强和熵这些变量似乎只是表征了极大数量的粒子在微观过程中的平均值，而借由动力学理论，人们可以实现从微观尺度的极大数量到宏观尺度的极少或单个数量的转变。物理学家因此能够以一种简化的方式给复杂系统建模，并将气体中微观粒子的动能与其宏观温度联系起来。对物质各种状态的理解帮助物理学家解决了宇宙中一些最深奥的谜题。■

宇宙的基本原理

物质模型

背景介绍

关键人物
德谟克利特（约公元前460—公元前370年）

此前
约公元前500年 在古希腊，赫拉克利特宣称一切都处于不断变化的状态。

此后
约公元前300年 伊壁鸠鲁（Epicurus）将"原子转向"的概念引入原子论中，允许原子的某些行为不可预测。

1658年 法国牧师皮埃尔·加桑迪去世后出版了《哲学论著》，试图将原子论与基督教结合起来。

1661年 英国物理学家罗伯特·波义耳在《怀疑的化学家》中定义了元素。

1803年 约翰·道尔顿基于经验证据提出了原子理论。

千百年来，学者一直在思考几个谜题，其中一个便是：万物是由什么组成的。古代哲学家倾向于认为所有物质都是由一组有限的简单物质（元素）构成的，这些元素通常是土、风、水和火，它们以不同的比例和排列方式创造出所有的物质。

不同的文化以不同的方式去想象这些元素组合，有些将它们与神灵联系在一起（如巴比伦神话），有些则将它们与更宏大的哲学框架联系在一起（如中国的五行学说）。

参见：物态变化和成键 100~103页，原子论 236~237页，细胞核 240~241页，亚原子粒子 242~243页。

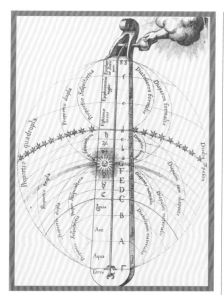

这幅插图来自约1617年的一份手稿，展示了宇宙中以土、水、气、火为核心元素的经典元素体系。

早在公元前8世纪的印度次大陆上，阿鲁尼（Aruni）就描述过"小得看不见的粒子聚集在一起，成为经验的物质和对象"。其他一些古印度哲学家也独立地发展出了各自的原子理论。

唯物主义论

公元前5世纪，古希腊哲学家德谟克利特和他的老师留基伯对这些元素体系采取了更加唯物主义的方法。德谟克利特只重视理性推理而不重视观察，他的原子论基于这样一个观点：物质不可能一直可被分割。因此，他认为所有的物质都是由微小的粒子组成的，这些粒子太小了，以至于肉眼看不见。于是，他将这些微小粒子命名为"原子"。"原子"（atomos）这个词的意思就是"不可分割的"。

德谟克利特认为原子是无限的、永恒的。物体的属性不仅取决于原子的大小和形状，还取决于这些原子是如何排列组合的。他认为，物体可以通过原子排列组合的变化而随时间变化。例如，他提出，苦味的食物是由参差不齐的原子组成的，这些原子在人咀嚼时撕裂舌头，使人品尝到了苦味，而甜食是由光滑的原子组成的，它们在舌头上平滑地流动，给人甜的感觉。虽然现代原子理论与约两千五百年前留基伯和德谟克利特提出的理论大相径庭，但二人提出的"物体的属性是由原子排列组合的方式决定的"这一观点至今仍然适用。

大约在公元前300年，古希腊哲学家伊壁鸠鲁通过提出"原子转向"的概念，完善了德谟克利特的思想。这种认为原子可以偏离其预期行为的观点，在原子尺度上引

按惯例的甜和苦、按惯例的冷和热、按惯例的五颜六色，实际皆为原子和虚空。

德谟克利特

德谟克利特

公元前460年前后，德谟克利特出生在欧洲东南部历史悠久的色雷斯地区阿布德拉的一个富裕家庭。在抵达希腊之前，他在西亚和埃及的部分地区旅行了很长时间，并自学了自然哲学。

德谟克利特承认他的老师留基伯是对他影响最大的人。古典主义学者有时很难区分他们两人对哲学的贡献——尤其是在两人没有一本原始著书流传至今的情况下。

德谟克利特以提出原子论而闻名，他也被公认为美学、几何学和认识论的先驱。他认为，理性推理是寻求真理的必要工具，因为通过人类感官所进行的观察总是主观的。

德谟克利特是一个谦虚的人，据说他采取了一种幽默的方法来研究学问，因此得到了一个绰号——"爱笑的哲学家"。他于公元前370年前后去世。

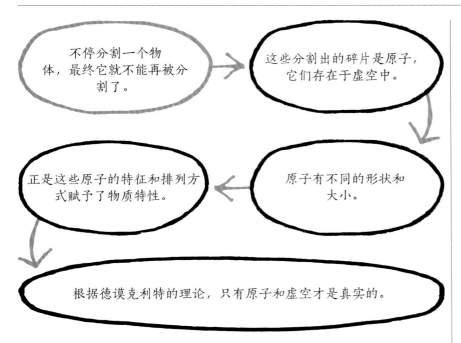

不停分割一个物体，最终它就不能再被分割了。

这些分割出的碎片是原子，它们存在于虚空中。

原子有不同的形状和大小。

正是这些原子的特征和排列方式赋予了物质特性。

根据德谟克利特的理论，只有原子和虚空才是真实的。

原子论复兴

14世纪，意大利文艺复兴的诞生使整个欧洲的古典艺术、科学和政治得以复兴。文艺复兴也见证了原子论的重生，就像留基伯和德谟克利特所描述的那样。然而，原子论是有争议的，因为它与伊壁鸠鲁主义有联系，而许多人认为后者违反了严格的基督教教义。17世纪，法国牧师皮埃尔·伽桑狄（Pierre Gassendi）致力于调和基督教和伊壁鸠鲁主义——也包括原子论。他提出了伊壁鸠鲁原子论的一个版本，在这个版本中，原子具有它们所组成的物体的某些物理特征，如固态形式和重量。最重要的是，伽桑狄的理论指出，上帝在宇宙之初创造了有限数量的原子，宇宙中的一切都由这些原子组成，并且仍受上帝支配。在牛顿和波义耳的支持下，伽桑狄的理论帮助原子论重新成为欧洲学者的主流观点。1661年，波义耳出版了《怀疑的化学家》，否定了亚里士多德的五元素理论，取而代之的是将元素

入了不可预测性，并允许保留"自由意志"，这是伊壁鸠鲁的核心理念。"原子转向"可被看作量子力学的核心——不确定性的一种原始描述，因为所有物体都具有波的性质，所以不可能同时精确测量它们的位置和动量。

　　一些最具影响力的古希腊哲学家反对原子论，转而支持四五个基本元素的理论。在4世纪的雅典，柏拉图提出，万物是由五个几何实体（柏拉图立体）组成的，这五个几何实体赋予了各种类型的物质特征。例如，火是由微小的四面体组成的，这些四面体的尖端和边缘都很锋利，这使火比由稳定的立方体组成的土更容易移动。柏拉图的学生亚里士多德则提出有五种元素（火、气、土、水，再加上天体元素"以太"），并且不存在物质的基本单位。尽管几个世

纪以来西欧实际上已经放弃了原子论的概念，但伊斯兰哲学家，如安萨里（Al-Ghazali），发展出了自己独特的原子论形式。印度佛教哲学家，如7世纪的法称（Dhama-kirti），则将原子描述为能量的点状爆发。

每个粒子都固定在特定位置，使固体具有确定的形状和体积

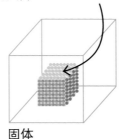

固体

粒子紧密但随机地堆积在一起，使液体具有确定的体积和流体形状

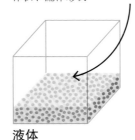

液体

粒子自由运动，使气体没有确定的形状或体积

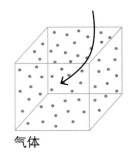

气体

道尔顿的原子理论提出，固体、液体和气体是由粒子（原子或分子）组成的。不同粒子的运动和它们之间的距离是各不相同的。

+ →

氧原子
16质量单位

氢原子
每个均为1质量单位

水分子
18质量单位

约翰·道尔顿提出原子以简单的质量比结合形成分子。例如，两个氢原子（1质量单位）与一个氧原子（16质量单位）结合，形成18质量单位的水分子。

定义为"完全不混合的部分"。根据波义耳的说法，不同的元素，如汞（Hg）和硫（S），是由许多不同形状和大小的颗粒组成的。

元素如何结合

1803年，英国物理学家约翰·道尔顿（John Dalton）建立了一个原子如何结合形成这些元素的基本模型。这是第一个建立在科学基础上的模型。实验中道尔顿注意到相同的元素对（如氢和氧）可以以不同的方式结合形成不同的化合物，并且不同元素总是以整数质量比结合（见上图）。道尔顿的结论是，每种元素都是由其自身的原子组成的，具有特定的质量和其他特性。根据道尔顿的原子理论，原子不能被分割、创造或毁灭，但它们可以与其他原子结合或分开，形成新的物质。

道尔顿的原子理论在1905年得到了证实，当时阿尔伯特·爱因斯坦采用数学方式用原子理论解释了布朗运动现象——微小的花粉粒在水中的随机运动。根据爱因斯坦的说法，花粉粒在水中频繁受到许多原子随机运动的碰撞。1911

年，法国物理学家让·佩兰（Jean Perrin）证实了原子是导致布朗运动的原因，关于这个模型的争论才终于得到平息。原子与其他原子结合或分离形成不同物质的概念很简单，但对理解日常现象仍然重要，例如铁原子和氧原子如何结合形成铁锈。

物质的状态

柏拉图认为，物质的一致性取决于其构成的几何形状，但道尔顿的原子理论更准确地解释了物质的状态。例如，固体中的原子紧密地排列在一起，使它们具有确定的形状和体积；液体中的原子连接很弱，这使它们没有确定的形状，但通常情况下具有确定的体积；而气体中的原子是可移动的，彼此之间距离很远，从而形成一种既没有确定形状又没有确定体积的物质状态。

原子是可分的

原子是具有元素属性的最小单位，但它不再被认为是不可分割的。在道尔顿建立现代原子理论后的两个世纪里，原子的概念都可以

用来解释新的发现。例如，等离子体——物质在固体、液体和气体之外的第四种基本状态——只有在原子能被进一步分解的情况下才能得到充分解释。当电子离域（脱离）它们的原子时，就产生了等离子体。

19世纪末和20世纪初，科学家发现原子是由几种亚原子粒子组成的，即电子、质子和中子，而中子和质子是由更小的亚原子粒子组成的。这个更为复杂的模型使物理学家能够理解德谟克利特和道尔顿从未想象过的现象，如放射性衰变和物质-反物质湮灭。■

（伊壁鸠鲁）认为，不仅是所有混合的物体，还有所有其他物体都是由原子的各种偶发碰撞产生的，它们在……无限的真空中……来回移动。

罗伯特·波义耳

伸长量即力量大小

拉伸和压缩

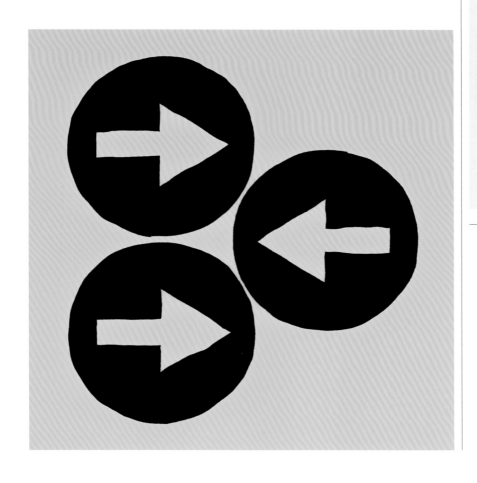

背景介绍

关键人物
罗伯特·胡克（1635—1703）
托马斯·杨（1773—1829）

此前
1638年 伽利略·伽利雷研究了木梁的弯曲。

此后
1822年 法国数学家奥古斯丁-路易·柯西展示了应力波如何通过弹性材料传播。

1826年 法国工程师和物理学家克劳德-路易斯·纳维尔将杨氏模量发展成现代形式，即弹性模量。

1829年 德国矿工威廉·阿尔伯特展示了金属疲劳（金属因应力而弱化）。

1864年 法国物理学家让·克劳德·圣维南和德国物理学家古斯塔夫·基尔霍夫发现了超弹性材料。

英国物理学家、博学家罗伯特·胡克在17世纪的科学革命中做出了许多重要贡献。他从17世纪60年代开始对弹簧产生了兴趣，起因是他想自己制造手表。在那之前，钟表通常是由钟摆驱动的，而摆钟在船上使用时很不稳定。如果胡克能制造出一种由弹簧而不是钟摆驱动的计时器，那么他就能制造出一种可以在海上计时的钟表，从而解决那个时期的一个关

参见：压强 36页，测量时间 38~39页，运动定律 40~45页，动能和势能 54页，气体定律 82~85页。

卷成螺旋线圈形状的金属可以被拉伸和挤压。

→

把重物挂在螺旋线圈弹簧的一端，可以使弹簧伸长。

↓

弹性材料的拉伸与拉伸它的力成正比。

←

弹簧伸长的长度与重物的重量成正比。

↓

伸长量即力量大小。

罗伯特·胡克

1635年，罗伯特·胡克出生于英国怀特岛，在牛津大学学习期间，他对科学产生了浓厚的兴趣。1661年，英国皇家学会就一篇关于细长玻璃管中水位上升现象的文章进行了辩论，胡克将其解释发表在一本杂志上。五年后，英国皇家学会聘请胡克担任他们的实验负责人。

胡克的科学成就是巨大的。他一生中拥有众多发明，包括助听器和水平仪。他还创立了气象学，同时也是显微镜研究的伟大先驱（他发现生物是由细胞构成的），并发展了关于弹性的关键定律——胡克定律。他还与罗伯特·波义耳合作研究气体定律，与艾萨克·牛顿合作研究万有引力定律。

主要作品

1665年 《显微摄影》

1678年 《论弹簧》

1679年 《讲座合集》

键性航海问题——计算船只的经度需要精确的计时器——用弹簧代替钟摆也意味着胡克可以把钟表做得小到可以放进口袋里去。

弹簧的力

17世纪70年代，胡克听说荷兰科学家克里斯蒂安·惠更斯也在开发一种由弹簧驱动的手表。为了不被惠更斯抢先，胡克开始和钟表匠托马斯·汤普恩（Thomas Tompion）合作。

当胡克和汤普恩一起工作时，他意识到，螺旋线圈弹簧必须以一个恒定的速度伸长（松开）才能计时。胡克做了拉伸和挤压弹簧的实验，发现了隐藏在弹性中的这个并不复杂的规律，即后来以他的名字命名的胡克定律。胡克定律描述道：弹簧被挤压或被拉伸的量与施加在弹簧上的力精确地成正比。如果你给弹簧施加两倍的力，那么弹簧会拉伸两倍的距离。这个关系可以总结为一个简单的方程，$F = kx$，其中 F 是力，x 是拉伸的距离，k 是常数（一个固定值）。这个简单的定律被证明是理解固体行为的一个关键。

这是我一生中读过的最有创意的书。

塞缪尔·佩皮斯

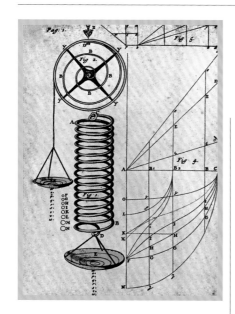

胡克把他的想法写成了一个拉丁语字谜：ceiiinosssttuv，这是当时科学家在准备发表研究成果之前常采用的保密方式。

经过解密后，这个字谜为Ut tensio sic vis，意思为"伸长量即力量大小"，也就是说，伸长量与力成正比。手表制造完成的两年后，胡克在1678年出版的小册子《论弹簧》中继续发表了他对弹簧的论述。他首先描述了一个简单的演示实验，供人们在家里动手尝试——把电线拧成一个螺旋线圈，然后用它来悬挂不同重量的重物，看线圈能伸长多少。这个演示实验实际上也证明了他是弹簧秤的发明人。

胡克的论文产生了深远的影响。它不仅是对弹簧弹性的简单观察，还提供了在应力作用下材料强度和固体行为的关键见解，这些论述都是现代工程学的核心。

胡克的弹簧秤用弹簧的伸长量来表示某物的重量。胡克在他的著作《论弹簧》中用这个例子来解释这个概念。

迷你弹簧

在试图找到一种解释弹簧行为的方法时，胡克怀疑其与物质的某种基本属性有关。他推测，固体是由不断相互碰撞的振动粒子组成的（比气体动力学理论早了160多年）。他认为，挤压固体会使固体中的粒子更加靠近，相互碰撞增多，从而使其更能抵抗外界的压力；而拉伸固体则可以减少粒子碰撞，这样固体就不易抵抗周围空气的压力。

发表于1678年的胡克定律和1662年的波义耳定律之间存在明显的相似之处——波义耳将气压称为空气弹簧（spring of the air）。此外，胡克关于看不见的粒子在材料强度和弹性中的作用的观点，似乎与现代的理解非常接近。我们现在

知道，强度和弹性确实取决于材料分子的结构及键合方式。例如，金属具有极强的弹性，因为它们的原子之间有特殊的金属键。虽然在接下来的200年里科学家都无法理解这一点，但当工业革命的工程师们在18世纪开始用铁建造桥梁和其他结构时，他们很快便意识到了胡克定律的好处。

工程数学

1694年，瑞士数学家雅各布·伯努利（Jacob Bernoulli）将"单位面积的力"这个词组用于变形力——拉伸力或挤压力中。单位面积的力被称为应力，材料拉伸或挤压的量被称为应变。应力和应变之间的直接关系是不同的，例如，某些材料在一定应力下的应变要比其他材料大得多。1727年，另一位瑞士数学家莱昂哈德·欧拉将应力和应变在不同材料中的变化写成系数E，胡克的方程就变成了$\sigma = E\varepsilon$，其中σ是应力，ε是应变。

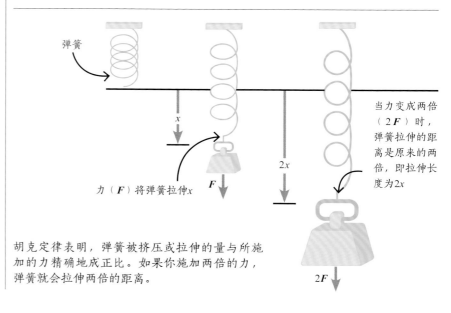

弹簧

力（F）将弹簧拉伸x

x

F

$2x$

当力变成两倍（$2F$）时，弹簧拉伸的距离是原来的两倍，即拉伸长度为$2x$

$2F$

胡克定律表明，弹簧被挤压或拉伸的量与所施加的力精确地成正比。如果你施加两倍的力，弹簧就会拉伸两倍的距离。

抗拉强度

当材料被拉伸至超过其弹性极限时，即使应力消失，材料也不会恢复到原来的尺寸。如果它们被进一步拉伸，它们可能最终会断裂。一种材料在断裂前所能承受的最大应力被称为抗拉强度，这在决定一种材料是否适合某一特定任务方面至关重要。最早的抗拉强度测试是由列奥纳多·达·芬奇（Leonardo da Vinci）完成的，他在1500年写了一篇题为《测试不同长度的铁丝的强度》的文章。我们现在知道，结构钢具有超过400MPa（兆帕）的高抗拉强度。

帕斯卡（Pa）是压力的测量单位，1帕斯卡被定义为1牛顿/平方米。帕斯卡是以数学家和物理学家布莱兹·帕斯卡的名字命名的。

现在的悬索桥经常使用结构钢，如美国新泽西州的乔治·华盛顿大桥（见左图）。碳纳米管的强度是结构钢的100倍以上（达到63000MPa）。

杨氏测量

在1782年进行的实验中，意大利科学家佐丹奴·里卡蒂（Giordano Riccati）发现，钢的拉伸和挤压能力是黄铜的两倍。里卡蒂的实验在概念上与欧拉的工作非常相似，也与25年后托马斯·杨（Thomas Young）的工作相似。杨和罗伯特·胡克一样，是英国的博学家，他的职业是医生，但其科学成就十分广泛，其材料应力和应变方面的研究成为19世纪工程学的基石。1807年，杨揭示了欧拉系数E的力学性质。同年，在名为"自然哲学与机械艺术"的系列演讲中，杨引入了"模量"（modulus）的概念，即描述材料弹性的量度。

应力和应变

杨对他所谓的材料的"被动强度"很感兴趣——"被动强度"其实指的就是弹性。他测试了各种材料的强度，并总结出了材料弹性的测量方法。杨氏模量用于衡量选定材料在一个方向上抵抗拉伸或挤压的能力。它是材料所受应力与应变的比率。诸如橡胶这样的材料的杨氏模量很小——小于0.1Pa（帕斯卡）——所以它可以在很小的应力下产生拉伸；而碳纤维的杨氏模量约为40Pa，这意味着它的抗拉伸能力是橡胶的约400倍。

弹性极限

杨意识到，材料的应力和应变之间的线性关系（一个量与另一个量成正比增长的关系）只在一定范围内有效。这个有效范围在不同材料之间是不同的，但任何材料受到过大的应力时，其应力和应变之间的关系最终都会变成非线性的（不成比例的）。如果应力继续增大，材料将达到其弹性极限，即应力消除后材料无法恢复到原来长度的那一点。杨氏模量只适用于材料的应力和应变之间的线性关系。杨在材料强度和抗压力方面的贡献对于工程师来说意义重大。杨氏模量和杨的方程为一系列计算系统的发展打开了大门，使工程师能够在建造工作开始之前精确地计算出工程结构的应力和应变。这些计算系统是建造从跑车到悬索桥的一切东西的基础。∎

形状的永久性改变限制了材料的强度与其实际用途。

托马斯·杨

物质的微小部分在快速运动

液体

背景介绍

关键人物
丹尼尔·伯努利（1700—1782）

此前
1647年 布莱兹·帕斯卡定义了静态流体中压力变化的传递模式。

1687年 艾萨克·牛顿在《原理》一书中解释了流体的黏度。

此后
1757年 受伯努利影响，莱昂哈德·欧拉撰写了关于流体力学的文章。

1859年 詹姆斯·克拉克·麦克斯韦解释了气体的宏观性质。

1918年 德国工程师莱因霍尔德·普拉茨设计了福克 D. Ⅶ战斗机（Fokker D. Ⅶ）的翼型，以产生更大的升力。

流体被定义为物质的一种相，它没有固定的形状，很容易屈服于外部压力，变形为其容器的形状，并可以从一点流向另一点。液体和气体是最常见的两种流体。所有的流体都可以被压缩至某一定程度，但是即使只压缩流体的一小部分，也需要很大的压力。气体更容易被压缩，因为组成它们的原子或分子之间有更大的间隙。

瑞士数学家和物理学家丹尼尔·伯努利是流体动力学（研究力如何影响流体运动）领域的最大贡献者之一，他在1738年所著的《流体动力学》奠定了气体动力学理论的基础。其研究表明，流体运动速

参见：压强 36页，运动定律 40~45页，动能和势能 54页，统计力学的发展 104~111页。

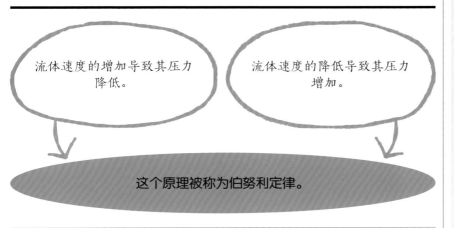

流体速度的增加导致其压力降低。

流体速度的降低导致其压力增加。

这个原理被称为伯努利定律。

丹尼尔·伯努利

丹尼尔·伯努利于1700年出生在荷兰格罗宁根一个杰出的数学家家庭，曾在瑞士巴塞尔大学、德国海德堡大学和法国斯特拉斯堡大学（当时也在德国）学医。1721年，他获得了解剖学和植物学博士学位。伯努利在1724年发表了一篇关于微分方程和流动水物理学的论文，这使他在俄罗斯圣彼得堡的俄罗斯科学院谋得了一个职位，他在那里教授数学并完成了重要的数学著作。回到巴塞尔大学后，他出版了《流体动力学》一书。他和莱昂哈德·欧拉一起研究流体的流动，特别是血液在循环系统中的流动，也研究流体中的能量守恒。1750年，他入选伦敦皇家学会。1782年，伯努利在瑞士巴塞尔去世，享年82岁。

主要作品

1738年 《流体动力学》

度的增加一定伴随流体压力或势能的减少。

从浴缸到水桶

伯努利原理建立在早期科学家的发现之上。关于流体的第一部重要著作是公元前3世纪古希腊哲学家阿基米德的《论漂浮物体》。这本书写道，一个浸泡在液体中的物体受到的浮力与它所取代的液体的重量相等。据说，阿基米德在洗澡时意识到了这一点，并因此发出了著名的呼喊"尤里卡！"（"Eureka!"，意思是"我找到了！"）。

几个世纪后的1643年，意大利数学家和发明家埃万杰利斯塔·托里拆利（Evangelista Torricelli）提出了托里拆利定律。这一流体动力学原理解释说，在容器中深度为h的流体从容器壁上的小孔流出时（译者注：h为液面距离小孔的垂直距离），其流出速度（v）等同于这种流体的一个液滴自高度h处自由落体所获得的终端速度。如果高度h增加，液滴自由落体的终端

速度就会增大，液体从小孔流出的速度自然也会增大。流体从小孔流出的速度与在小孔正上方的流体的液面高度成正比。所以，流体流

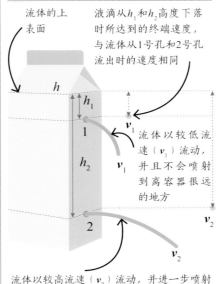

流体的上表面

液滴从h_1和h_2高度下落时所达到的终端速度，与流体从1号孔和2号孔流出时的速度相同

h

h_1

h_2

1

流体以较低流速（v_1）流动，并且不会喷射到离容器很远的地方

v_1

v_1

2

v_2

流体以较高流速（v_2）流动，并进一步喷射出去

v_2

根据托里拆利定律，流体分别从距离容器顶部h_1和h_2的1号孔和2号孔喷射出来，随着距离h的增加，流体的流出速度也相应增加——这同样适用于自由落体的液滴。

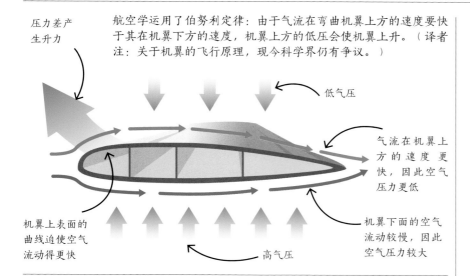

航空学运用了伯努利定律：由于气流在弯曲机翼上方的速度要快于其在机翼下方的速度，机翼上方的低压会使机翼上升。（译者注：关于机翼的飞行原理，现今科学界仍有争议。）

压力差产生升力

低气压

气流在机翼上方的速度更快，因此空气压力更低

机翼上表面的曲线迫使空气流动得更快

机翼下面的空气流动较慢，因此空气压力较大

高气压

出速度 $v = \sqrt{2gh}$，其中 g 是重力加速度。

另一个科学突破出现在1647年，当时法国科学家布莱兹·帕斯卡证明，对于容器内不可压缩的流体，压力的任何变化都会均等地传递到该流体的每个部分——这也就是液压机和液压千斤顶背后的原理。

帕斯卡还证明了流体静压力（流体由于重力而产生的压力）不取决于其上方流体的重量，而取决于该点与液体顶部之间的距离。在帕斯卡著名的裂桶实验（不知真伪）中，据说他把一根又长又窄的装满水的管子插入了一个装满水的水桶中。管子刚插入水桶的上方，突然增加的巨大静水压力便使水桶瞬间破裂开来。

黏度和流

17世纪80年代，艾萨克·牛顿研究了流体的黏度——流体流动的难易程度。几乎所有的流体都是有黏性的，这对其形变产生了一定

的阻力。黏度是流体内部流动阻力的量度：低黏度的流体阻力小，容易流动，而高黏度的流体不易变形、不易流动。根据牛顿黏度定律，流体的黏度等于它的剪切应力除以它的剪切速率。并非所有的液体都遵循这一定律，但那些遵循这一定律的液体被称为牛顿液体。剪切应力和剪切速率可以用夹在两块板之间的流体来描述，其中，一块固定在流体下面，另一块缓慢地漂浮在流体表面。流体受到剪切应力（移动上板的力除以上板的面积）的影响，剪切速率则等于移动上板的速度除以两板之间的距离。

后来的研究表明，也有不同种类的流体流动。当流体表现出再循环、涡流和明显的随机性时，它就被称为湍流，而缺乏这些特性的流体被称为层流。

伯努利定律

伯努利研究了静态和运动流体中的压力、密度和速度。他对牛顿的《原理》一书和罗伯特·波义

耳的发现都很熟悉：在恒定温度下，一定质量的气体的压力会随着容器体积的减小而增大。伯努利认为，气体是由大量向各个方向随机运动的分子组成的，它们对容器表面的影响会产生气体压力。他写道：气体所表现出来的热量其实是它们运动的动能，并且如果考虑到分子的随机运动，气体分子运动和压力的增加实际上会表现为气体温度的升高。通过得出这些结论，伯努利奠定了气体动力学理论的基础。

在1738年发表的时候，伯努利的观点还没有被广泛接受，因为能量守恒定律要一个多世纪后才会被世人所熟知。伯努利发现，流体流动得越快，产生的压力就越小；流动得越慢，产生的压力就越大。这就是著名的伯努利定律，它现在有很多应用，如航空学中气流产生的升力。

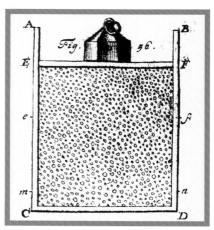

伯努利所著《流体动力学》一书中的一张图，描绘了空气分子与容器壁的随机碰撞，碰撞产生的压力足以支持一个可移动活塞上的砝码的重量。

> 大自然总是倾向于以最简单的方式运动。
>
> 丹尼尔·伯努利

动力学理论

当伯努利和其他科学家为气体动力学理论奠定基础时，苏格兰科学家詹姆斯·克拉克·麦克斯韦试图量化它们内部分子运动的性质。他解释了气体的宏观性质，即气体的压力、温度、黏度和热导率。麦克斯韦与奥地利物理学家路德维希·玻尔兹曼（Ludwig Boltzmann）一起开发了一种描述这一理论的统计学方法。

19世纪中期，大多数科学家认为所有的气体分子都以相同的速度运动，但麦克斯韦不这么认为。在他1859年的论文《气体动力学理论图解》中，他提出了一个描述分布曲线的方程，现在被称为麦克斯韦-玻尔兹曼分布，它描述了不同速度的气体分子的分布范围。麦克斯韦还计算了气体分子在给定温度下的平均自由程（一个分子和其他分子两次连续碰撞之间所走过的平均距离）和碰撞次数，发现温度越高，分子运动越快，碰撞次数越多。他得出结论，气体的温度是其平均动能的宏观量度。麦克斯韦还证实了意大利科学家阿梅代奥·阿伏伽德罗（Amedeo Avogadro）在1811年发表的定律，该定律指出，在相同的温度和压力下，体积相同的两种气体含有相同数量的分子。

超流体的发现

20世纪的发现揭示了流体在极低温度下的行为。1938年，加拿大物理学家约翰·F. 艾伦（John F. Allen）、冬·麦色纳（Don Misener）和苏联物理学家彼得·卡皮察（Pyotr Kapitsa）发现，当温度降低到接近绝对零度时，氦同位素表现得很奇怪。在沸点-268.94℃以下，它表现为一种正常的无色液

> 当原子冷却时，它们开始堆积到可能的最低能级。
>
> 莱娜·豪

体，但在-270.97℃以下，它表现为零黏度，流动时没有损失任何动能。在如此低的温度下，原子的随机运动几乎完全停止了。科学家由此发现了一种超流体。当超流体沿某一个方向被搅动时，就会形成可以无限旋转的旋涡。超流体的导热系数比任何已知物质的都要高——比铜的导热系数高几百倍。一种被称为玻色-爱因斯坦凝聚（BEC）的超流体在实验中被用作冷却剂。1998年，丹麦物理学家莱娜·豪（Lene Hau）利用超流体将光速减慢到17米/秒。这种"慢光"光开关可以大幅降低电力需求。■

应用流体动力学

预测流体的行为是许多现代工艺过程的基础。例如，工厂里的食品生产系统都通过管道输送配料和最终食品，这里面就包括从黏合剂糖浆到汤的各类流体。在生产过程中，计算流体力学（CFD）是必不可少的。计算流体力学是流体动力学的一个分支，可以最大限度地提高效率、降低成本，并保证质量。计算流体力学源于法国工程师克劳德-路易斯·纳维尔（Claude-Louis Navier）的工作。1822年，纳维尔在瑞士物理学家莱昂哈德·欧拉的基础上，发表了将牛顿第二定律应用于流体的方程。19世纪中期，英籍爱尔兰物理学家乔治·斯托克斯（George Stokes）对纳维尔的方程做了进一步完善，这些方程后来被称为纳维尔-斯托克斯方程（Navier-Stokes equation）。纳维尔-斯托克斯方程能够解释水在管道中的运动。计算流体力学是流体动力学中利用流动模型和其他工具来分析问题和预测流动的一个分支。它可以考虑诸多变量对流体运动的影响，如温度引起的流体黏度的变化、相变（如熔化、冻结和沸腾）引起的流动速度的改变，甚至还可以预测管道系统中某些部分的湍流对流体运动的影响。

寻找火的秘密

热量和传热

背景介绍

关键人物

约瑟夫·布雷克（1728—1799）
詹姆斯·瓦特（1736—1819）

此前

1593年 伽利略·伽利雷发明了温度计来显示热的变化。

1654年 托斯卡纳大公——费迪南多二世·德·美第奇制造了第一个密封温度计。

1714年 丹尼尔·华伦海特制造了第一个水银温度计。

1724年 华伦海特发明了华氏温标。

1742年 安德斯·摄尔修斯发明了摄氏温标。

此后

1777年 卡尔·舍勒发现了辐射热。

约1780年 詹·英格豪斯阐明了热传导的概念。

17世纪初，温度计开始在欧洲各地出现。这些充满液体的玻璃管是有史以来第一种测量物体温度的仪器。1714年，德国出生的荷兰科学家、仪器制造商丹尼尔·华伦海特（Daniel Fahrenheit）发明了第一种水银温度计，里面装满了水银。1724年，他发明了他著名的华氏温标。瑞典科学家安德斯·摄尔修斯（Anders Celsius）于1742年发明了更方便的摄氏温标。1712年，英国发明家托马斯·纽科门（Thomas Newcomen）发明了第一台成功的蒸汽机，引发了人们对热能的极大兴趣。在1761年的一次演讲中，苏格兰化学家约瑟夫·布雷克（Joseph Black）谈到了他所做的关于熔化的实验。实验结果表明，当冰融化成水时，温度并没有变化，但融化冰所需的热量

当冰融化成水时，温度没有变化。

将冰融化所需的热量与将水的温度提高到60℃所需的热量相同。

冰融化时必须吸收热量，这一部分热量是潜在的（latent）。

热和温度一定是不同的。

参见：气体定律 82~85页，内能和热力学第一定律 86~89页，热机 90~93页，熵和热力学第二定律 94~99页，热辐射 112~117页。

> 水在转化为蒸汽时消失的热量并没有损失，而是保留在了蒸汽中。
>
> 约瑟夫·布雷克

与将水从冰点加热到60℃（140°F）所需的热量相同。布雷克意识到，冰融化时必须吸收热量，他把吸收的热量称为潜热。潜热是将一种物质从一种状态转变为另一种状态所需要的能量。布雷克在热和温度之间做了重要的区分，我们现在知道，热是能量的一种形式，而温度是能量的一种度量。詹姆斯·瓦特也在1764年发现了潜热。当时，瓦

伽利略的温度计是装满液体（通常是乙醇）的管子，里面装有装满液体的"浮子"。温度的变化使瓶中所有液体的密度一起发生变化，从而使浮子上升或下降。

特正在进行蒸汽机的实验，他注意到，在大量的冷水中加入少许沸水几乎不影响冷水的温度，但是在冷水中吹入一点点水蒸气就可以使冷水迅速沸腾起来。

热如何传递

1777年，瑞典药剂师卡尔·舍勒（Carl Scheele）做了一些简单但至关重要的观察。比如，在寒冷的天气里，你可以在几米外感受到火焰的热量，同时还能在寒冷的空气中看到自己呼出的气体。这种就是辐射热，是一种红外辐射（从火或太阳等热源辐射出来），它像光辐射一样沿直线传播，与热对流完全不同。热对流是热量在液体或气体中传递的方式。热量会导

致分子和原子的扩散，例如，当炉子上方的空气被加热时，空气就会上升。与此同时，大约在1780年，荷兰科学家詹·英格豪斯（Jan In-genhousz）确定了第三种热传递方式：热传导，指固体高温部分的原子剧烈振动，与邻近的原子碰撞，从而传递能量（热量）。■

詹姆斯·瓦特

苏格兰工程师詹姆斯·瓦特是蒸汽机历史上的关键人物之一。瓦特的父亲是一名轮船仪器制造商，因此在父亲的作坊和伦敦当学徒时，他在制造仪器方面变得非常熟练。之后，他回到苏格兰格拉斯哥，为格拉斯哥大学制造和修理仪器。1764年，瓦特接到了一个修理纽科门蒸汽机模型的任务。在对蒸汽机模型进行实际修理之前，瓦特进行了一些科学实验，在实验中他发现了潜热。瓦特注意到蒸汽机浪费了大量的蒸汽，于是提出了一个革命

性的改进——引入了第二个汽缸。这一变化使蒸汽机从一个用途有限的泵变为推动工业革命的通用动力源。

主要发明

1775年 瓦特蒸汽机

1779年 复印机

1782年 马力（单位）

空气中的弹力

气体定律

背景介绍

关键人物

罗伯特·波义耳（1627—1691）

雅克·查尔斯（1746—1823）

约瑟夫·路易·盖-吕萨克（1778—1850）

此前

1618年 艾萨克·比克曼认为，空气和水一样，也会产生压力。

1643年 意大利物理学家埃万杰利斯塔·托里拆利制造了第一个气压计并测量了大气压。

1646年 法国数学家布莱兹·帕斯卡证明了大气压会随高度而变化。

此后

1820年 英国科学家约翰·赫帕斯引入了气体动力学理论。

1859年 鲁道夫·克劳修斯指出，气体压力与气体分子的速度有关。

我们所看到的气体是透明的、无形的，这导致自然哲学家花了很长时间才意识到它们具有自己的物理属性。17世纪和18世纪，欧洲科学家逐渐意识到，与液体和固体一样，气体确实有其物理属性。这些科学家发现了气体温度、压力和体积之间的关键关系。在150年的时间里，三位关键人物——英国的罗伯特·波义耳、法国的雅克·查尔斯，以及约瑟夫·路易·盖-吕萨克——对此进行了详细研究，最终得出了解释气体行

参见：压强 36页，物质模型 68~71页，液体 76~79页，热机 90~93页，物态变化和成键 100~103页，统计力学的发展 104~111页。

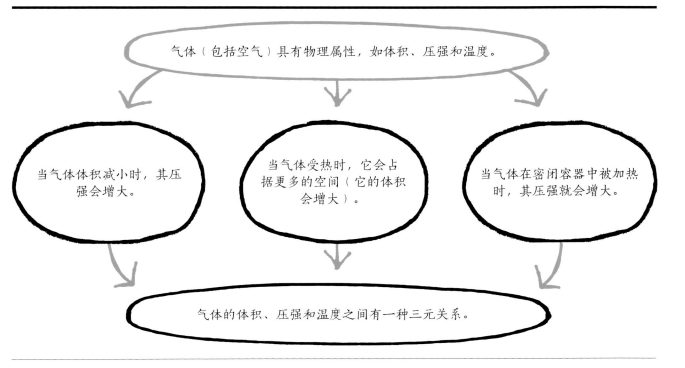

气体（包括空气）具有物理属性，如体积、压强和温度。

当气体体积减小时，其压强会增大。

当气体受热时，它会占据更多的空间（它的体积会增大）。

当气体在密闭容器中被加热时，其压强就会增大。

气体的体积、压强和温度之间有一种三元关系。

为的定律。

空气压力

早在17世纪，荷兰科学家艾萨克·比克曼（Isaac Beekman）就提出，就像水一样，空气也会产生压力。著名的意大利科学家伽利略不同意这种说法，但伽利略年轻的学生埃万杰利斯塔·托里拆利不仅证明了比克曼是对的，还发明了世界上第一个气压计，向世人展示了测量气体压力的方法。伽利略观察到，虹吸管永远无法将水提升到10米以上。当时，真空被认为可以"吸"液体，而伽利略错误地认为这是上面的真空所能吸到的水的最大重量。1643年，托里拆利证明了这个极限其实是外部空气产生的压力所能支持的水的最大重量。为了证明自己的观点，托里拆利在一根一端闭合的管子里装满了水银——水银是一种密度比水大得多的液体，然后把管子倒过来。水银柱下降到闭合末端以下约76厘米处，然后停止下降。他得出结论，这是外部空气压力所能支撑的水银的最大高度。管中水银的高度会随着气压的变化而略有变化，这就是它被称为第一个气压计的原因。

波义耳的"空气弹簧"

托里拆利的开创性发明为发现气体定律铺平了道路。气体定律被称为波义耳定律，以罗伯特·波义耳的名字命名。波义耳是科克伯爵一世、爱尔兰最富有的人理查德·波义耳（Richard Boyle）最小的儿子，他利用自己继承的财富在牛津建立了私人科学研究实验室，这也

埃万杰利斯塔·托里拆利用水银柱（汞柱）测量气压。他推断，压在水箱水银上的空气使水银柱保持平衡。

> 当空气的体积减小到原来的一半时……得到的压力是弹簧（压力）的两倍。
>
> 罗伯特·波义耳

是有史以来第一个私人科学研究实验室。

波义耳是实验科学的先驱倡导者，在他的私人科学研究实验室里，他进行了关键的空气压力实验，还在他的书《论空气的弹性与重量》（1662年）中描述了这些实验。"弹性"是他用来表示压力的词——他认为，压缩空气就像弹簧，被压缩时会反冲。

受托里拆利气压计的启发，波义耳将水银倒入一个底部密封的"J"形玻璃管中。他观察到，困在"J"形玻璃管下端的空气体积随他添加的水银的量而变化。换句话说，空气所能支撑的水银的体积与空气体积之间存在明显的关系。波义耳认为，在温度不变的情况下，气体的体积（v）与其压强（p）成反比。这一关系可表示为$pv = k$，其中k是常数（一个不变的数）。换句话说，如果你减小气体的体积，那么它的压强就会增加。

查尔斯关于热空气的新发现

一个多世纪后，法国科学家和热气球先驱雅克·查尔斯在气体体积和压强之间的关系中加入了第三个元素——温度。查尔斯是第一个用氢气而不是热空气填充气球进行实验的人。1783年8月27日，他在巴黎放飞了第一个大型氢气球。1787年，查尔斯用一个体积可以自由变化的气体容器做了一个实验：他将气体加热，并随着温度的升高测量其体积。他发现，温度每上升1℃，气体体积就会膨胀0℃时体积的1/273。气体在冷却时的收缩速度与膨胀时的相同（每下降1℃，体积缩小0℃时体积的1/273）。如果把气体体积和温度的关系画在一张表上，那么它会显示气体体积在-273℃时收缩到零，这一温度现在被称为绝对零度，也是开氏温标中的零点。查尔斯发现了一条定律，并描述了在压强保持稳定的情况下气体体积随温度变化的规律。查尔斯从不把他的想法写下来。相反，19世纪早期，法国科学家约瑟夫·路易·盖-吕萨克在一篇论文中对它们进行了描述和澄清。与此同时，英国科学家约翰·道尔顿指出，这一定律适用于所有气体。

第三个维度

盖-吕萨克在波义耳定律和查尔斯定律的基础上增加了第三个气体定律。这个定律被称为盖-吕萨克定律，它表明，如果气体的质量和体积保持不变，那么气体的压强会随着温度的升高而增大。事情很快就明晰了：气体的体积、压强和温度之间应该存在一个简单的三元关系。这一关系适用于理想气体（粒子间无作用力的气体），并且近似地适用于所有气体。

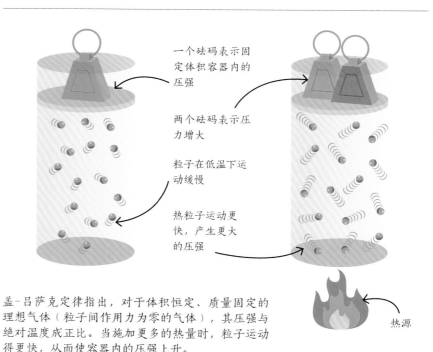

一个砝码表示固定体积容器内的压强

两个砝码表示压力增大

粒子在低温下运动缓慢

热粒子运动更快，产生更大的压强

热源

盖-吕萨克定律指出，对于体积恒定、质量固定的理想气体（粒子间作用力为零的气体），其压强与绝对温度成正比。当施加更多的热量时，粒子运动得更快，从而使容器内的压强上升。

气体如何结合

盖-吕萨克对人类理解气体做出了另一个重要贡献。1808年，他意识到，当气体结合时，它们会以简单的体积比例结合——当两种气体发生反应时，产生的气体体积取决于原始气体的体积。因此，2体积的氢气与1体积的氧气以2∶1的比例结合，就产生了2体积的水。

两年后，意大利科学家阿梅代奥·阿伏伽德罗解释了这一发现，并将其与当时涌现出的关于原子和其他粒子的一些假说联系起来。他的理论是：在给定的温度和压强下，相同体积的任何气体都具有相同数量的"分子"。事实上，"分子"的数量确实严格随其体积而变化。这被称为阿伏伽德罗假说，它解释了盖-吕萨克的发现，即气体以特定比例结合。

至关重要的是，阿伏伽德罗假说表明，氧气本身以双原子分

盖-吕萨克在几次实验中都使用了大气气球。在1804年的那次飞行中，他与让-巴蒂斯特·毕奥（Jean-Baptiste Biot）一起研究了地球的电磁场强度是如何随海拔变化的。

子的形式存在，它们分裂成单个的氧原子，并分别与两个氢原子结合——如果水分子的数量与氢气和氧气分子的数量一样多，那就必须如此。

这项工作对原子理论的发展，以及理解原子和分子之间的关系具有重要意义。它对詹姆斯·克拉克·麦克斯韦和其他人提出的气体动力学理论也至关重要。这也表明气体粒子随机运动，它们碰撞时会产生热量，同时也有助于解释压强、体积和温度之间的关系。■

气态物质总是按非常简单的比例形成化合物，因此，若用1个单位表示其中一种物质，那么另一种物质就等于1、2，最多等于3。

约瑟夫·路易·盖-吕萨克

约瑟夫·路易·盖-吕萨克

法国化学家、物理学家约瑟夫·路易·盖-吕萨克的父亲是一位富有的律师。盖-吕萨克家族在法国西南部拥有吕萨克村的大部分土地，以至于在1803年，父子二人都把"吕萨克"这一地名加入了他们的名字中。约瑟夫在巴黎学习化学，之后在克劳德-路易斯·贝托莱（Claude-Louis Berthollet）的实验室做研究员。24岁时，他就已经发现了以他的名字命名的气体定律。

盖-吕萨克也是热气球的先驱，1804年，他和法国物理学家让-巴蒂斯特·毕奥一起乘坐热气球上升到7000多米的高空，在不同高度采集空气样本。通过这些实验，他证明了大气的成分不会随着高度和压力的降低而改变。除了对气体的研究，盖-吕萨克还发现了两种新元素——硼和碘。

主要作品

1802年 《论气体和蒸汽的膨胀》，刊登于《化学年鉴》

1828年 《物理课》

宇宙的总能量守恒

内能和热力学第一定律

背景介绍

关键人物
威廉·兰金（1820—1872）

此前
1749年 夏特莱侯爵夫人含蓄地介绍了能量及能量守恒的概念。

1798年 本杰明·汤普森提出了热是动能的一种形式的观点。

1824年 法国科学家尼古拉·萨迪·卡诺认为自然界不存在可逆过程。

19世纪40年代 詹姆斯·焦耳、赫尔曼·冯·亥姆霍兹和尤利乌斯·冯·迈尔介绍了能量守恒理论。

此后
1854年 威廉·兰金引入了势能的概念。

1854年 鲁道夫·克劳修斯发表了他关于热力学第二定律的论述。

18世纪末，科学家开始认识到热量和温度是不同的。约瑟夫·布雷克和詹姆斯·瓦特已经证明了热量是一个物理量（而温度是一个测量值）。在整个工业革命期间，蒸汽机的发展使科学界的兴趣集中在热量究竟如何给这些发动机提供这样的动力上。

当时，科学家遵循"热量"理论——热量是一种神秘的流体或是一种称为热质（caloric）的无重

参见：动能和势能 54页，能量守恒 55页，热量和传热 80~81页，热机 90~93页，熵和热力学第二定律 94~99页，热辐射 112~117页。

发电

燃烧化石燃料（煤、石油和天然气）发电是能源转换的一个经典例子。这种转换始于太阳能。在植物的生长过程中，太阳能被转化为化学能，然后被"储存"在化学键中，成为化学势能。这些储存的能量在植物变成煤、石油和天然气的过程中被逐步集中起来。

燃料燃烧产生热能，热能将水加热使其变成蒸汽，蒸汽推动涡轮机转动（将热能转化为动能），产生电能（电势能）。最后，电能被转换成有用的能量形式，如灯泡中的光或扬声器中的声音。在所有这些转换过程中，总能量始终保持不变。在整个过程中，能量从一种形式转化为另一种形式，但它从来不会被凭空创造，也不会凭空消灭，当一种形式的能量转化为另一种形式时，也不会有能量的损失。

力气体，从较热的部分流向较冷的部分。热和运动之间的联系早就被人们认识到了，但没有人充分认识到这种联系有多么基础。18世纪40年代，法国数学家夏特莱侯爵夫人研究了动量的概念，并引入了机械"能量"（指使事情发生的能力）的概念——尽管她当时并没有这样命名它。但人们越来越清楚的是：运动的物体具有能量，这种能量后来被认定为"动能"。

热量就是能量

1798年，出生于美国的物理学家本杰明·汤普森（Benjamin Thompson），即后来的伦福德伯爵（Count Rumford），在慕尼黑的一家大炮铸造厂进行了一项实验。他想测量出为制造大炮炮筒而进行钻孔时，因为摩擦而产生的热量大小。在钝镗孔机连续摩擦了好几个小时后，热量仍在产生，但大炮的金属结构并没有发生变化——

很明显，没有任何物质（或"热质"）从金属中流失。看来热量一定存在于运动中。换句话说，热量就是动能——运动的能量，但是很少有人能接受这个观点，"热质说"又持续了50年之久。

19世纪40年代，几位科学家同时取得了突破，包括英国的詹姆斯·焦耳、德国的赫尔曼·冯·亥姆霍兹和尤利乌斯·冯·迈尔。他

> 因此，你看，有生命的力量可以转化为热，热也可以转化为有生命的力量。
>
> 詹姆斯·焦耳

们所看到的是：热是能量的一种形式，具有产生某种作用的能力，就像肌肉的力量一样。他们意识到，所有形式的能量都是可以互换的。

1840年，尤利乌斯·冯·迈尔研究了热带水手的血液，发现返回肺部的血液中仍然富含氧气。在寒冷的地区，人的血液返回肺部时携带的氧气会少很多。这意味着，在热带地区，身体只需要燃烧更少的氧气就能保持温暖。迈尔的结论是，热量和所有形式的能量（包括他观察到的那些能量：肌肉力量、身体的热量和太阳的热量）都是可以互换的，它们可以从一种形式转变为另一种形式，但永远不会被凭空创造出来，即总量保持不变。然而，迈尔是一名医生，物理学家对他的工作关注很少。

能量转换

与此同时，年轻的詹姆斯·焦耳开始在位于曼彻斯特附近索尔

福德（Salford）家中的实验室里进行实验。1841年，焦耳算出了电流产生的热量。然后他试验了将机械运动转化为热量的方法，并设计了一个著名的实验。在这个实验中，一个下落的重物在水中转动一个桨轮，使水升温（如下图所示）。通过测量水温的上升值，焦耳可以算出一定量的机械功会产生多少热量。焦耳的计算使他相信能量在转换中不会损失。就像迈尔的研究结果一样，焦耳的想法在很大程度上被科学界忽视了。然后到了1847年，赫尔曼·冯·亥姆霍兹发表了一篇重要的论文，论文借鉴了亥姆霍兹和其他科学家的研究成果，包括焦耳的研究成果。亥姆霍兹的论文总结了能量守恒理论。同年，焦耳在一次会议上发表了自己的研究成果。会议结束后，焦耳遇到了威廉·汤姆森（William Thomson，后来成为开尔文勋爵），他们两人研究了气体理论，以及气体膨胀时如何冷却——这两个问题是制冷的基础。焦耳还首次明确估算了气体中分子的平均速度。

热力学第一定律

在接下来的10年里，亥姆霍兹、汤姆森，以及德国人鲁道夫·克劳修斯（Rudolf Clausius）和苏格兰人威廉·兰金（William Rankine）开始将他们的发现整合在一起。汤姆森在1849年首次使用"热力"一词来概述热的力量。次年，兰金和克劳修斯（显然是独立的）发展了现在被称为热力学第一定律的论述。和焦耳一样，兰金和克劳修斯关注的是功——用来描述力在物体移动过程中的空间效果。他们通过研究发现了热和功之间的普遍联系。值得注意的是，克劳修斯也开始使用"能量"这个词来描述做功的能力。

在英国，托马斯·杨于1802年创造了"能量"（energy）这个

最普通的东西可以被科学渲染得尤为珍贵。

威廉·兰金

词，用来解释质量和速度的联合效应。大约在17世纪晚期，德国博学多才的戈特弗里德·莱布尼茨将其称为"*vis visa*"或"生命力"，兰金一直使用这个术语。直到19世纪50年代，"能量"这个词的全部意义才显现出来，现代意义上的"能量"才开始被经常使用。

克劳修斯和兰金致力于把能量的概念作为一个数学量——正如牛顿革新了我们对万有引力的理解一样，他只是简单地把某一概念视为一个普遍的数学规则，而没有真正描述它是如何工作的。他们终于摒弃了将热当作一种物质的"热质说"。热量就是能量，是做功的能力，因此它必须符合另一个简单的数学规则：能量守恒定律。这条定律表明能量不能被凭空创造，也不会凭空消灭，它只能从一个地方转移到另一个地方或从一种形式转换成另一种形式。简单地说，热力学第一定律就是应用于热量和功的能量守恒定律。

克劳修斯和兰金的想法和研究受到了试图从理论上理解引擎工作原理的启发。因此，克劳修

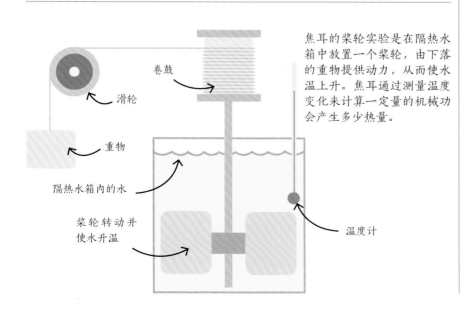

焦耳的桨轮实验是在隔热水箱中放置一个桨轮，由下落的重物提供动力，从而使水温上升。焦耳通过测量温度变化来计算一定量的机械功会产生多少热量。

卷鼓

滑轮

重物

隔热水箱内的水

桨轮转动并使水升温

温度计

斯研究了封闭系统（物质不能进进出出，但能量可以移动——就像蒸汽机的汽缸一样）的总能量，并讨论了它的内能（internal energy）。你不能测量系统的内能，但你可以测量输入和输出的能量。热是能量向系统内的传递，热和功的总和则是能量向系统外的传递。

根据能量守恒定律，内能的任何变化，都是进入系统的能量和离开系统的能量之差，也等于热和功之间的总差。向同一个系统输入更多的热量，就会得到更多的功，反之亦然，这符合热力学第一定律。因为宇宙中的总能量（包含系统周围的所有能量）是恒定的，所以，输入和输出的能量也必然是匹配的。

兰金的分类

兰金是一名机械工程师，这意味着他喜欢对事物进行实际操作。因此，他将能量分为两类："储存的能量"和"做功的能量"。"储存的能量"是静止的、随时可以移动的能量——就像压缩的弹簧或站在坡顶的滑雪者。今天我们把"储存的能量"描述为势能。"做功的能量"要么是储存能量的动作，要么是释放能量时的运动。兰金用这种方法对能量进行分类，这是一种简单而持久有效的分类方法，可以观察静止和运动阶段的能量。

到19世纪50年代末，夏特莱侯爵夫人、焦耳、亥姆霍兹、迈尔、汤姆森、兰金和克劳修斯的杰出工作改变了我们对热的理解。这群年轻的科学家先驱揭示了热和运动之间的相互关系。他们也开始理解并揭示这种关系的普遍重要性。他们用"热力学"一词来概括它，即宇宙中总能量必须守恒不变。■

威廉·兰金

威廉·兰金于1820年出生在苏格兰爱丁堡。和父亲一样，他最初也是一名铁路工程师，但由于对蒸汽机背后的科学着迷，他后来转而学习科学。兰金与科学家鲁道夫·克劳修斯、威廉·汤姆森一起成为热力学的奠基人。他帮助建立了热力学的两个关键定律，并定义了势能的概念。兰金和克劳修斯还各自独立地描述了熵（热以无序方式传递的概念）函数。兰金提出了一个关于蒸汽机和所有热机的完整理论，并对最终摆脱"热质说"做出了贡献。他于1872年在格拉斯哥离世，年仅52岁。

主要作品

1853年《论能量转换的一般规律》
1855年《能量学概论》

输入封闭系统的热量通常会增加系统的内能。

宇宙中的能量是恒定的。

系统输出的功会降低系统的能量。

所以内能的变化就是输入的热量和输出的功之间的差值。

热可以是运动的原因之一

热机

背景介绍

关键人物
尼古拉·萨迪·卡诺（1796—1832）

此前

约公元前50年 亚历山大的希罗制造了一种由蒸汽驱动的小型发动机，被称为汽转球（aeolipile）。

1665年 罗伯特·波义耳在其著作中试图确定冷的本质。

1712年 托马斯·纽科门制造了第一台成功的蒸汽机。

1769年 詹姆斯·瓦特发明了改良的蒸汽机。

此后

1834年 发明家雅各布·珀金斯制造了第一台冰箱。

1859年 比利时工程师艾蒂安·勒努瓦研制出了第一台成功的内燃机。

18世纪，蒸汽机的出现给世界所带来的巨大影响怎样估量都不为过。蒸汽机给人们提供了一种以前无法想象的动力来源。它们是由工程师制造的实用机器，并被大规模用于推动工业革命。科学家开始着迷于蒸汽机的惊人力量是如何产生的，他们的好奇心推动了一场以热为核心的工业革命。

蒸汽动力的概念由来已久。早在公元前3世纪，亚历山大一位

参见：动能和势能 54页，热量和传热 80~81页，内能和热力学第一定律 86~89页，熵和热力学第二定律 94~99页。

> 把英国现今的蒸汽机拿走，就等于同时把英国的煤矿和铁矿带走。
>
> 尼古拉·萨迪·卡诺

名叫克特西比乌斯（Ctesibius）的古希腊发明家就意识到，蒸汽会从盛满水的容器的壶嘴中强烈地喷射出来。他开始酝酿一个用蒸汽推动转球的想法：将一个空心球体放置在一个旋转轴上。当空心球体内部的水沸腾时，不断膨胀的蒸汽从两个弯曲的定向喷嘴（两边各一个）喷射出来进而推动球体旋转。大约350年后，亚历山大的希罗（Hero of Alexandria）设计了一种可工作的汽转球——之后它就有了复制品。现在人们知道，当液态水变成水蒸气时，水分子之间的化学键会破裂，进而导致水膨胀。

然而，希罗的装置只是一个玩具，尽管许多发明家对蒸汽进行了试验，但第一台真正实用的蒸汽机需要等到1600年后才会被制造出来。这一突破发生在17世纪，当时人们发现了真空和大气压力。在1654年的一次著名演示中，德国物理学家奥托·冯·格里克展示了大气压力的威力——足以将两个半球

第一台成功的蒸汽机是托马斯·纽科门发明的，被用来从矿井中抽水。它的工作原理是冷却汽缸中的蒸汽，形成部分真空，并拉起活塞。

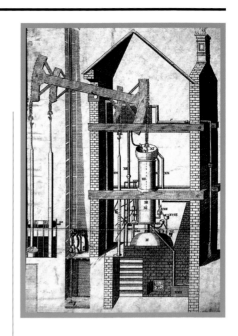

紧紧地压在一起，并可以抵挡八匹强壮的马的拉力。这一发现开辟了一种利用蒸汽的新方法，与希罗的蒸汽喷射截然不同。法国发明家德尼·帕潘（Denis Papin）在17世纪70年代意识到，如果困在汽缸里的蒸汽冷却并凝结，它就会急剧收缩，产生一个强大的真空——强大到足以拉起一个沉重的活塞，活塞是发动机的一个运动部件。因此，这项新发现没有利用蒸汽膨胀时的力量，而是利用了蒸汽冷却和凝结时的大规模收缩。

蒸汽革命

1698年，英国发明家托马斯·塞维利（Thomas Savery）利用帕潘的原理建造了第一台大型蒸汽机。然而，塞维利的蒸汽机使用了高压蒸汽，这使其具有危险的爆炸性和不可靠性。1712年，德文郡的铁匠托马斯·纽科门建造了一个更安全的发动机，它使用的是低压蒸汽。1755年，纽科门的蒸汽机被安装在英国和欧洲的数千个矿井中。尽管纽科门蒸汽机非常成功，但它的效率很低，因为每次冲程都要冷却汽缸以冷凝蒸汽，这需要消耗大量的能量。

18世纪60年代，为了改进纽科门蒸汽机，苏格兰工程师詹姆斯·瓦特对蒸汽机中的热能流动方

式进行了首次科学实验。他的实验使他和他的同胞约瑟夫·布雷克意识到：提供蒸汽动力的是热量而不是温度。瓦特还意识到，如果不使用一个汽缸而是使用两个汽缸，那么蒸汽机的效率就可以得到极大的提高——一个汽缸一直保持高温，另一个汽缸则用于冷凝蒸汽。瓦特还引入了一个曲柄，将活塞的上下运动转换成驱动车轮所需的圆周运动。这就使活塞的动作更加平顺，可以保持恒定的输出功率。瓦特的创新是非常成功的，可以说开启了蒸汽时代的新篇章。

能源和热力学

蒸汽机的效率引起了年轻的法国军事工程师尼古拉·萨迪·卡诺的兴趣。他参观了一个又一个工厂，不仅研究蒸汽机，还研究水力

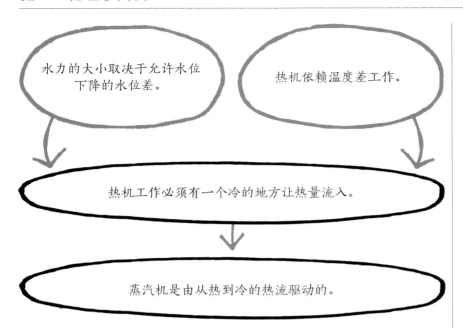

水力的大小取决于允许水位下降的水位差。

热机依赖温度差工作。

热机工作必须有一个冷的地方让热量流入。

蒸汽机是由从热到冷的热流驱动的。

发动机。1824年，卡诺写了一本简短的书——《对热动力的反思》。卡诺意识到，热量是地球上所有运动的基础，它驱动着风和洋流、地震和其他地质变化，以及人体的肌肉运动。他把宇宙看作一个巨大的热机，由无数个较小的热机组成，这些小热机是由热量驱动的系统。

这是人们第一次认识到宇宙中热的真正意义，为热力学的后续发展提供了基础。

通过观察和比较工厂里的水和蒸汽动力，卡诺对热机的本质有了关键性的理解。与大多数同时代的人一样，他相信"热质说"，即热是一种流体的错误观点。然而，

正是这种误解让他看到了水和蒸汽动力之间的一个关键类比。水力依赖水的源头，也就是允许水下降的水位差。同理，卡诺发现热机依赖一个允许"热量下降"的热量源头。换句话说，热机要工作，不仅要有热量，还要有冷的地方让热量流入。蒸汽机不是由热驱动的，而是由从热到冷的热流驱动的。所以，动力是热和冷的差别，而不是热量本身。

完美的效率

卡诺还有第二个关键的见解——为了产生最大的能量，在任何地方或任何时间都不能浪费热流（流动的热量）。理想的蒸汽机是把所有的热流都转化为有用的运动的机器。任何不能产生动力的热量损失都会导致热机效率降低。

为了建立模型证实这一想法，卡诺概述了一个理想热机的基本工作原理，这个理想的热机现在被称为卡诺热机，它在一个循环中分四个阶段工作。第一阶段，气体通过

尼古拉·萨迪·卡诺

尼古拉·萨迪·卡诺于1796年出生在巴黎一个著名的科学家和政治家家庭。他的父亲拉扎尔（Lazare）是热科学研究的先驱，也是法国革命军的高级将领。卡诺跟随父亲进入了军事学院。1814年毕业后，他作为军官加入了军事工兵部队，并被派往法国各地报告其防御工事。五年后，他迷上了蒸汽机，退伍去追寻自己的科学兴趣。1824年，卡诺撰写了他开创性的著作——

《对热动力的反思》，这本书引起了人们对热机重要性的关注，并引入了卡诺循环。当时，卡诺的工作很少受到世人关注。在人们认识到它作为热力学起点的重要性之前，卡诺于1832年因霍乱离世。

主要作品

1824年 《对热动力的反思》

> 光有热源是不足以产生
> 推动力的，还必须有冷源。

尼古拉·萨迪·卡诺

外部热源（如热水源）的传导而受热并膨胀。第二阶段，热气体保持绝热（如在一个圆筒内），当它膨胀时，它对周围做功（如推动活塞）。随着膨胀做功，气体冷却下来。第三阶段，外部推动活塞向下，压缩气体。热量从系统传递到低温热源。第四阶段，当系统保持绝热，活塞继续向下推时，气体温度再次上升。

　　在前两个阶段，气体膨胀，在后两个阶段，气体收缩，但气体的膨胀和收缩都经历两个阶段——绝热和等温过程。在卡诺循环中，等温过程意味着与环境有热量交换，但系统中没有温度变化。绝热过程意味着没有热量进入或流出系统。

　　卡诺计算了他的理想热机的效率：如果达到的最高温度是 T_H，最低温度是 T_C，那么以功的形式输出的热能的比例（效率）可以表示为 $(T_H-T_C)/T_H=1-(T_C/T_H)$。虽然卡诺热机没有达到100%的效率，但实际发动机的效率远远低于卡诺热机。与卡诺热机不同，真正的

卡诺循环

☐ 热源　　　■ 冷源　　　■ 绝热层

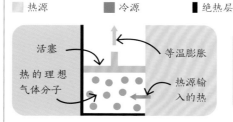

第一阶段：热源与汽缸中的气体之间存在热传递。气体膨胀，推动活塞向上。这个阶段是等温的，因为系统中没有温度变化。

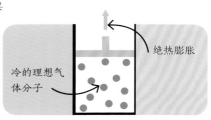

第二阶段：气体与热源、冷源隔开，气体继续膨胀，活塞上移，重物被抬起。这个膨胀过程是绝热的。气体在膨胀过程中会冷却，尽管整个系统没有热量损失。

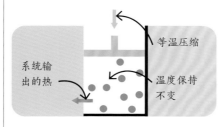

第三阶段：将重物加到活塞上方。由于热量现在能够从汽缸转移到冷源中，气体的温度不会上升，所以这个阶段是等温的。

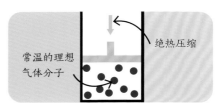

第四阶段：在活塞上增加更多的重量，压缩汽缸中的气体。由于气体现在又与热源、冷源绝热隔开了，所以压缩使它的温度升高。

热机使用的是不可逆过程。石油一旦开始燃烧，就会一直燃烧下去。因此，可用于传递的热量会持续不断地减少。发动机输出的一些功因为运动部件的摩擦以热量的形式损失了。大多数机动车发动机的效率仅为25%，汽轮机的效率最多也只有60%，这意味着大量的热量被浪费了。

　　当卡诺36岁因霍乱去世时，他对热的研究才刚刚开始。不幸的是，为了消除笔记本上可能的致病菌，他的笔记被大量销毁了，所以我们永远也没有机会知道他到底

做了什么。在他去世的两年后，埃米尔·克拉佩龙发表了一篇关于卡诺工作的总结摘要，用图表使其观点更清晰，并更新了它，去掉了关于热质的内容。卡诺在热机方面的开创性工作彻底改变了我们对热在宇宙中的关键作用的理解，并奠定了热力学作为一门科学的基础。■

宇宙的熵
趋于最大值

熵和热力学第二定律

背景介绍

关键人物

鲁道夫·克劳修斯（1822—1888）

此前

1749年 法国数学家和物理学家夏特莱侯爵夫人介绍了能量及其守恒的早期概念。

1777年 在瑞典，药剂师卡尔·舍勒发现了热是如何通过辐射在空间中传播的。

1780年 荷兰科学家詹·英格豪斯发现热可以通过传导在材料中移动。

此后

1876年 美国科学家约西亚·威拉德·吉布斯引入了自由能的概念。

1877年 奥地利物理学家路德维希·玻尔兹曼阐述了熵和概率之间的关系。

19世纪中期，英国、德国和法国的一群物理学家彻底改变了人们对热的理解。包括英国的威廉·汤姆森、威廉·兰金，德国的赫尔曼·冯·亥姆霍兹、尤利乌斯·冯·迈尔、鲁道夫·克劳修斯以及法国的尼古拉·萨迪·卡诺在内的科学家证明了热和机械功之间是可以互换的。它们都是后来被称为能量转移的外在表现形式。

此外，物理学家还发现热量和机械功的交换是完全平衡的：当一种形式的能量增加时，另一种形式的能量必然减少。能量永远不会消失，它只是转换了形式。这就是能量守恒定律，也就是热力学第一定律。后来，鲁道夫·克劳修斯将其加以拓展和重新定义，称"宇宙的能量是恒定的"。

热流

科学家很快意识到还有另一个关于热流的热力学基本理论。1824年，法国军事工程师尼古拉·萨迪·卡诺设想了一种理想的热机

没有任何其他科学发现能像热力学第二定律那样对解放人类精神做出如此巨大的贡献。

彼得·威廉·阿特金斯

（卡诺热机）。与自然界发生的情况相反，在这种热机中，能量变化是可逆的：在一种能量转换为另一种能量后，它可以再转换回来，而不会损失。然而，在现实中，蒸汽机所使用的大部分能量并没有转化为机械运动，而是以热量的形式损失了。尽管19世纪中期的发动机比18世纪时的效率更高，但它们的能量转化率远低于100%。正是由于科学家努力去理解这种能量损失的

鲁道夫·克劳修斯

鲁道夫·克劳修斯是一位校长和牧师的儿子，1822年出生于普鲁士波美拉尼亚（现属波兰）。在柏林大学学习后，他成为柏林炮兵工程学院的教授。1855年，他成为苏黎世瑞士联邦理工学院的物理学教授。他于1867年回到德国。他在1850年发表的论文《论热动力》标志着热力学发展的关键一步。1865年，他引入了熵的概念，并对热力学定律做出了具有里程碑意义的

总结："宇宙的能量是恒定的"和"宇宙的熵趋于最大值"。克劳修斯于1888年在德国波恩去世。

主要作品

1850年 《论热动力》

1856年 《关于热力学第二基本定理的一种修正形式》

1867年 《热力学理论》

参见： 动能和势能 54页，热量和传热 80~81页，内能和热力学第一定律 86~89页，热机 90~93页，热辐射 112~117页。

克劳修斯认识到，在一个真正的热机中，不可能从一个热源中提取一定量的热量（Q_H），并使用所有提取的热量做功（W）。一部分热量（Q_C）必须转移到某一个冷源。根据热力学第二定律，一个将所有提取的热量（Q_H）都用来做功（W）的完美热机是不可能实现的。

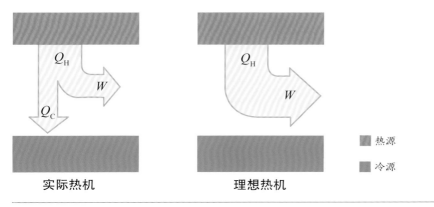

实际热机　　　　　　　　理想热机

■ 热源
■ 冷源

来源，才有了热力学第二定律的发现。和汤姆森、兰金一样，克劳修斯也认识到，热量只有一种流动方式：从热源到冷源，而不是从冷源到热源。

外界帮助

　　1850年，克劳修斯写下了他对热力学第二定律的第一个表述："热不能自己从较冷的物体流动到较热的物体。"克劳修斯并不是说热永远不能从冷源流动到热源，而是说它需要外界的帮助。它需要外界对其做功：能量的作用。这就是现代冰箱的运作方式，就像反过来的热机一样，冰箱将热量从其内部较冷的区域转移到外部较热的区域，使较冷的区域更冷。这种热量转移需要功，功是由冰箱里制冷剂的膨胀提供的。

　　克劳修斯很快意识到，单向流动的热流的影响比最初想象的

要复杂得多。很明显，热机注定是低效的。无论它们被设计得多么精巧，总有一些能量会以热的形式泄漏出去，无论摩擦、废气（气体或蒸汽）还是辐射，而不产生任何有用的功。

　　热从一处流动到另一处时做功。克劳修斯和其他研究热力学的科学家很快就弄清楚了：如果热流做功，就必须在某一地方储存能量（热量）启动热流，即某一个地方一定比另一个地方更热。然而，如果每次做功都要损失热量，那么热量就会逐渐扩散并消散。热量也会变得越来越小，直到无法再做功。用于做功的能源供应不可能是用之不竭的，随着时间的推移，它们会

日本樱岛火山的一次喷发将热能从地球内部炽热的内核转移到地球表面较冷的地方，证明了热力学第二定律。

被转化为热量，因此任何事物的寿命都是有限的。

宇宙能量

　　19世纪50年代早期，克劳修斯和汤姆森各自开始推测地球本身是否是一个寿命有限的热机，以及整个宇宙是否也是如此。1852年，汤姆森推测太阳的能量将会最终耗尽。对于地球而言，这意味着地球必须有一个开始和一个结束——这是一个全新的概念。汤姆森开始计算太阳在自身重力作用下缓慢坍缩时可以产生热量的时间，并通过计算地球冷却到目前温度所需的时间，试图计算出地球的年龄。

　　汤姆森的计算显示地球只有几百万年的历史，这使他与地质学家和进化论者之间发生了激烈的冲突，他们认为地球的历史要长得多。对这种差异的解释是，当时人们对物质的放射性和爱因斯坦在1905年发现的物质可以转化为能量

的概念还一无所知。正是物质的能量使地球保持温暖的时间比太阳辐射本身长得多，这一解释将地球的历史回推了40多亿年。

汤姆森进一步提出，随着时间的推移，宇宙中的所有能量都会以热量的形式消散，最终宇宙将达到一个全局均匀的"热平衡态"，各处都没有任何能量的集中点。到那时，宇宙也就再也不会有任何变化了，它实际上已经死亡了。然而，汤姆森也声称，热寂理论的先决假设是宇宙中物质的数量是有限的，而他认为事实并非如此。他说，正因为如此，宇宙的动态演化过程才能继续下去。宇宙学家现在对宇宙的了解比汤姆森多得多，他们不再接受热寂理论，但宇宙的最终归宿究竟如何仍未可知。

表述热力学第二定律

1865年，克劳修斯引入了"熵"（entropy）这个词（来自希腊语，意为"内在"和"方向"）概括热的单向流动。熵的概念结合了克劳修斯、汤姆森和兰金在过去15年里所做的工作，他们发展出了后来被称为热力学第二定律的理论。然而，熵不仅仅意味着单向流动。当克劳修斯的思想成形时，熵发展成为一种衡量能量耗散程度的数学方法。

克劳修斯认为，由于保持宇宙的形状和秩序需要能量的集中，而耗散会导致大量随机的、混乱的低等级能量。因此，熵现在被认为是耗散程度的量度，或者更准确地说是无序度的衡量标准。克劳修斯和他的同事们专门讨论了热量。事实上，克劳修斯将熵定义为物体在

单位温度下传递的热量。当一个物体含有大量热量但温度较低时，热量必然耗散。

万物的归宿

克劳修斯将他的热力学第二定律总结为"宇宙的熵趋于最大值"。因为这个词很模糊，很多人认为它适用于所有事情。这一表述已经成为万物归宿的隐喻，即万物最终将被混沌吞噬。

1854年，克劳修斯专门讨论了热和能量。他的定义包含了熵的第一个数学公式，当时他称为等效值（equivalence value），克劳修斯用一个方程表示开放能量系统的熵，用另一个方程表示封闭系统的熵。能量系统是能量流动的区域，它可以是汽车引擎，也可以是整个大气系统。一个开放系统可以与周围环境进行能量和物质的

蟹状星云是一颗超新星，即一颗爆炸了的恒星。根据热寂理论，超新星爆发释放到宇宙中的热量最终将消散，宇宙将达到全局热平衡。

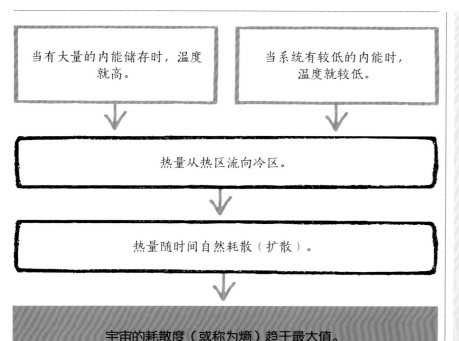

当有大量的内能储存时，温度就高。

当系统有较低的内能时，温度就较低。

热量从热区流向冷区。

热量随时间自然耗散（扩散）。

宇宙的耗散度（或称为熵）趋于最大值。

交换，一个封闭系统只能交换能量（如热或功）。

汤姆森提出了一种描述热力学第二定律与热机极限关系的方法。这成为现在被称为开尔文-普朗克表述的基础（开尔文勋爵是汤姆森在1892年被授予爵位时的头衔）。德国物理学家马克斯·普朗克对开尔文的想法进行了提炼，他写道：“不可能设计出一个循环运行的热机，其作用是从单个热源中吸收以热量形式储存的能量，并输出等量的功。”换句话说，不可能制造出效率达100%的热机。很难看出这是克劳修斯想要表述的内容，但这句话从那时起就引起了学界的争议。从本质上讲，这些人的说法都基于一条相同的热力学定律：当热量单向流动时，热量损失是不可避免的。■

在即将到来的有限时间内，地球将不再适合人类居住。

威廉·汤姆森（开尔文勋爵）

时间箭头

热力学第二定律发现的重要性常常被人忽视，因为其他科学家很快就在克劳修斯和他同行工作的基础上发展起了新的理论。事实上，热力学第二定律对物理学的重要性就像牛顿发现了运动定律一样，它在改变人们对宇宙的看法方面发挥了关键作用。

在牛顿宇宙中，所有作用力都在任何一对相反方向上对称地起作用，所以时间并没有方向——就像一个既可以向前也可以向后运行的永恒机制。克劳修斯的热力学第二定律推翻了这一观点。如果热量是单向流动的，那么时间也一定如此。事物会腐烂，会衰退，会结束，而时间的箭头只能指向一个方向——走向终点的方向。这一发现的意义震惊了许多相信宇宙永恒的人。

蜡烛一旦燃烧，就无法复原。热力学时间箭头指向一个方向：走向终点的方向。

液体与其蒸气合二为一

物态变化和成键

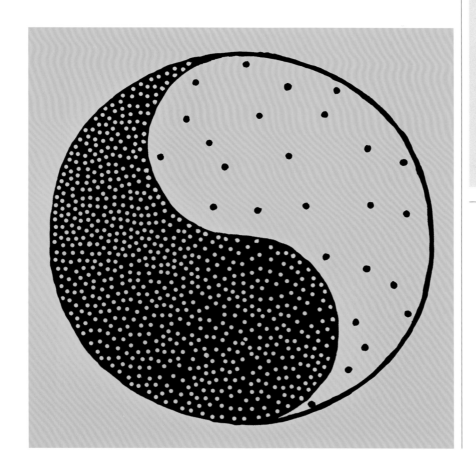

背景介绍

关键人物
约翰尼斯·范德瓦耳斯
（1837—1923）

此前
约公元前75年 古罗马思想家卢克莱修认为，液体是由光滑的圆形原子构成的，而固体是由钩状原子结合在一起形成的。

1704年 艾萨克·牛顿的理论认为，原子是由一种看不见的引力联系在一起的。

1869年 爱尔兰化学家和物理学家托马斯·安德鲁斯发现了物质的两种流体状态——液态和气态之间的连续性。

此后
1898年 苏格兰化学家詹姆斯·杜瓦液化了氢气。

1908年 荷兰物理学家海克·卡末林·昂内斯液化了氦气。

人们早就知道，同一种物质至少可以三种相存在——固相、液相或气相。例如，水可以是冰、液态水和水蒸气。但在19世纪的大部分时间里，这些相之间发生的变化似乎对18世纪晚期确立的气体定律构成了障碍。

一个特别的难点是两种流体状态——液态和气态。在这两种状态下，物质流动时会形成任何容器的形状，而不能像固体那样保持自己的形状。科学家已经证明，如果

参见：气体定律 82~85页，熵和热力学第二定律 94~99页，统计力学的发展 104~111页。

> 液体和它的蒸气根据
> 连续性定律合为一体，我
> 该如何命名这一温度点？
>
> 迈克尔·法拉第，给同行科学家威廉·
> 胡维尔的信中（1844年）

一种气体被压缩得越来越小，它的压力并不会无限地增加，最终它会液化，变成液体。同样，如果液体被加热，一开始会有一小部分液体蒸发，最终全部液体蒸发。水的沸点（指水沸腾时所能达到的最高温度）很容易测量。而在稍高压力下测量时，我们会发现水的沸点上升了，这也是高压锅的工作原理。

转折点

科学家想要透过这些现象去了解当液体变成气体时，物质内部究竟发生了什么。1822年，法国工程师和物理学家巴伦·查尔斯·卡尼亚·德拉图尔（Baron Charles Cagniard de la Tour）试验了一种"蒸汽蒸煮器"（steam digester），这是一种加压装置，通过加热超过正常沸点的水产生蒸汽。他在蒸煮筒里装了一部分水，然后向里面扔了一个燧石球（加热到通红的圆形石球）。他让蒸煮筒像圆木一样滚动，能听到球碰到水面时溅起的水花声。然后，他将蒸煮筒加热到一个温度，德拉图尔估计为362℃，在这个温度下他没有听到水花飞溅的声音。气体和液体的边界消失了。

众所周知，让液体保持在一定的压力下可以阻止它完全变成气体，但德拉图尔的实验揭示，在一定的温度下，液体始终会变成气体，而无论它承受的压力有多大。在这个温度下，液相和气相之间没有任何区别——两者的密度相等。而降低温度就能恢复相之间的差异。

人们对于液体和气体处于平衡状态（均一相）的概念一直十分模糊，直到19世纪60年代物理学家托马斯·安德鲁斯（Thomas Andrews）对这一现象进行了详细研究。安德鲁斯研究了温度、压力和体积之间的关系，以及它们是如何影响物质的相的。1869年，他设计了一个实验。在这个实验中，他用玻璃管将二氧化碳困在水银之上。把水银推高，可以提高气体的压力，直至二氧化碳气体变成液体。然而，无论他施加多大的压力，在32.92℃以上二氧化碳都不会液化。他把这个温度称为二氧化碳的"临界点"。安德鲁斯进一步

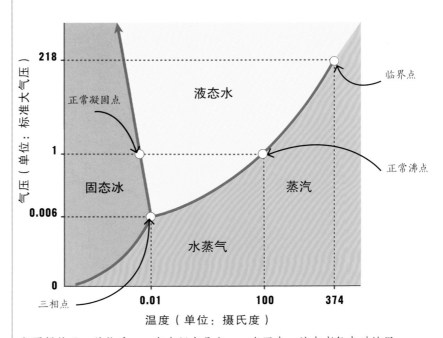

相图描绘了一种物质——在本例中是水——在固态、液态或气态时的温度和压力。在"三相点"（triple point）时，物质可以同时以固态、液态和气态的形式存在。在临界点时，液体和气体变得完全相同。

在液体中，分子不停运动，但分子之间结合很弱。

→

热给了分子能量使其运动得更快。

↓

当大多数分子运动得太快而不能结合在一起时，液体就变成了气体。

←

有些移动得非常快，以至于脱离了液体的表面。

观察到，"我们已经看到，气态和液态本质上只是同一物质状态的不同阶段，它们可以通过条件的连续变化而相互转换"。液态和气态之间的连续性是一个非常关键的论点，强调了气液两相之间的基本相似性。

然而，我们还没有发现隐藏在物质不同状态背后的力，以及它们是如何相互作用的。

分子的结合

早在19世纪，英国科学家托马斯·杨就提出，液体的表面是由分子间的键连接在一起的。正是这种"表面张力"把水拉成了水滴，当分子被拉到一起时，在一杯水的顶部就形成了一条曲线。荷兰物理学家约翰尼斯·迪德里克·范德瓦耳斯（Johannes Diderik van der Waals）进一步推动了这项工作，他观察了当表面张力被打破并允许分子离开液面时会发生什么，即液态水变成水蒸气的过程。

范德瓦耳斯提出，物质状态的变化是连续的，而不是液态和气态两个状态之间的突变。在这一过程中，水的表面存在一个过渡层，其中的水既不是液体也不是气体。他发现，随着温度的升高，水的表面张力减小，在临界温度下，表面张力完全消失，这使过渡层变得无限厚。范德瓦耳斯随后逐渐发展出一个关键的"状态方程"，该方程用数学方法描述气体及其冷凝成液体的行为，并可被应用于不同的物质。

范德瓦耳斯的工作有助于建立分子的现实描述，并描述了分子间的键。这种键比原子间的键要弱得多，原子间的键基于强大的静电力。同一物质的分子在液相和气相中以不同的方式结合在一起。例如，水分子的化学键与每个水分子中连接氧原子和氢原子的化学键是不同的。液体变成气体时，需要克服分子之间的力，以使这些分子能够自由运动。热提供了使分子振动的能量。一旦分子的振动足够强大，分子就会挣脱束缚它们的力，液体就会变成气体。

吸引力作用

分子间的三种关键力：偶极-偶极相互作用、色散力和氢键，被统称为范德瓦耳斯力（van der Waals forces）。偶极-偶极相互作用发生在极性分子间，即在分子的原子之间电子是非均等分布的。例如，在盐酸中，氯原子有一个额外的电子，是从氢原子那里拿来的。这使分子中的氯原子部分带有轻微的负电，而氢原子部分带有轻微的正电。结果便是：在液态的盐酸溶液中，一些分子的负电荷被吸引到另一些分子的正电荷上，这将它们结合在一起。

色散力，又称伦敦力[以德裔美国科学家弗里茨·伦敦（Fritz London）的名字命名，他在1930年首次发现了这种力]发生在非极性分子之间。例如，在氯气中，每个分子中的两个原子两侧的电荷是相等的。然而，原子中的电子是不断运动的。这意味着分子的一边可能会短暂地带有负电，而另一边可能短暂地带有正电，因此分子内的键会不断地形成和重组。

第三种力氢键，是一种特殊

我完全相信分子的真实存在。
约翰尼斯·迪德里克·范德瓦耳斯

的偶极—偶极相互作用，发生在氢原子中。它是氢原子与氧原子、氟原子或氮原子之间的相互作用。由于氧原子、氟原子和氮原子是电子的强吸引源（电负性大），而氢原子容易失去电子，所以分子间的键特别强。因此，将它们结合在一起的分子会变成强极性，譬如形成牢固的氢键，将水分子（H_2O）牢牢地结合在一起。

色散力是三种范德瓦耳斯力中最弱的。一些由它们结合在一起的元素，如氯和氟，除非冷却到极低的温度（分别为-34℃和-188℃），使分子之间的键变得足够强，并使它们进入液相，否则它们始终是气体。氢键是最牢固的，这就是为什么由氧和氢两种简单元素组成的水具有如此高的沸点。

重要发现

范德瓦耳斯证明了气体分子之间的引力不是零，它可以在压力下形成足以改变物质状态的化学

> 毫无疑问，范德瓦耳斯的名字将很快成为分子科学中最重要的名字之一。
>
> 詹姆斯·克拉克·麦克斯韦

键，这为理解液体如何变成气体、气体如何重新变成液体奠定了基础。范德瓦耳斯的"状态方程"使科学家得以找到一系列物质的临界温度，并使氧气、氮气和氦气等气体的液化成为可能。它还促进了超导体的发现，超导体是一种冷却到超低温时会失去自身全部电阻的物体。■

在液氧装置中，氧气被从分离塔的空气中提取出来，通过热交换器冷却到其液化温度-183℃。

约翰尼斯·迪德里克·范德瓦耳斯

约翰尼斯·迪德里克·范德瓦耳斯于1837年出生在荷兰莱顿市的一个木匠家庭，他没有受过足够的教育，无法进入高等教育学校。他后来成为数学和物理教师，并在莱顿大学学习，最终于1873年在分子引力领域获得了博士学位。范德瓦耳斯立即被誉为当时最杰出的物理学家之一，并于1876年成为阿姆斯特丹大学的物理学教授。他在那里度过了余生，直到他的儿子约翰尼斯（和父亲同名）接替他成为教授。1910年，范德瓦耳斯因"对气体和液体状态方程的研究"而被授予诺贝尔物理学奖。他于1923年在阿姆斯特丹去世。

主要作品

1873年《关于气态和液态的连续性》

1880年《对应状态原理》

1890年《二元解理论》

在盒子里碰撞的台球

统计力学的发展

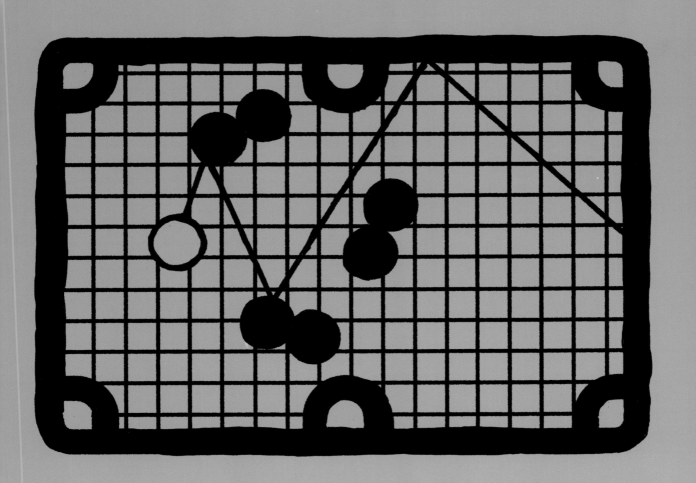

背景介绍

关键人物
路德维希·玻尔兹曼（1844—1906）

此前
1738年 丹尼尔·伯努利首次对粒子运动进行了统计分析。

1821年 约翰·赫帕斯第一次明确阐述了动力学理论。

1845年 约翰·沃特斯顿计算了气体分子的平均速度。

1859年 詹姆斯·克拉克·麦克斯韦阐述了他的动力学理论。

此后
1902年 约西亚·威拉德·吉布斯出版了第一本统计力学的主要教科书。

1905年 马里安·斯莫卢霍夫斯基和阿尔伯特·爱因斯坦证明了布朗运动是统计力学的一种表现。

气体是由大量分子组成的。

↓

分子以极高的速度向无限多不同的方向运动。

↓

要计算单个分子的运动是不可能的。

↓

统计平均值和数学概率可以帮助我们理解一个系统中分子的合运动。

物质的性质，特别是气体的性质，取决于原子和分子的行为，这一观点现在已被广泛接受为科学事实。但这一理论被接受的速度很缓慢，并且它一直是学界激烈争论的主题，尤其是在19世纪。几位研究先驱轻则被忽视，重则被嘲笑，而分子动力学理论——热是分子快速运动的宏观表现——也在很长一段时间后才被真正接受。

17世纪，波义耳证明了空气是有弹性的，可以膨胀和压缩。他推测，这可能是因为空气是由相互排斥的粒子组成的，就像弹簧一样。牛顿用数学证明了，如果空气的"弹性"，即空气的压力，来自粒子之间的斥力，那么斥力一定与粒子之间的距离成反比。但是，牛顿认为粒子是固定在原地的，并在原地不停地振动。

气体和热量

瑞士数学家丹尼尔·伯努利在1738年第一次提出了气体运动理论。在此之前，科学家已经知

我们生活在由空气元素构成的海洋的底部。
埃万杰利斯塔·托里拆利

参见：动能和势能 54页，液体 76~79页，热机 90~93页，熵和热力学第二定律 94~99页。

> 一个结构完善的理论从某种程度上来说无疑是一件艺术品。著名的分子动力学理论就是一个很好的例子。
>
> 欧内斯特·卢瑟福

道空气会产生压力——例如，足以支撑一段沉重的汞柱的大气压力，这在17世纪40年代已经被埃万杰利斯塔·托里拆利的气压计证实。公认的解释是，空气是由粒子组成的，当时人们认为这些粒子飘浮在一种叫作以太（aether）的无形物质中。

受到新近发明的蒸汽机的启发，伯努利提出了一个激进的新想法。他让人们想象在一个圆柱体中运动的活塞，圆柱体中有朝各个方向快速运动的微小圆形粒子。伯努利认为，粒子与活塞相撞时，会对活塞产生压力。如果气体被加热，微小粒子就会加速，就会更加频繁地撞击活塞，从而推动它向上穿过汽缸。他的理论总结了气体和热的动力学理论，但还是被人们遗忘了，一个原因是火元素理论宣称可燃材料中含有一种叫作燃素的东西，另一个原因是"热质说"宣称热是一种流体。"热质说"在接下来的130年里占据了主导地位，直到1868年路德维希·玻尔兹曼的统计分析使其被彻底摒弃。

热和运动

还有其他未获认可的研究先驱，如俄罗斯学者米哈伊尔·罗蒙诺索夫（Mikhail Lomonosov），他在1745年提出热是衡量粒子运动的一种方法，也就是热的动力学理论。他补充道，粒子停止运动时，就会达到绝对零度。这比威廉·汤姆森（后来成为开尔文勋爵，他因其创立的开尔文温标而被永远铭记）在1848年得出的结论早了一个多世纪。

1821年，英国物理学家约翰·赫帕斯（John Herapath）第一次明确阐述了动力学理论。正如牛顿所指出的，热仍然被视为一种流体，而气体则被认为是由相互排斥的粒子组成的。然而，赫帕斯摒弃了这一观点，他认为气体是由"相互碰撞的原子"组成的。他推断说，如果这些"原子"无限小，那么当气体被压缩时，碰撞就会增多，这样压力就会上升，就会产生热量。不幸的是，赫帕斯的工作被伦敦皇家学会拒绝了，因为它过于概念化，并且未经实验证实。

1845年，英国皇家学会还拒绝了苏格兰学者约翰·沃特斯顿（John Waterston）关于动能理论的一篇重要论文，该论文用统计规则解释了能量是如何在气体原子和分子中分布的。沃特斯顿明白，分子并非都以相同的速度运动，而是

布朗运动

1827年，苏格兰植物学家罗伯特·布朗描述了悬浮在水中的花粉颗粒的随机运动。虽然他不是第一个注意到这种现象的人，但他是第一个详细研究这种现象的人。更多的研究表明，随着液体温度的升高，花粉颗粒微小的来回移动的速度逐渐加快。

20世纪初，原子和分子的存在仍然是一个有争议的问题。然而在1905年，爱因斯坦认为布朗运动可以解释为无形的原子和分子轰击悬浮在液体中的微小但可见的花粉颗粒，导致花粉颗粒来回无规则运动。一年后，波兰物理学家马里安·斯莫卢霍夫斯基发表了一个类似的理论。1908年，法国人让·佩兰进行了实验，证实了这个理论。

液体中粒子的布朗运动是因与快速运动的液体分子碰撞而产生的，它最终用统计力学得到了解释。

在一个统计平均值附近以不同的速度运动。可惜的是，就像在他之前的赫帕斯一样，沃特斯顿的重要贡献被忽视了，他的开创性工作的唯一副本也被英国皇家学会弄丢了。这一副本在1891年才被重新发现，但那时沃特斯顿已经失踪，据推测，他在他位于爱丁堡的家附近的一条运河里淹死了。

混乱的宇宙

沃特斯顿的工作尤其重要，因为这是物理学第一次否定牛顿宇宙看似完美的时间机制。相反，沃特斯顿研究的是那些非常混乱的范围内的值，它们只能用统计平均值和概率来研究，而不能用确定性来研究。虽然沃特斯顿的工作最初遭到了拒绝，但通过微小粒子的高速运动来理解气体和热的想法终于得到认可。英国物理学家詹姆斯·焦耳、威廉·汤姆森，以及德国物理学家鲁道夫·克劳修斯等人的工作表明，热和机械运动是可以互换的能量形式，这使"热质学"——认为热是某种"热量流体"的观

> 在为自身生存和世界进化而进行的不懈斗争中，可用的能源是最利害攸关的主要对象。
>
> 路德维希·玻尔兹曼

气体分子与其他分子反复碰撞，从而改变方向。图中所示的这个分子有25次这样的碰撞，每次碰撞之间的平均距离就是鲁道夫·克劳修斯所说的"平均自由程"。请试着比较一下A点和B点之间的最短距离和分子实际移动的距离。

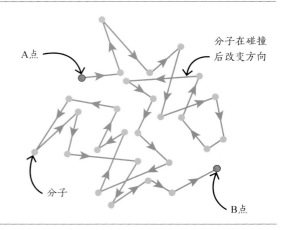

A点

分子在碰撞后改变方向

分子

B点

点——显得多此一举。

分子运动

焦耳在1847年就较为准确地计算出了气体分子的高速运动，但他认为气体分子的运动速度是相同的。10年后，克劳修斯提出了"分子平均自由程"的概念，进一步加深了人们的理解。在他看来，分子在不同方向上反复碰撞和反弹。平均自由程是某一分子在碰撞到另一个分子之前所能行进的平均距离。克劳修斯计算出，在室温下，这个距离仅仅是百万分之一毫米，这意味着每个分子与另一个分子的碰撞次数每秒超过80亿次。正是这些微小而又高频的碰撞使气体看起来是平滑的流体，而不是波涛汹涌的大海。

在几年内，詹姆斯·克拉克·麦克斯韦对动力学理论做出了扎实的阐述，最终使它被更广泛地接受。值得注意的是，1859年，麦克斯韦引入了物理学中第一个统计定律——麦克斯韦分布，它描述了理想气体中以特定速度运动的分子的可能比例。麦克斯韦还证实了分

子碰撞的速率与温度相对应，即分子碰撞越频繁，其温度越高。1873年，麦克斯韦估计，在理想条件下，每立方厘米的气体中有19万亿个分子——与现代估计的26.9万亿个分子相差不大。

麦克斯韦还将分子分析与人口统计学进行了比较。人口统计学根据教育程度、头发颜色和体形等因素对人群进行划分，并对他们进行分析，以确定人群的平均特征。麦克斯韦观察到，仅仅1立方厘米的气体中的大量原子实际上远没有这么多的变化，这使分析它们的统计任务变得简单得多。

玻尔兹曼的突破

运动分子统计分析发展的关键人物是奥地利物理学家路德维希·玻尔兹曼。在1868年和1877年的主要论文中，玻尔兹曼把麦克斯韦的统计方法发展成了科学的一个完整分支——统计力学。值得注意的是，这一新学科允许用简单的力学术语，如质量、动量和速度，来解释和预测气体和热的特性。粒子虽然很小，却遵循牛顿运动定律，

它们运动的多样性完全是偶然的。热，以前被认为是一种神秘而无形的流体——称为热质，现在可以被理解为粒子的高速运动，完全是一种机械现象。

玻尔兹曼在验证他的理论时面临一个特殊的挑战：分子如此之多、如此之小，以至于进行单独的计算是完全不可能的。更重要的是，它们的运动在速度上变化很大，在方向上的变化更是无穷的。玻尔兹曼意识到，要想严谨和实际地研究这个想法，唯一的方法就是运用数学上的统计学和概率论。他被迫放弃了牛顿的"钟表"世界的确定性和精确性，一跃进入了更为混乱的统计和平均的世界。

微观和宏观状态

能量守恒定律指出，气体在孤立体积中的总能量（E）必须是恒定的。然而，单个分子的能量是可以变化的。所以，每个分子的能量不能用E除以分子总数N（E/N）得出——因为这需要假设它们都具有相同的能量。取而代之的是，玻尔兹曼着眼于单个分子可能具有的能量范围，并考虑了包括位置和速度在内的因素。玻尔兹曼把这个能量范围称为微观状态。当每个分子中的原子相互作用时，分子的微观状态每秒钟会改变数万亿次，但气体的整体状态——其压力、温度和体积，玻尔兹曼称之为宏观状态——保持稳定。玻尔兹曼意识到，宏观状态可以通过计算微观状态的平均值来计算。

为了对组成宏观状态的微观状态取平均值，玻尔兹曼必须假设所有的微观状态都是等概率的。他用后来被称为遍历假设的理论来证明这一假设是合理的，即在很长一段时间内，任何动态系统处在每个微观状态中的平均时间都是相同的。取平均值的想法对玻尔兹曼的思想至关重要。

统计热力学

玻尔兹曼的统计方法产生了巨大的影响。它已成为理解热和能

> 让我们有自由的空间进行各个方向的研究，抛弃教条主义，无论原子论还是反原子论。
>
> 路德维希·玻尔兹曼

量的主要手段，并使热力学——研究热能和其他形式能量之间的关系的学科——成为物理学的中心支柱。他的方法也成为检验亚原子世界极有价值的方法，为量子科学的发展铺平了道路，是许多现代技术的基础。科学家现在明白，亚原子世界可以通过概率和平均值来研究，这不仅是一种理解或测量它的方式，还是对其真实性的一瞥——我们生活的这个表面上看似是固体

路德维希·玻尔兹曼

路德维希·玻尔兹曼于1844年出生在维也纳。他在维也纳大学学习物理学，并就气体动力学理论撰写了博士论文。25岁时，他成为格拉茨大学的教授，随后在维也纳和慕尼黑担任教学职位，最后返回格拉茨。1900年，为了躲避长期的宿敌恩斯特·马赫，他前往莱比锡大学。

正是在格拉茨，玻尔兹曼完成了统计力学的研究。他建立了气体动力学理论和与原子可能运动有关的热力学数学基础。他的想法给他带来了竞争对手，他还患上了双相情感障碍，情绪起伏不定。1906年，玻尔兹曼在情绪失控中自缢身亡。

主要作品

1871年《关于麦克斯韦-玻尔兹曼分布的论文》

1877年《关于热力学第二定律与概率论的关系的论文》

的世界本质上是一个亚原子概率的海洋。然而，在19世纪70年代，当玻尔兹曼提出热力学的数学基础时，他的想法遭到了强烈的反对。

他写了两篇关于热力学第二定律（之前由鲁道夫·克劳修斯、威廉·汤姆森和威廉·兰金提出）的关键论文，表明热量只能向一个方向流动：从热源到冷源，而不是从冷源到热源。玻尔兹曼解释说，通过将基本力学定律（牛顿运动定律）和概率论应用到原子的运动中，可以精确地理解热力学第二定律。

换句话说，热力学第二定律是一个统计定律。它指出，一个系统趋向于均衡或熵最大（一个物理系统在无序度最大时的状态）——因为这是到目前为止原子运动最有可能的归宿，随着时间的推移，事情会趋于均衡态。到1871年，玻尔兹曼还将1859年的麦克斯韦分布发展成定义一定温度下气体分子速度

分布的规则，由此得到的麦克斯韦-玻尔兹曼分布成为气体动力学理论的中心。它可以描述大量分子的平均速度，也可以描述最可能的速度。这种分布强调了能量的"均分"，即表明移动原子的能量在任何方向上都是相同的。

原子否认

玻尔兹曼的理论是一个完全新颖的概念，因此遭到了一些同时代人的强烈反对。许多人认为他的想法过于异想天开，这种反对的原因之一便是当时许多科学家并不相信原子的存在。包括奥地利物理学家恩斯特·马赫（Ernst Mach）在内的一些人认为，科学家应该只接受他们可以直接观察到的东西，而原子在当时是看不到的。马赫是玻尔兹曼的劲敌，以研究激波闻名。在阿尔伯特·爱因斯坦和波兰物理学家马里安·斯莫卢霍夫斯基的贡献之后，大多数科学家才接受了原

玻尔兹曼在1904年的圣路易斯世界博览会（St Louis World's Fair）上做了关于应用数学的演讲。玻尔兹曼的美国之行还包括访问斯坦福大学和伯克利大学。

子的存在。他们二人独立开展工作探索布朗运动，即无法解释的流体中微小悬浮粒子随机来回运动的现象。爱因斯坦（1905年）和斯莫卢霍夫斯基（1906年）都表明，布朗运动可以用统计力学来解释，它是粒子与快速运动的流体分子本身碰撞的结果。

广泛接受

尽管玻尔兹曼是一位深受学生爱戴的杰出讲师，但他的作品并没有得到更广泛的欢迎，也许是因为他没有推广。他的理论方法被广泛接受，在一定程度上要归功于美国物理学家约西亚·威拉德·吉布斯。1902年，吉布斯撰写了第一本关于这一主题的主要教科书《统计力学》（*Statistical*

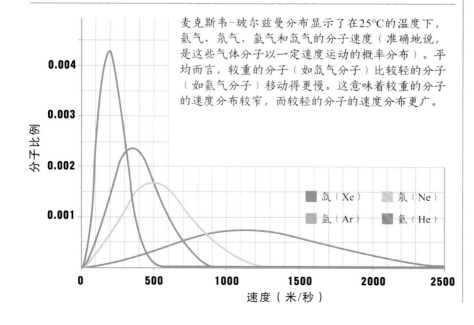

麦克斯韦-玻尔兹曼分布显示了在25℃的温度下，氙气、氖气、氩气和氦气的分子速度（准确地说，是这些气体分子以一定速度运动的概率分布）。平均而言，较重的分子（如氙气分子）比较轻的分子（如氦气分子）移动得更慢。这意味着较重的分子的速度分布较窄，而较轻的分子的速度分布更广。

氙（Xe）　　氖（Ne）
氩（Ar）　　氦（He）

分子比例

0.004
0.003
0.002
0.001

0　　500　　1000　　1500　　2000　　2500

速度（米/秒）

Mechanics)。

正是吉布斯创造了"统计力学"这个短语来概括粒子机械运动的研究。他还引入了"系综"（ensemble）的概念，即一组可比较的微观状态，它们结合起来形成一个类似的宏观状态。这一概念成为热力学的核心思想，在其他科学领域也有广泛应用，如从神经通路的研究到天气预报。

最后的辩护

1904年，多亏了吉布斯的邀请，玻尔兹曼得以到美国做巡回演讲。那时，科学界对他毕生工作的敌意开始对他产生影响。他因此出现了长期的双相情感障碍。1906年，他在意大利的里雅斯特与家人度假时上吊自杀。就在他去世的同一年，爱因斯坦和斯莫卢霍夫斯基的研究成果得到认可，证明了玻尔兹曼的观点是正确的。玻尔兹曼的主要观点是：物质以及所有复杂的事物，都受制于概率和熵。他的

原子？你有见过吗？

恩斯特·马赫

思想使物理学家的观点又发生了巨大的转变，这一点无论怎样评价都不过分。牛顿物理学的确定性已经被另一种宇宙的观点所取代，在这种全新的观点中，只有一片沸腾的概率海洋，而唯一确定的是衰变和无序。■

龙卷风是一种可以用统计力学分析的混沌系统。预测大气分子的分布有助于测量其温度和强度。

天气预报

统计力学中用来分析和预测粒子质量运动的方法已被用于热力学之外的许多情况。

一个在真实世界中的应用便是集合预报的计算。更传统的数值天气预报包括从世界各地的气象站和仪器处收集数据，并用这些数据来模拟未来的天气状况。相比之下，集合预报基于大量可能的未来天气预测，而非单一的预测结果。单个预报出错的可能性相对较高，但预报人员对某种天气将在集合预报的给定范围内出现有很强的信心。

这一想法是由美国数学家爱德华·洛伦茨（Edward Lorenz）在1963年的一篇论文中提出的，该论文也概述了"混沌理论"（chaos theory）。他因所谓的"蝴蝶效应"（butterfly effect）而闻名，他的理论探索了事件是如何在诸如地球大气层这样的混沌系统中发生的。洛伦茨的著名观点是，一只蝴蝶扇动翅膀，会引发一系列事件，并最终引发飓风。

统计方法的力量是巨大的，它允许不确定性在系统中发挥作用，可以使天气预报变得更加可靠。天气预报人员可以更有信心地在给定范围内提前数周预报当地天气。

从太阳那里"淘金"

热辐射

背景介绍

关键人物
古斯塔夫·基尔霍夫（1824—1887）

此前
1798年　本杰明·汤普森（伦福德伯爵）指出热与运动有关。

1844年　詹姆斯·焦耳认为热是能量的一种形式，其他形式的能量也可以转化为热。

1848年　威廉·汤姆森（开尔文勋爵）定义了绝对零度。

此后
1900年　德国物理学家马克斯·普朗克提出了一种新的黑体辐射理论，并引入了能量量子（quantum）的概念。

1905年　阿尔伯特·爱因斯坦利用普朗克关于黑体辐射的观点解决了光电效应的难题。

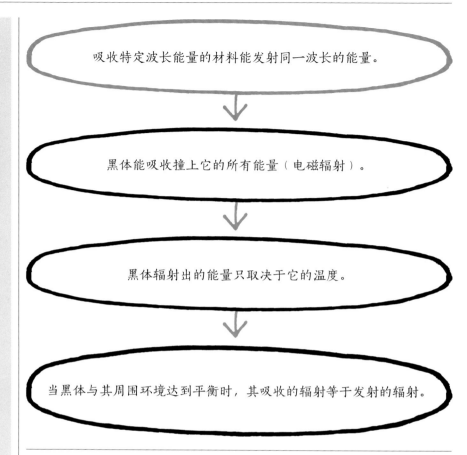

吸收特定波长能量的材料能发射同一波长的能量。

黑体能吸收撞上它的所有能量（电磁辐射）。

黑体辐射出的能量只取决于它的温度。

当黑体与其周围环境达到平衡时，其吸收的辐射等于发射的辐射。

热能可以通过以下三种方式之一从一处转移到另一处：固体中的传导、液体和气体中的对流，以及辐射。这种辐射被称为热辐射，不需要物体之间的接触。热辐射和无线电波、可见光、X射线一样，是电磁波的一种形式，以波的形式在空中传播。

1865年，詹姆斯·克拉克·麦克斯韦首次提出了电磁波的概念。他预言电磁波有一个完整的频率范围（或称频谱），后来的实验证明他的理论是正确的。任何温度高于绝对零度（−273.15℃）的东西都会发出辐射。宇宙中的所有物体每时每刻都在相互交换电磁辐

射。这种从一个物体到另一个物体的能量恒定流动的效果，就是阻止任何物体冷却到绝对零度。绝对零度是一个物体无法传输任何能量时所达到的理论最低温度。

光和热

出生于德国的英国天文学家威廉·赫歇尔（William Herschel）是最早观察到热和光之间联系的科学家之一。1800年，他用棱镜将光分解成光谱，并测量了光谱中不同点的温度。赫歇尔注意到，当他把温度计从光谱的紫色部分移到红色部分时，温度升高了。

令赫歇尔吃惊的是，他发现

参见：能量守恒 55页，热量和传热 80~81页，内能和热力学第一定律 86~89页，热机 90~93页，电磁波 192~195页，能量量子 208~211页。

在赫歇尔空间天文台远红外望远镜中，鹰状星云（M16，NGC 6611，也称为星之皇后星云）中极冷的气体和尘埃呈红色（-263℃）和蓝色（-205℃）。

的能量就越多。如果一个物体足够热，那它发出的大部分辐射可以被视为可见光。例如，一根被加热到足够高温度的金属棒会开始发光，首先是暗红色，然后是黄色，之后是明亮的白色。当温度超过700℃时，金属棒会发出红光。具有相同辐射特性的物体在达到相同温度时会发出相同颜色的光。

吸收等于发射

1858年，苏格兰物理学家鲍尔弗·斯图尔特（Balfour Stewart）发表了一篇题为《关于辐射热的一些实验的叙述》的论文。在研究不同材料的薄板对热的吸收和发射时，他发现，在所有温度下，薄板吸收和发射辐射的波长都是相等

可以想象，物体完全吸收了所有的入射光线，既不反射也不发射。我要把这些物体称为……黑体（black bodies）。

古斯塔夫·基尔霍夫

的。一种倾向于吸收某一波长能量的材料也倾向于发射同一波长的能量。斯图尔特指出："对于每种描述（波长）的热量，一个平板的吸收等于它的辐射（发射）。"

斯图尔特的论文发表两年后，德国物理学家古斯塔夫·基尔霍夫（Gustav Kirchhoff）也发表了类似的结论——基尔霍夫并不知

在光谱的红端外，也有温度升高的现象，可在红端外根本看不到光。他由此发现了红外辐射——一种肉眼看不见的能量，但可以以热的形式被探测到。现代的烤面包机（吐司机）正是利用红外辐射将热能传递给面包的。

物体发出的热辐射的量取决于它的温度。物体温度越高，释放

古斯塔夫·基尔霍夫

古斯塔夫·基尔霍夫出生于1824年，在普鲁士（现俄罗斯加里宁格勒）柯尼斯堡（Königsberg）接受了教育。1845年，当他还是个学生时，他通过把欧姆定律推广到一个公式中从而计算出电路中的电流、电压和电阻，证明了自己的数学能力。1857年，他发现在高导电的导线中，电的速度（译者注：电的速度指电场建立的速度而非电子运动的速度）几乎与光速相等，但他认为这是一个巧合，不能据此推断光是一种电磁现象。1860年，他证明了每种化学

元素都有其独特的特征光谱。随后，基尔霍夫在1861年与罗伯特·本生（Robert Bunsen）合作，通过检测太阳光谱确定太阳大气中的元素。

尽管晚年的健康状况不佳使基尔霍夫几乎无法从事任何实验室工作，但他仍坚持教书。基尔霍夫于1887年在柏林去世。

主要作品

1876年　《数学物理讲座》

> 既然我们可以通过热的物体产生各种类型的光，那我们也可以把这些热的物体的温度归因于其热平衡时的辐射。

威廉·维恩

道斯图尔特的工作。当时，学术界认为基尔霍夫的研究比斯图尔特的研究更严谨，而且发现了辐射在其他领域（如天文学领域）更直接的应用。尽管斯图尔特的发现比基尔霍夫早两年，但斯图尔特对热辐射理论的贡献在很大程度上被人们遗忘了。

黑体辐射

基尔霍夫的发现可以这样解释：想象一个吸收了所有电磁辐射的物体，由于它不反射辐射，所以它发出的所有能量只取决于它的温度，而不是它的化学成分或物理形状。1862年，基尔霍夫创造了"黑体"一词来描述这些假想的物体。完美的黑体在自然界是不存在的。

理想的黑体以100%的效率吸收和释放能量。它的大部分能量输出集中在一个峰值频率附近，表示为λ_{max}，其中λ是其辐射的波长，随着温度的升高而增加。当绘制在图

上时，在该物体峰值频率附近的能量发射波长的分布会呈现出一种独特的轮廓，被称为黑体辐射曲线。例如，太阳黑体辐射曲线的峰值位于可见光范围的中心。由于理想黑体并不存在，为了解释他的理论，基尔霍夫假想了一个只有一个小洞的空心容器。辐射只能通过这个孔进入容器，然后在腔内反射并被吸收，所以这个小孔是一个完美的辐射吸收器，辐射将通过孔和腔内的表面发射出来。基尔霍夫证明了：腔内的辐射只取决于物体的温度，而与物体的形状、大小或组成材料无关。

热辐射定律

基尔霍夫在1860年的热辐射定律指出，当一个物体处于热力学平衡状态时——物体与其周围物体的温度相同的情况下——在任何温度和波长下，其表面吸收的辐射都等于发射的辐射。因此，物体在给定波长吸收辐射的效率与它在该波长发射能量的效率总是相同的。这可以更简明地表示为物体的吸收率等于发射率。

1893年，德国物理学家威廉·维恩（Wilhelm Wien）发现了温度变化与黑体辐射曲线形状之间的数学关系。他发现：最大辐射量的波长乘以黑体的温度，得到的值总是一个常数。

这一发现意味着在任何温度下的辐射峰值波长都可以被计算出来，这也解释了为什么物体会随着温度的升高而改变颜色。随着温度的升高，辐射峰值波长减小，从较

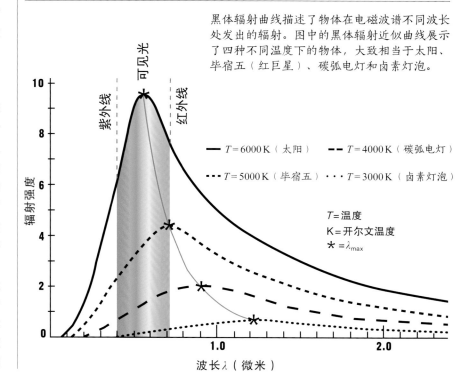

黑体辐射曲线描述了物体在电磁波谱不同波长处发出的辐射。图中的黑体辐射近似曲线展示了四种不同温度下的物体，大致相当于太阳、毕宿五（红巨星）、碳弧电灯和卤素灯泡。

紫外线　可见光　红外线

—— $T=6000\,K$（太阳）　　－－ $T=4000\,K$（碳弧电灯）
······ $T=5000\,K$（毕宿五）　·· $T=3000\,K$（卤素灯泡）

$T=$温度
$K=$开尔文温度
$* = \lambda_{max}$

辐射强度

波长λ（微米）

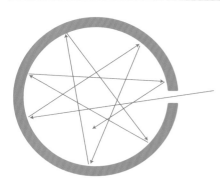

基尔霍夫把黑体设想成一个带有小孔的容器。绝大多数进入容器内的辐射会被困住。其发射出的辐射量取决于周围环境。

长的红外波段向较短的紫外波段移动。然而，到了1899年，更严谨细致的实验表明：维恩对红外波段的预测并不准确。

紫外灾难

　　1900年，英国物理学家瑞利男爵[Lord Rayleigh，约翰·威廉·斯特拉特（John William Strutt）]和詹姆士·金斯爵士（Sir James Jeans）共同发表了一个公式，似乎可以解释在光谱的红外端观测到的现象。然而，他们的发现很快就受到了质疑。因为根据他们的理论，黑体辐射产生的高频紫外线的能量实际上并没有上限，这意味着可以产生无限多的高能量波。如果真是这样的话，人们在打开烤箱门去检查烘烤的蛋糕时会受到一股强烈的辐射而瞬间汽化。这一问题后来被称为紫外灾难，这说明瑞利-金斯公式在紫外波段显然是错误的。但要解释瑞利-金斯的计算为何是错误的，需要更为大胆的理论物理学，而当时的科学界从未尝试

过此类理论。

量子开端

　　瑞利-金斯的发现公布的时候，马克斯·普朗克正在柏林研究他自己的黑体辐射理论。1900年10月，他对黑体辐射曲线提出了一种解释，这种解释与所有已知的实验测量结果一致，却超出了经典物理学的框架。他的解决方案是激进的，因为他尝试用一种全新的方式来看待世界。

　　普朗克发现：如果人们尝试去理解黑体的能量发射不是以连续波的形式发射的，而是以离散的能量包的形式发射的，就可以避免紫外灾难，他把这种"离散的能量包"称为量子（quantum）。1900年12月19日，普朗克在柏林举行的德国物理学会会议上发表了他的发现。后来这一天被普遍认定为量子力学的诞生日，以及物理学一个全新时代的开端。■

这些光的定律可能以前就被观测到过，但我认为现在是它们第一次与辐射理论联系起来。

古斯塔夫·基尔霍夫

恒星的温度

　　通过测量黑体在特定波长发射出的能量可以计算出黑体的表面温度。由于包括太阳在内的恒星产生的光谱与黑体辐射光谱非常接近，因此可以计算出遥远恒星的表面温度。

　　黑体的温度由以下公式给出：$T = 2898/\lambda_{max}$，其中T=黑体的温度（单位开尔文），λ_{max}=黑体的最大辐射波长（λ的单位为微米）。

　　这个公式可以利用恒星发出最大光量的波长来计算恒星光球层的温度——光球层是一颗恒星的发光表面。冷的恒星从光谱的红色和橙色端发射出更多的光，而热的恒星则是蓝色的。譬如上图所示的蓝色超巨星，便是一颗比太阳温度还高8倍的恒星。

ELECTRICITY AND MAGNETISM

TWO FORCES UNITE

电与磁

两种作用的统一

古希腊人用动物毛皮摩擦琥珀，使琥珀带电，然后利用它来吸引轻小物体。

公元前 6 世纪

英国医师、物理学家威廉·吉尔伯特出版了《磁石论》，这是第一部系统研究电与磁的著作。他创造了新的拉丁语单词electrica，它来自希腊语的琥珀（elektron）一词。

1600 年

本杰明·富兰克林提出了电的单流体理论，引入了正电荷和负电荷的概念。

1747 年

亚历山德罗·伏特发明了第一个电堆，即电池，首次实现了连续输出电流。

1800 年

公元前 2 世纪

中国学者用磁石碎片制作简单的辨别方向的仪器。

1745 年

德国牧师克拉斯特主教和荷兰科学家彼得·凡·穆森布罗克发明了莱顿瓶，这是一种用于存储电荷的装置。

1785 年

夏尔-奥古斯丁·德·库仑发现了库仑定律，从而可以确定两个带电物体之间吸引力或排斥力的大小。

在古希腊，学者注意到，将马格尼西亚地区（现在的小亚细亚）的一些石头放在某种金属或富含铁的石头附近，就会有奇怪的现象发生。石头通过一种看不见的吸引力把金属拉向它们。当以一种特定的方式摆放时，人们看到其中两块石头互相吸引；当把其中一块石头换个方向摆放时，它们又会互相推开。

古希腊学者还发现，琥珀（树脂化石）被动物毛皮摩擦后，也会产生类似的行为，只是略有不同。在摩擦了一会儿之后，琥珀会获得一种奇怪的能力，可以使轻的物体，如羽毛、胡椒粉或头发，在空中飞舞起来。米利都的数学家泰勒斯认为，产生这些现象的看不见的力是石头和琥珀有灵魂的证据。

这些来自马格尼西亚的石头所表现出的奇怪的力，今天被称为磁性（magnetism），这个词源于它最早被发现的地方马格尼西亚（Magnesia）。琥珀表现出的力被命名为电（electricity），这个名字源于古希腊语中琥珀（elektron）一词。中国学者及后来的水手和其他旅行者使用放在水中的磁石碎片作为早期的指南针，因为这些石头总是指向南北方向。

吸引和排斥

直到18世纪，人们才发现了电的新用途。当时，人们发现摩擦其他材料也会产生类似琥珀被毛皮摩擦后的行为。例如，用丝绸摩擦过的玻璃也能使轻小物体起舞。当琥珀和玻璃都被摩擦时，它们会相互吸引，而摩擦后的两块琥珀或两块玻璃则会彼此推开。它们被认为带有两种不同的电性——玻璃的玻璃电性和琥珀的树脂电性。

美国博学家本杰明·富兰克林（Benjamin Franklin）分别用正数或负数来表示这两种类型的电，其大小被称为电荷。法国物理学家兼工程师夏尔-奥古斯丁·德·库仑（Charles-Augustin de Coulomb）进行了一系列实验。库仑发现，随着带电物体之间距离的增加，它们之间的吸引力或排斥力会

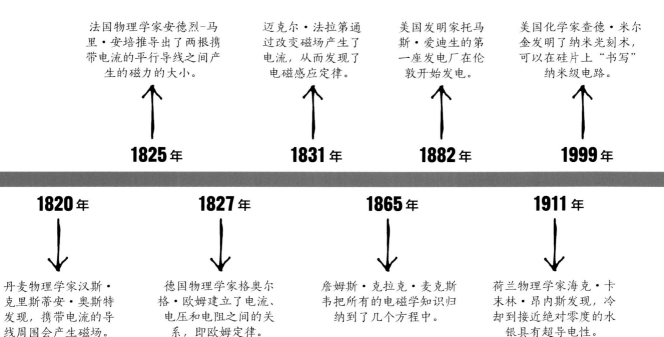

法国物理学家安德烈-马里·安培推导出了两根携带电流的平行导线之间产生的磁力的大小。

迈克尔·法拉第通过改变磁场产生了电流，从而发现了电磁感应定律。

美国发明家托马斯·爱迪生的第一座发电厂在伦敦开始发电。

美国化学家查德·米尔金发明了纳米光刻术，可以在硅片上"书写"纳米级电路。

1825 年　　**1831** 年　　**1882** 年　　**1999** 年

1820 年　　**1827** 年　　**1865** 年　　**1911** 年

丹麦物理学家汉斯·克里斯蒂安·奥斯特发现，携带电流的导线周围会产生磁场。

德国物理学家格奥尔格·欧姆建立了电流、电压和电阻之间的关系，即欧姆定律。

詹姆斯·克拉克·麦克斯韦把所有的电磁学知识归纳到了几个方程中。

荷兰物理学家海克·卡末林·昂内斯发现，冷却到接近绝对零度的水银具有超导电性。

变得越来越弱。

人们同时观察到电也是会流动的。带电物体和不带电物体之间通过产生小火花来达到保持平衡或中和电荷的目的。如果一个物体与周围物体所带电荷不同，那么这个物体被认为具有不同的电势。有了电势差就能产生电流。人们发现，电流很容易流过大多数金属，而有机材料传导电流的能力似乎远不及金属。

1800年，意大利物理学家亚历山德罗·伏特（Alessandro Volta）注意到，金属化学活性的差异可能导致电势差。我们现在知道，化学反应和通过金属的电流是息息相关的，因为二者都是亚原子粒子电子运动的结果。

电磁结合

在19世纪中期的英国，迈克尔·法拉第（Michael Faraday）和詹姆斯·克拉克·麦克斯韦建立了电和磁这两种明显不同的力之间的联系，将电和磁结合了起来。法拉第创造了"场"的概念，即从电荷或磁铁延伸出来的电力线或磁力线显示的受到电力和磁力影响的区域。他还证明了运动的磁场可以产生电流，而电流会产生磁场。麦克斯韦则巧妙地总结归纳了法拉第及早期科学家的发现，写出了四个方程。在此过程中，他发现光是电场和磁场中的一种扰动。法拉第用实验证明了这一点，表明磁场会影响光的行为。

物理学家对电磁学的理解不断更新，开创了许多新的电磁技术，从而彻底改变了现代世界。对电磁学的研究也开拓了人们以前从未设想过的研究领域，触及了基础科学的核心——引导我们深入原子内部和遥远的宇宙。■

神奇的力

磁性

背景介绍

关键人物

威廉·吉尔伯特（1544—1603）

此前

公元前6世纪 米利都的泰勒斯表示，铁会被磁石的"灵魂"吸引。

1086年 中国北宋时期的科学家沈括（号梦溪丈人）在其著作中提及了用磁针罗盘确定方位的方法，如水浮法、指甲法、碗唇法等。

1296年 法国学者彼德勒斯·佩雷格林纳斯提出了磁极的概念，并阐明了同性相吸、异性相斥的规律。

此后

1820年 汉斯·克里斯蒂安·奥斯特发现有电流通过的电线会使磁针发生偏转。

1831年 迈克尔·法拉第提出了磁场的概念。

1906年 法国物理学家皮埃尔-恩斯特·外斯提出了磁畴理论来解释铁磁性。

稀有的天然磁石（一种称为磁铁矿的铁矿石）具有一些神奇的特性，引起了古希腊和古代中国学者的关注。这些文明的早期著作都描述了磁石如何吸引铁器，在没有任何可见原因的情况下远距离改变铁器的运动轨迹。

到了11世纪，中国人已经发现，如果允许一块磁石自由移动（例如，盛放它的容器漂浮在一碗水中），那么磁石总是会指向南北方向。此外，用磁石摩擦后的铁针也具有和磁石一样的特性，从而可以用来制作罗盘。航海罗盘使船舶在远离海岸后依然能够辨别方向，继续航行，它通过中国船员传入欧洲。到了16世纪，罗盘推动了欧洲帝国的扩张，同时也被用于土地测量和采矿。

尽管已经使用了几个世纪，但人们对磁性的基本物理机制仍知之甚少。13世纪，彼德勒斯·佩雷格林纳斯（Petrus Peregrinus）在其著作中首次系统地描述了磁的极性（存在南北两个成对的磁极）。他还发现一块磁石碎片会

> 罗盘的指针总是大致指向北方，但也会存在**偏角**（偏离正北的角度）和**倾斜度**（向接近或远离地球表面倾斜）。

> 罗盘指针在**球形磁性岩石**或磁石表面移动时，会表现出**完全相同的行为**。

> 地球是一个巨大的磁体。

参见： 产生磁场 134~135页，电动效应 136~137页，感应和发电机效应 138~141页，磁单极子 159页。

> 当磁石的一端靠近铁棒时，即使还隔着一段距离，铁棒的磁极也会发生变化。

威廉·吉尔伯特

"继承"原磁石的磁性，产生新的南北两极。

吉尔伯特的小地球

英国天文学家威廉·吉尔伯特（William Gilbert）的开创性工作消除了人们长期以来对磁性的迷信。吉尔伯特的创新之处在于他在实验室里模拟了自然现象。

他使用他称作terella（拉丁语中的"小地球"）的磁石球体，证明了指南针在球体不同位置的偏转方式与在地球相应区域的偏转方式是相同的。他推断地球本身就是一个巨大的磁体，并在1600年将他的发现发表在了其开创性著作《磁石论》中。

新的理解

铁矿石表现出的磁性被称为铁磁性，铁、钴、镍及其合金都具有这种特性。用磁体靠近由铁磁性材料制成的物体时，物体自身就产生了磁性。磁体靠近物体的一端将使物体这一侧产生相反的磁极并吸引它。依赖物体的组成成分，以及与磁体相互作用的方式，铁磁性物体可能会被永久磁化，即使远离磁体后依然具有磁性。

19世纪，物理学家把电和磁联系起来，加上对原子结构有了新的认识，从而发展出了一套合理的铁磁理论。

该理论认为，原子中电子的运动使每个原子变成一个微型磁偶极子（有北极和南极）。在铁磁性材料（如铁）内部，相邻原子间取向相同形成的区域称为磁畴。

通常情况下，这些磁畴的取向各不相同，但是当一块铁被磁化时，其所有磁畴都沿着同一个轴向排列，从而在铁的两端形成南北两极。■

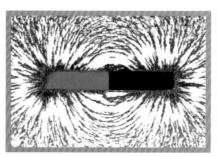

一个简单的磁体，含有南极和北极，在它周围形成一条条磁力线。分散在磁体四周的铁屑沿着这些磁力线排列。磁极附近的力更强。

威廉·吉尔伯特

威廉·吉尔伯特于1544年出生在一个富裕的英国家庭。从剑桥大学毕业后，他在伦敦成为一名出色的医生。他结交了包括弗朗西斯·德雷克（Francis Drake）在内的著名海军军官，并在伊丽莎白一世的宫廷中建立了人脉。吉尔伯特通过他的关系和对码头的参观，知道了航海罗盘的存在，并获得了磁石。吉尔伯特对这些磁石的深入研究促成了他的成就。

1600年，吉尔伯特当选为皇家医师协会主席，并被任命为伊丽莎白一世的私人医生。他还发明了验电器来检测电荷，并从类似于磁现象的情况中辨别出了静电。他于1603年去世，可能是由于感染了淋巴腺鼠疫。

主要作品

1600年 《磁石论》
1651年 《关于我们月下世界的新哲学》

电的吸引力

电荷

背景介绍

关键人物
夏尔-奥古斯丁·德·库仑
（1736—1806）

此前
公元前6世纪　米利都的泰勒斯观察到摩擦琥珀可以产生静电。

1747年　本杰明·富兰克林意识到存在正负两种电荷。

此后
1832年　迈克尔·法拉第表明，静电和电流效应在本质上是单一现象的不同表现。

1891年　乔治·约翰斯通·斯托尼认为电荷是以一份一份的离散形式存在的。

1897年　J. J. 汤姆孙发现阴极射线是带电亚原子粒子流。

1909年　罗伯特·密立根研究了单个电子的电荷量。

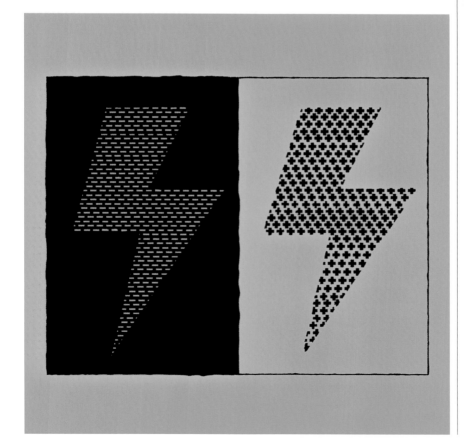

参见： 万有引力定律 46~51页，电势 128~129页，电流和电阻 130~133页，生物电 156页，亚原子粒子 242~243页。

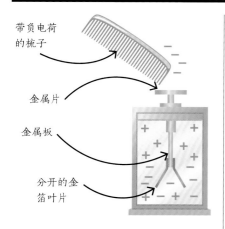

金箔验电器通过同种电荷相互排斥原理检测静电。当带负电荷的梳子靠近金属片时，电子（带负电荷）被排斥到验电器的金箔叶片上，这会导致叶片分离。

千年来，人们在自然界中观察到了许多电学现象，例如，闪电、放电（电鳐）产生的冲击，以及某些物质相互接触或摩擦时产生的吸引力。

然而，直到最近几百年，人们才开始认识到其实这些现象是同一种潜在性质——电的表现形式。更确切地说，这些是静电效应，是由静电荷产生的电作用力引起的。另一方面，电流效应是由电荷移动引起的。18世纪出现了电荷的概念和电荷间作用力的数学表述。此前，古希腊人就注意到，被动物毛皮摩擦后的琥珀会吸引羽毛等轻物体。

威廉·吉尔伯特在1600年的著作《磁石论》中，将这种效应命名为"电"（electricus），并用他自己发明的验电器进行了一系列电学实验。吉尔伯特发现，电吸引力

可以远距离瞬时发生，并指出它是由受摩擦的琥珀释放出快速移动的"电流体"引起的，而非像之前所假设的由缓慢扩散的"气体"携带。

1733年，法国化学家查尔斯·杜菲（Charles François du Fay）观察到，电作用力既有吸引力又有排斥力，并提出有两类"电流体"——玻璃类和树脂类。相同类型的电流体（如两种玻璃类电流体）相互排斥，不同类型的相互吸引。

1747年，美国政治家兼博学家本杰明·富兰克林对这个理论做了进一步简化，他认为只有一种"电流体"，不同物体中的"电流体"可能处于盈余或不足的状态。他把"电流体"（现在称为电荷）盈余标为正，把不足标为负，并提出宇宙中的"电流体"总量是守恒的（恒定的）。他还设计（并可能进行）了一个实验，通过在暴风雨中放风筝来证明闪电是一种电流。电荷现在仍然被标记为正电荷或负电

带有同种电荷的物体相互排斥。

夏尔-奥古斯丁·德·库仑

静电放电

当带电体或带电区域中的电荷载体（通常是电子）产生迅速而猛烈的电荷转移时，就会发生静电放电现象。闪电是一种特别强烈的静电放电形式，当不同大气层之间积聚大量的电荷，以至于中间的空气发生电离（电子与其原子分离）并能传导电流时，就会产生闪电。

电子激发空气使其发光，从而使电流可见。电离只在很短的距离内发生，这就是为什么闪电看起来是分叉的，每隔几米就会改变方向。静电放电现象容易发生在尖锐的边缘——这就是为什么你的头发在静电作用下会竖立（发梢相互排斥），以及为什么避雷针和飞机机翼上的静电放电装置的形状像钉子。

荷，然而这只是惯例：质子中并没有多余的"流体"使其带正电，而电子中也没有任何东西缺失并使其带负电。

库仑定律

到了18世纪，科学家给出了电作用力的数学公式，该公式借鉴了牛顿在1687年极具影响力的《原理》一书中建立的万有引力平方反比定律。

1785年，法国工程师夏尔-奥古斯丁·德·库仑发明了一种扭力秤，它灵敏到足以测量两个电荷之间的作用力。扭力秤由一系列金属球组成，这些球由一根长杆、针尖和丝线连接起来。当库仑使一个带电物体靠近外部球时，电荷会转移到内部球和针尖上。针悬挂在丝线上，被带电球体推开后，在丝线上产生扭转，其扭转的程度可以通过刻度来测量。

库仑发表了一系列论文来详细介绍他的实验，并证明了两个静

> 科学是致力于公众利益的丰碑；每个公民都要为它做出与自身才智相称的贡献。
>
> 夏尔-奥古斯丁·德·库仑

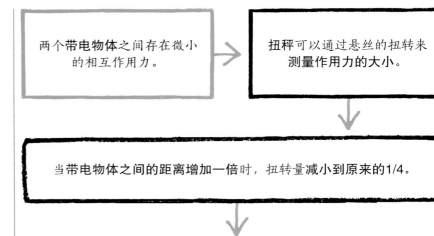

两个带电物体之间存在微小的相互作用力。

扭秤可以通过悬丝的扭转来测量作用力的大小。

当带电物体之间的距离增加一倍时，扭转量减小到原来的1/4。

带电物体之间的作用力大小与它们之间距离的平方成反比。

止带电物体之间的力与它们之间的距离成反比。他还假设力与物体上电荷的乘积成正比，不过他没有进行证明。今天我们把这个定律叫作库仑定律。

库仑建立了电荷间相互吸引或排斥的强度与距离之间的关系。然而，科学家还需要一个多世纪才能更深入地了解电荷的本质。

寻找带电粒子

19世纪30年代，英国科学家迈克尔·法拉第进行了电解实验（用电诱发化学反应），发现需要一定量的电才能产生一定量的化合物或元素。尽管他不相信物质是由原子（不可分割的部分）组成的，但这一结果表明，至少电可能以"包"的形式存在。1874年，爱尔兰物理学家乔治·约翰斯通·斯托尼（George J. Stoney）提出了这样一个观点：电荷存在一个不可分割

的包或单位——也就是说，电荷是一份一份的。1891年，他给这个单位起了个名字——电子。

1897年，英国物理学家J. J. 汤姆孙（J. J. Thomson）证明了阴极射线——一种发光的"射线"，在一个含有极少量气体（接近真空）的密封玻璃管中的两个带电极板之间传播——实际上是由带电粒子构成的。对阴极射线施加已知强度的电场和磁场，就可以使带电粒子运动方向发生偏转，从而可以进行测量。利用这种方法，汤姆孙就可以计算出单位质量的带电粒子所携带的电荷量。

汤姆孙还推断出这些带电粒子比最小的原子轻得多。它们在所有物质中都存在，因为即使他使用不同的金属板，射线的行为也不会发生变化。这种亚原子粒子——第一种被发现的粒子——被称为电子，斯托尼将其视作电荷的基本单

元。电子上的电荷被指定为负电荷。带正电荷的质子在几年后也被实验发现。

电子电荷量

虽然汤姆孙计算得到了电子的电荷质量比，但他并不知道电子的电荷和质量的大小。1909—1913年，美国物理学家罗伯特·密立根（Robert Millikan）进行了一系列实验，以测量它们的大小。他用专门的仪器测量了保持带电油滴悬浮在空气中所需的电场大小。从油滴的半径可以计算出它的重量；当油滴悬浮时，向上的电场力与向下的重力平衡，从而可以计算出油滴的带电量。

经过多次实验，密立根发现，所有的油滴携带的电荷量都是某个最小值的整数倍。密立根推断，这个最小值一定是单个电子的电荷量，称为基本电荷（或元电荷），计算得出其大小为-1.6×10^{-19}C（库仑），非常接近今天的公认值。在富兰克林提出"电流体"总量是恒定的观点近一个世纪之后，法拉第进行了实验，表明电荷是守恒的——宇宙中的电荷总量保持不变。

电荷平衡

电荷守恒是现代物理学的一个基本原理，尽管在某些情况（例如，粒子加速器中粒子之间的高能碰撞）下，电荷是通过电中性粒子分裂成正负电荷粒子产生的。然而，即使是在这种情况下，总电荷也是恒定的，即产生相同数量的正负电荷粒子，携带等量的正负电荷。

考虑到电相互作用的强度，电荷之间的这种平衡并不奇怪。人体没有净电荷，含有等量的正电荷和负电荷，但假设存在哪怕1%的不平衡，人体也会遭受毁灭性打击。电子和质子被发现以来，我们对电荷和带电粒子的理解并没有大的改变。我们还发现了一些其他的带电粒子，比如带正电荷的正电子和带负电荷的反质子，它们共同构成了一种叫作反物质的奇异物质形式。

在现代术语中，电荷是物质的一个基本性质，它无处不在——在闪电中，在射线内，在恒星中，在我们体内。静电荷在它们周围产生电场，其他电荷在这些区域"感受"到一种力。移动的电荷会产生电场和磁场，通过这些场之间微妙的相互作用产生电磁辐射或光。

得益于20世纪量子力学和粒子物理学的发展，我们现在认识到，物质的许多最常见性质与电磁学有着根本的联系。事实上，电磁力是自然界的基本作用力之一。■

夏尔-奥古斯丁·德·库仑

夏尔-奥古斯丁·德·库仑于1736年出生在一个相对富裕的法国家庭，毕业时成为一名军事工程师。他在西印度群岛的法国殖民地马提尼克岛待了9年，但因疾病缠身，最终于1773年返回法国。

在法国西南部的罗什福尔建造木头堡垒时，他对摩擦力进行了开创性研究，并因此获得了1781年法国科学院大奖。后来他移居巴黎，将大部分时间用于研究。除了发明了扭力秤，库仑还写了回忆录。在回忆录中他提出了以他的名字命名的平方反比定律。他还就土木工程项目开展咨询，并监督建造中学。1806年，他在巴黎去世。为纪念他，国际单位制将电荷的单位命名为库仑。

主要作品

1784年 《金属丝扭转力和弹性的理论研究与实验》

1785年 《电磁研究回忆录》

势能转变为动能

电势

背景介绍

关键人物
亚历山德罗·伏特（1745—1827）

此前

1745年 彼得·凡·穆森布罗克和克拉斯特主教发明了莱顿瓶，这是一种可以存储电荷的实用装置。

1780年 路易吉·伽伐尼观察到了"动物电"。

此后

1813年 法国数学家和物理学家西莫恩·德尼·泊松建立了关于"势"的一般方程。

1828年 英国数学家乔治·格林拓展了泊松的思想，并引入了"势"的概念。

1834年 迈克尔·法拉第解释了伏打电堆的化学机制。

1836年 英国化学家约翰·丹尼尔发明了丹尼尔电池。

在17世纪和18世纪，越来越多的研究者开始致力于电学的研究，但电仍然只是发生在一瞬间的现象。

1745年，荷兰和德国的两位化学家分别独立发明了莱顿瓶，它可以用来积累和存储电荷，待用时再将其释放出来。然而，莱顿瓶会像火花一样迅速放电（输出电荷）。直到18世纪末，意大利化学家亚历山德罗·伏特才发明了第一个电化学电池，科学家从此获得了一种随时间连续稳定输出的电荷流：电流。

能量和电势

莱顿瓶的突然放电和电池的长时间放电（电流）都是由每个装置与其周围环境之间所谓的电势差引起的。

今天，电势被认为是电荷周围所形成电场的一种性质。某一处的电势总是相对于另一处的电势而言的。两处电荷的不平衡形成了它

在重力场中，**不同高度处**的**重力不同**。	与此类似，**电场**中不同位置的**电荷不平衡**也会造成不同的电势。
高度差会形成**水流**。	**电势差**会形成**电流**。

参见：动能和势能 54页，电荷 124~127页，电流和电阻 130~133页，生物电156页。

们之间的电势差。为了纪念伏特，电势差以伏特（V）作为单位，通常也称为电压。伏特的工作为认识电的本质奠定了基础。

从动物电到电池

1780年，意大利医生路易吉·伽伐尼（Luigi Galvani）发现，当他用两种不同的金属触碰一只死去青蛙的腿，或向它施加电火花时，死去青蛙的腿会抽搐。他推测这种运动源于青蛙的身体结构，并推断青蛙体内含有一种"电流体"。伏特进行了类似的实验，不过没有用动物，最终他认为环路中使用的不同金属是电的起源。

伏特设计的简单电化学电池由两种金属片（电极）组成，由盐溶液（电解液）隔开。在每个金属片与电解液接触的地方，都会发生化学反应，产生被称为离子的"电荷载体"（原子获得或失去电子，因此带负电荷或带正电荷）。两个电极上积累了带相反电荷的离子。因为异性电荷相互吸引，所以分离这些正电荷和负电荷需要能量（就像分开正负极吸在一起的两块磁铁一样）。所需能量来自电池内的化学反应。当电池连接到一个外部电路中时，"存储"在电势差中的能量就变成了电路中产生电流的电能。

伏打电堆由一系列金属盘组成，金属盘之间用浸过盐水的布隔开。它们之间的化学反应产生电势差，从而产生电流。

伏特用浸有盐水的布把银和锌的圆盘隔开形成一个电池单元，然后将不同电池单元连接起来。1800年，他向伦敦皇家学会展示了由此制成的电池（伏打电堆）。伏打电堆只能在化学反应发生的短时间内提供电流。后来发展出的电池，如丹尼尔电池和现代干锌碳或碱性电池，大大提高了电池的寿命。和碱性电池一样，伏打电堆一旦耗尽就不能再进行充电，它们被称为原电池。可充电电池，如手机使用的锂聚合物电池，可以通过在电极上施加电势差进行逆化学反应来充电。∎

亚历山德罗·伏特

亚历山德罗·伏特于1745年出生在意大利科莫的一个贵族家庭。7岁时，伏特的父亲就去世了，他的亲戚们让他接受教会教育，但他自己私下从事电学研究，并将自己的研究成果寄给了当时的杰出科学家。

在伏特出版了有关电的早期著作之后，他于1774年被聘请到科莫教书。第二年，伏特发明了起电盘（一种可产生电荷的仪器），并于1776年发现了甲烷。伏特于1779年成为帕维亚大学的物理学教授，在那里，他与在博洛尼亚的路易吉·伽伐尼展开了友好的竞争。伏特对伽伐尼"动物电"理论的怀疑促使他发明了伏打电堆。伏特晚年非常富有，备受拿破仑和奥地利皇帝尊崇。他于1827年离世。

主要作品

1769年 《论电火花的吸引力》

电能税

电流和电阻

背景介绍

关键人物
格奥尔格·西蒙·欧姆
（1789—1854）

此前
1775年　亨利·卡文迪许预测了电势差和电流之间的关系。

1800年　亚历山德罗·伏特发明了第一个连续电流源——伏打电堆。

此后
1840年　英国物理学家詹姆斯·焦耳研究了电阻如何将电能转化为热能。

1845年　德国物理学家古斯塔夫·基尔霍夫提出了电路中电势差与电流的关系。

1911年　荷兰物理学家海克·卡末林·昂内斯发现了超导现象。

参见： 电荷 124~127页，电势 128~129页，电动效应 136~137页，感应和发电机效应 138~141页，电磁波 192~195页，
亚原子粒子 242~243页。

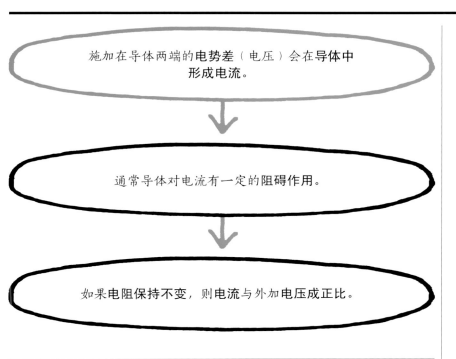

施加在导体两端的**电势差（电压）**会在导体中
形成**电流**。

通常导体对电流有一定的阻碍作用。

如果电阻保持不变，则**电流**与外加电压成正比。

早在1600年，科学家就将琥珀、玻璃等"带电"物体与金属等"不带电"物体区分开来，认为只有前者才能带电。1729年，英国天文学家斯蒂芬·格雷（Stephen Gray）意识到，电（当时仍被认为是一种流体）可以通过某种不带电物体从一种带电物体传递到另一种带电物体，从而为物质电学属性的划分带来了新的视角。

通过区分电流是否能流过物质而不是区分它能否存储在物质中，格雷确立了导体和绝缘体这种现代的划分方法。1800年，伏特发明的伏打电堆，为科学家提供了一种连续电流源来研究电导和电阻。

导电性和绝缘性

正如伏特的发明所显示的那样，电流只在有导电材料的电路中流动。金属通常是非常好的导体；陶瓷通常是好的绝缘体；其他物质（如盐溶液、水或石墨）的导电性介于两者之间。金属中电荷的载体是1个世纪后才发现的电子。原子中的电子分布在离原子核不同距离的轨道上，对应不同的能级。在金属中，最外层轨道上有一些相对少的电子，这些电子容易"非局域化"，自由随机地在整个金属中运动。金、银和铜是优良的导体，因为它们的原子最外层轨道上只有一个电子，这个电子很容易变为"非局域"电子。

电荷流动

对电流的现代描述出现在19世纪末。自那时起，电流终于被理解为带正电荷或带负电荷的粒子流了。为了使电流在两点之间流动，这两点必须由导体（如金属线）连接，并且必须处于不同的电势（两点之间电荷不平衡）。电流从电势高的地方流向电势低的地方（按照科学说法，从正极流向负极）。

在金属中，载流子带负电荷，因此金属线中从A点到B点的电流相当于带负电荷的电子沿相反的方向流动（朝向更高或相对正的电势处）。其他材料中的载流子可能带正电荷。例如，盐水中含有带正电荷的钠离子（同时也含有其他离子），它们的运动方向与电流的方向相同。电流以安培（amps，ampères的缩写）为单位，1安培电流意味着每秒大约有6万亿个电子经过一个特定的点。

在铜线中，"非局域"电子

电之美……不在于它是
神秘的和出乎意料的……而
在于它是有规律的。

迈克尔·法拉第

> 电路中每一处的电流强度都相等。
>
> 格奥尔格·西蒙·欧姆

以每秒超过1000千米的速度随机运动，因为它们的运动方向是随机的，净（平均）速度为零，所以铜线中没有净电流。当在铜线两端施加不同的电势时，就会产生电场。这个场使自由的、"非局域"的电子受到指向电势相对较高的方向的净力，从而加速运动，在导线中迁移。这种迁移形成了电流，迁移速度非常小，在导线中通常要小于1毫米/秒。

尽管导线中的载流子移动相对缓慢，但它们通过电场（由于电荷的存在）和磁场（由电荷运动产生）发生相互作用。这种相互作用是一种电磁波，传播速度极快。铜线起着"波导"的作用，电磁能沿着铜线以（通常）真空中速度的80%～90%传播，因此整个电路中的电子几乎瞬间便开始迁移，并形成电流。

电阻

物体对电流的阻碍特性称为电阻。电阻（以及与之相对的电导）不仅取决于物体的内在特性（组成它的粒子是如何排列的，特别是载流子是否是"非局域"的），还取决于外在因素，如它的形状，以及它是否受到高温或高压的影响。例如，较粗的铜线比同样长度的较细的铜线更容易导电。这种情况与流体系统类似，在窄管道里推动水流比在宽管道内更难。

温度对材料的电阻也有影响。许多金属的电阻随着温度的降低而降低。有些材料在冷却到一个特定的、非常低的温度以下时就会表现出零电阻，这种特性被称为超导性。

导体的电阻可能随施加的电势差（也称为电压）或流过导体的电流而变化。例如，白炽灯中钨丝的电阻随着电流的增加而增加。随着电流或电压的变化，许多导体的电阻保持不变。这类导体被称为欧姆导体，以格奥尔格·西蒙·欧姆的名字命名，他提出了有关电压和电流关系的定律——欧姆定律。

欧姆定律

欧姆定律指出，流过导体的电流与导体上的电压成正比。用电压（以伏特为单位）除以电流（以安培为单位）将得到一个常数，即导体的电阻（以欧姆为单位）。

铜线是欧姆导体，只要温度没有剧烈变化，它就遵循欧姆定律。欧姆导体的电阻取决于温度等物理因素，而不取决于外加电压或电流强度。

欧姆将实验数据和数学分析相结合得出了欧姆定律。在一些实验中，他用电化学电池来提供电

格奥尔格·西蒙·欧姆

格奥尔格·西蒙·欧姆于1789年出生在德国的埃尔朗根，他的父亲是一名锁匠，教他数学和科学。他被埃尔朗根大学录取，并在那里遇到了数学家卡尔·克利斯坦·凡·兰格斯多弗（Karl Christian von Langsdorff）。1806年，欧姆的父亲担心儿子浪费自己的才能，便把他送到瑞士，在那里欧姆教授数学，并继续自己的学业。

1811年，欧姆回到埃尔朗根并获得了博士学位。1817年，他搬到科隆教书。在听说了汉斯·克里斯蒂安·奥斯特（Hans Christian Ørsted）的发现后，他开始做电学实验。起初，欧姆发表的论文没有被接受，部分归因于他用到的数学方法，但也有部分原因是他的科学错误引起了争吵。然而后来，1841年，英国皇家学会授予了他科普利奖章。1852年，也就是他去世前两年，他被任命为慕尼黑大学物理系主任。

主要作品

1872年 《伽伐尼电路的数学推导》

欧姆定律概括了电压、电流和电阻之间的关系。它的公式（见右图）可以用来计算通过导体的电流大小（以安培为单位），它取决于电源的电压和电路中各个部分的电阻（以欧姆为单位）。

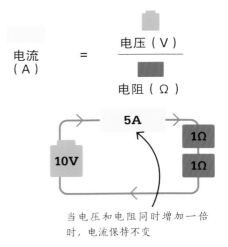

$$电流（A） = \frac{电压（V）}{电阻（\Omega）}$$

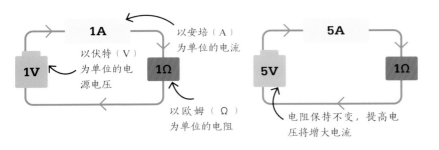

以安培（A）为单位的电流

以伏特（V）为单位的电源电压

以欧姆（Ω）为单位的电阻

电阻保持不变，提高电压将增大电流

当电压和电阻同时增加一倍时，电流保持不变

压，用扭力秤来测量电流。他用不同长度和厚度的电线来传输电流，并记录电流和由此得到的电阻的变化。他的理论工作建立在几何方法分析导电性和电路的基础上。

欧姆还将电流与傅里叶的热传导理论[以法国数学家约瑟夫·傅里叶（Joseph Fourier）的名字命名]进行了类比。在热传导理论中，热能沿着温度梯度的方向从一个粒子传递到下一个粒子。在描述电流时，导体两端的电势差与热导体两端的温差类似。

然而，欧姆定律并不是一个普适的定律，它不能适用于所有导体，也不能适用于所有场景。所谓的非欧姆材料包括二极管和白炽灯中的钨丝。在这种情况下，电阻取决于施加的电压（或电流强度）。

白炽灯的工作原理是使用一根很细的钨丝来提供高电阻，这种高电阻能使电转化为热和光。

焦耳热

金属导体中的电流越大，电子与离子晶格之间的碰撞就越多。这些碰撞导致电子的动能转化为热能。焦耳-楞次定律（亦称焦耳定律，部分以詹姆斯·普雷斯科特·焦耳的名字命名，他在1840年发现电可以产生热量）指出，载流导体产生的热量与其电阻成正比，等于电阻乘以电流的平方。

焦耳热（也称欧姆加热或电阻加热）有许多实际用途。例如，它可以让白炽灯的灯丝发光。然而，焦耳热也可能产生很多麻烦。例如，在输电网中，它会造成大量的能量损耗。通过使电网中的电流相对较低，而电势差（电压）相对较高，可将能量损耗降至最低。■

每种金属都有一种能力

产生磁场

背景介绍

关键人物
汉斯·克里斯蒂安·奥斯特（1777—1851）

此前
1600年 英国天文学家威廉·吉尔伯特发现地球就是一个巨大的磁体。

1800年 亚历山德罗·伏特发明了电池，首次实现了连续输出电流。

此后
1820年 安德烈-马里·安培建立了电磁学的数学理论。

1821年 迈克尔·法拉第制造出了第一台电动机，实现了电磁驱动旋转。

1876年 苏格兰裔美籍物理学家亚历山大·格拉汉姆·贝尔发明了电话，它使用电磁铁和一个永久的蹄形磁铁来传递声音的振动。

电池在闭合电路中产生电流。

磁场会造成指南针指针偏转。

当指南针附近的电路通电时，指南针的磁针会发生偏转。

电产生磁场。

到了18世纪末，科学家已经发现了许多电磁现象。然而，当时大多数人认为电和磁是两种完全不同的东西。现在人们都知道，流动的电子会产生磁场，旋转的磁铁会在闭合线路中产生电流。从耳机到汽车，电和磁之间的这种关联几乎是所有现代电器不可或缺的，不过它的发现纯属偶然。

奥斯特的偶然发现

亚历山德罗·伏特在1800年发明的伏打电堆（早期电池）开辟了一个全新的科学研究领域。物理学家第一次能够产生稳定的电流。1820年，丹麦物理学家汉斯·克里斯蒂安·奥斯特当时正在给哥本哈根大学的学生讲课。奥斯特注意到，当他打开或关闭电流时，罗盘

参见：磁性 122~123页，电荷 124~127页，感应和发电机效应 138~141页，力场与麦克斯韦方程组 142~147页。

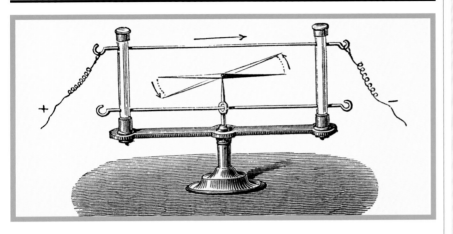

指针会偏离地磁北极的方向。这是人类第一次发现电流和磁场之间的联系。奥斯特进行了更多的实验，发现电流会在导线周围产生同心磁场。

制作电磁铁

在奥斯特的发现问世四年后，英国科学家、发明家威廉·斯特金（William Sturgeon）将一块马蹄铁用铜线缠绕18圈，制成了一块磁铁。当电流通过铜线时，马蹄铁立即被磁化到足以吸引其他铁块的程度。

19世纪30年代，美国科学家约瑟夫·亨利（Joseph Henry）对电磁铁进行了改进，他用绝缘丝线将铜线隔开，并在铁芯外围缠绕很多圈铜线。亨利制作的电磁铁能够举起936千克的重量。

到了19世纪50年代，小型电磁铁已被广泛应用于美国电报网的接收器中。电磁铁的优点是它的磁场强度可以调节。普通磁铁的磁场强度是恒定的，而电磁铁的磁场强度可以通过改变通过其线圈（称为螺线管）的电流强度来调节。不过，电磁铁只能在不断提供电能的情况下工作。■

给导线通电后，奥斯特发现，导线周围产生了磁场，造成了指南针磁针的偏转。

通过反复实验，而不是冗长的解释，可以更好地证明规律与自然现象相符。

汉斯·克里斯蒂安·奥斯特

汉斯·克里斯蒂安·奥斯特

汉斯·克里斯蒂安·奥斯特于1777年出生在丹麦鲁兹克宾，1793年通过自学考入了哥本哈根大学，在获得物理学和美学博士学位后，他得到了旅行奖学金，之后拜访了德国实验学家约翰·里特（Johann Ritter），从而产生了对电学和磁学可能存在关联的研究兴趣。

1806年，奥斯特回到哥本哈根大学教书。1820年，奥斯特发现了电磁之间的联系，这使他获得了国际认可，并被授予了英国皇家学会的科普利奖章，后来他成为瑞典皇家科学院和美国艺术科学院的成员。1825年，奥斯特又成为第一个制造出纯铝的化学家。奥斯特于1851年在哥本哈根去世。

主要作品

1820年 《电流对磁针影响的实验研究》

1821年 《电磁观测》

运动中的电
电动效应

背景介绍

关键人物

安德烈-马里·安培
（1775—1836）

此前

1600年 威廉·吉尔伯特进行了关于电磁现象的首次科学实验。

1820年 汉斯·克里斯蒂安·奥斯特证明电流可以产生磁场。

此后

1821年 迈克尔·法拉第制作了第一台电动机。

1831年 约瑟夫·亨利和法拉第利用电磁感应现象制造了第一台发电机，将运动转化为电。

1839年 德国出生的俄国工程师莫里兹·冯·雅可比演示了第一台实用的旋转电动机。

1842年 苏格兰工程师罗伯特·戴维森建造了第一台电动机车。

奥斯特发现电磁之间的联系后，法国物理学家安德烈-马里·安培（André-Marie Ampère）也开始集中精力进行电磁实验。

奥斯特发现通电导线周围会形成磁场。安培进一步发现，两根平行的通电导线会相互吸引或者排斥，这取决于它们之间的电流方向是相同的还是相反的。如果电流方向相同，则两根导线相互吸引；如果电流方向相反，它们就会相互排斥。

安培的发现被称为安培定律，它指出，两根一定长度的通电

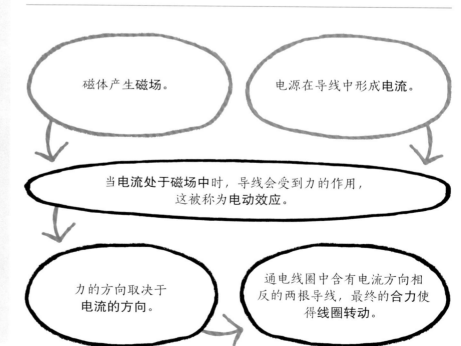

磁体产生磁场。

电源在导线中形成电流。

当电流处于磁场中时，导线会受到力的作用，这被称为电动效应。

力的方向取决于电流的方向。

通电线圈中含有电流方向相反的两根导线，最终的合力使得线圈转动。

参见：电势 128~129页，产生磁场 134~135页，感应和发电机效应 138~141页，力场和麦克斯韦方程组 142~147页，发电 148~151页。

导线间产生的作用力的大小与它们的长度和电流的大小成正比。这一发现奠定了后来被称为电动力学的新科学分支的基础。

制造电动机

当通电导线被置于磁场中时，由于磁场与电流产生的磁场发生相互作用，导线会受到力的作用。如果力足够大，导线就会移动。当电流方向与磁场方向垂直时，力最大。

如果在"马蹄"形磁铁的磁极之间放置一个具有一对平行导线的线圈，那么磁场会在一侧导线上产生向下的力，而在另一侧导线上产生向上的力，从而使线圈旋转起来。换句话说，电势能转化成了动能，动能可以做功。然而，一旦线圈旋转180度，力的方向就会反转，线圈就会停止运动。

1832年，法国仪器发明家波利特·皮克西（Hippolyte Pixii）解决了这一难题，他将一个分成两半的金属环连接到一个带有铁芯的线圈的两端。这种装置是一个换向器，线圈每旋转半圈，它都会反转线圈中的电流方向，因此线圈可以继续朝着同一方向旋转。

同年，英国科学家威廉·斯特金发明了第一台能够带动机器的换向器电动机。五年后，美国工程师托马斯·达文波特（Thomas Davenport）发明了一台动力强劲的电动机，每分钟旋转600转，能够驱动印刷机和机床。

一个电动的世界

多年来，电动技术发展催生了更强大和更高效的电动机。使用更强大的磁体、加大电流或使用非常细的电线来增加回路数量，都能

> 安培关于电流之间作用力定律的实验研究是科学上最辉煌的成就之一。
> 詹姆斯·克拉克·麦克斯韦

大幅提升扭矩（产生旋转运动的转动力）。磁体离线圈越近，电动机的驱动力就越大。

直流（DC）电动机仍用于小型电池驱动装置；使用电磁铁代替永磁体的通用电动机被用于许多家用电器中。■

安德烈-马里·安培

安德烈-马里·安培于1775年出生在法国里昂，他的家庭家境殷实、藏书丰富，因此安培在家里接受教育。尽管没有受过正规教育，但从1804年开始，他在巴黎综合理工学院任教，五年后被任命为数学教授。

在了解到奥斯特的电磁学发现后，他集中精力研究电磁学，并建立了电动力学这一新的物理学分支。他还提出了"分子电流"假说，预见了电子的存在。为了表彰他的工作，电流的标准单位以他的名字命名。他于1836在马赛去世。

主要作品

1827年 《完全从实验推得的关于电动力学现象的数学理论》

磁力的支配

感应和发电机效应

背景介绍

关键人物
迈克尔·法拉第（1791—1867）

此前
1820年 汉斯·克里斯蒂安·奥斯特发现了电和磁之间的联系。

1821年 迈克尔·法拉第发明了电动机，它利用电与磁的相互作用产生机械运动。

1825年 英国科学家威廉·斯特金制作了第一个电磁铁。

此后
1865年 詹姆斯·克拉克·麦克斯韦发表了关于电磁波理论的论文，指出光是电磁波的一种。

1882年 世界上第一批使用发电机的发电厂在伦敦和纽约投入使用。

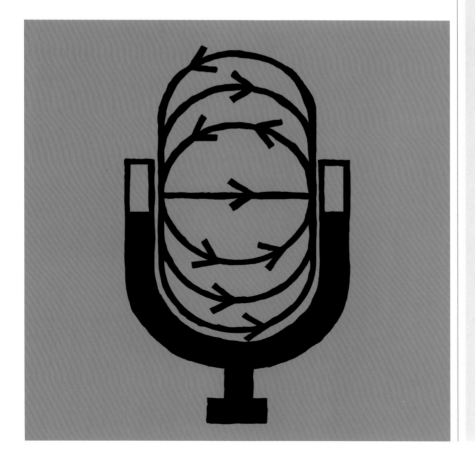

参见：电势 128~129页，电动效应 136~137页，力场和麦克斯韦方程组 142~147页，发电 148~151页。

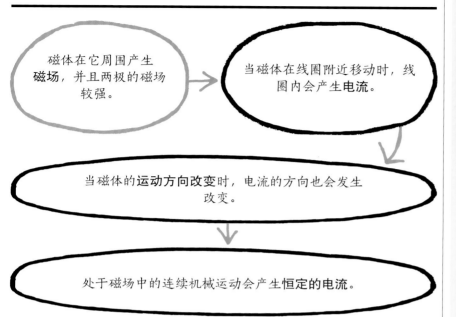

磁体在它周围产生**磁场**，并且两极的磁场较强。

当磁体在线圈附近移动时，线圈内会产生电流。

当磁体的**运动方向改变**时，电流的方向也会发生改变。

处于磁场中的连续机械运动会产生恒定的电流。

迈克尔·法拉第

迈克尔·法拉第是伦敦一名普通铁匠的儿子，他接受的正规教育非常有限。然而，在他20岁的时候，他有幸聆听了著名化学家汉弗里·戴维（Humphry Davy）在英国皇家学院的演讲，之后他把整理好的演讲记录送给了戴维。法拉第后来受邀成为戴维的助手，并于1813年至1815年随戴维周游欧洲。

法拉第因1821年发明了电动机而闻名，他还发明了本生灯的原型，发现了苯，以及发现了电解定律。作为环境科学的先驱，法拉第对泰晤士河污染的危险提出了警告。作为一个原则性很强的人，他蔑视当时对伪科学的崇拜。他为公众做圣诞演讲，拒绝就军事问题向政府提供建议，并拒绝了爵士头衔。他于1867年去世。

主要作品

1832年 《电的实验研究》

1859年 《关于物质的各种力量六讲》

电磁感应是由于磁场变化而在电导体上产生电动势（或电势差）的现象。它的发现将改变世界。直到今日它仍是现代电力工业的基础，它使得人们发明了发电机和变压器，而这些是现代技术的核心器件。

1821年，受汉斯·克里斯蒂安·奥斯特的启发，英国物理学家迈克尔·法拉第利用所谓的电动效应（通电导线在磁场中受到力的作用）制造了两个装置。这两个装置可以把机械能转换成电能。

法拉第进行了许多实验来研究电流、磁场和机械运动的相互关系。经过1831年7月至11月一系列实验高潮后，他带来了革命性的成果。

感应环

法拉第1831年第一批实验中的一个实验是制作一个装置，它有两个彼此绝缘的线圈缠绕在铁环上。当电流通过其中一个线圈时，可以在另一个线圈上看到短暂的电流。这个电流可以被当时发明

我正忙于研究电磁学，我发现它是如此的美妙。

迈克尔·法拉第

不久的电流计探测到。这种效应被称为互感应，而这种仪器——感应环——是世界上第一台变压器（一种在两个导体之间传输电能的装置）。

法拉第还在线圈附近移动一块磁铁，以在线圈上产生电流。然而，一旦磁铁停止运动，电流计就探测不到电流了：只有在磁场增大或减小时磁铁才能在线圈中产生电流。当磁铁朝相反的方向移动时，也能在线圈中观测到电流，不过电流方向发生了反转。法拉第还发现，移动线圈而磁铁固定，同样会有电流产生。

电磁感应定律

和当时的其他物理学家一样，法拉第也不理解电的本质——电流是电子的流动，但他意识到，线圈中有电流通过时，就会产生磁场。如果电流保持稳定，磁场也会保持稳定，磁场附近的另一个线圈中就不会产生电势差（因此也没有电流）。然而，如果第一个线圈中的

电流发生变化，由此产生的磁场变化会导致附近第二个线圈中产生电势差，进而产生电流。

法拉第由此得出结论，不论线圈所处的磁场环境如何变化，都会感应出电流。这可能是由于磁场强度变化、磁体和线圈彼此靠近或远离、线圈旋转或磁体转动而产生的。

一位名叫约瑟夫·亨利的美国科学家也在1831年独立地发现了电磁感应现象，但法拉第首先发表了这一发现，因此这一发现被称为法拉第电磁感应定律。电磁感应定律一直是发电机、变压器和许多其他设备的基本原理。

1834年，爱沙尼亚物理学家海因里希·楞次（Heinrich Lenz）进一步拓展了这一定律，他指出，电磁感应在导线中产生的电势差总是抵抗磁场的变化。电势差产生的电流会感应出一个磁场，如果外部磁场的强度降低，电流产生的磁场就会变强，如果外部磁场增强，电流产生的磁场就会变弱。这个原理

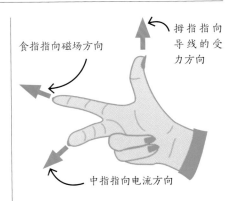

右手定则给出了在磁场中运动的导线产生的电流的方向。

被称为楞次定律。楞次定律的一个影响是，一些电流会损失并转化为热量。

19世纪80年代，英国物理学家约翰·安布罗斯·弗莱明（John Ambrose Fleming）提出了判断感应电流方向的简单方法：右手定则。这种方法使用右手的拇指、食指和中指（保持相互垂直）来判断导线在磁场中运动时感应电动势产生的电流的方向（见上图）。

法拉第发电机

1831年，即法拉第进行感应环实验的同一年，法拉第还发明了第一台发电机。它由一个铜圆盘组成，铜圆盘被安装在黄铜轴上，而黄铜轴在永磁体的两极之间自由旋转。他通过弹簧触点把圆盘中心和边缘接入一个电路中，当圆盘旋转时，电路中的电流计就会探测到电流。这种仪器后来被称为法拉第圆盘。

实验表明，处于磁场中的连续机械运动会产生恒定的电流。在

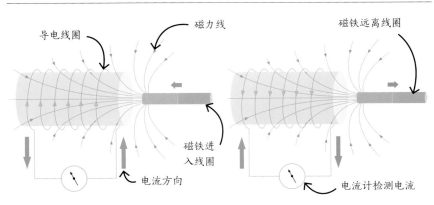

条形磁铁进出线圈时，就会产生电流。电流的方向随着磁铁移动的方向而改变。线圈数越多或磁铁磁场越强，产生的电流越大。

电动机中，导线内电子在磁场中运动时，会受到作用力，从而对导线产生作用力并使其运动。然而，在法拉第圆盘（和其他发电机）中，电磁感应定律表明，电流是导体（圆盘）在磁场中运动的结果。电动效应的特点是电能转化为机械能，而在发电机效应中，机械能转化为了电能。

实际应用

法拉第的发现需要艰苦的实验，但产生了非常实用的结果。它们让人们了解到在以前做梦都想不到的规模上生产电力。

虽然法拉第圆盘的设计发电效率很低，但它还是很快就被其他人采用，并发展成了实用的发电机。几个月内，法国仪器发明家波利特·皮克西在法拉第的设计基础上制造了一台手摇发电机。然而，它产生的电流方向每转半圈就会反转一次，当时还没有人发明出一种实用的方法来利用这种交流电为电子设备供电。皮克西的解决办法是

使用一种叫作换向器的装置来将交流电转换成单向电流。直到19世纪80年代初，第一台大型交流发电机才由英国电气工程师詹姆斯·戈登（James Gordon）制造出来。

第一台工业发电机于1844年在英国伯明翰被制造出来，它产生的电被用于电镀。1858年，一座位于肯特的灯塔成为第一个由蒸汽发电机供电的装置。随着发电机与蒸汽驱动涡轮机的结合，商业发电成为可能。第一台实用的发电机于1870年投入使用，到了19世纪80年代，纽约和伦敦一些地方开始用这种方式生产的电来照明。

科学发现的跳板

法拉第关于机械运动、磁场和电之间关系的研究成为促进更多科学发现的跳板。1861年，苏格兰物理学家詹姆斯·克拉克·麦克斯韦将当时所有关于电和磁的知识简化为20个方程。四年后，在递交给英国皇家学会的论文《电磁场的动力学理论》中，麦克斯韦将

电场和磁场统一为一个概念——电磁辐射，它以波的形式传播，速度接近光速。这篇论文为无线电波的发现和爱因斯坦的相对论铺平了道路。∎

无线充电

许多使用小型电池供电的设备，如手机、电动牙刷和心脏起搏器等，现在都使用感应充电器，这样可以避免额外的损耗，减少对插头和电线的依赖。两个靠近的感应线圈形成一个变压器，为用电设备的电池充电。充电座中的感应线圈产生交变磁场，而装置内的接收线圈从磁场中获取能量并将其转换为电流。在小型家用电器中，线圈很小，因此必须紧密接触才能工作。

电动汽车也可以使用感应充电方式代替插入式充电方式。在这种情况下，可以使用较大的线圈。例如，机器人、自动引导车辆不需要与充电装置接触，只需简单地停在附近便可进行充电。

光本身就是一种电磁波

力场和麦克斯韦方程组

背景介绍

关键人物
詹姆斯·克拉克·麦克斯韦（1831—1879）

此前
1820年 汉斯·克里斯蒂安·奥斯特发现通电导线会导致指南针的指针偏转。

1825年 安德烈-马里·安培为电磁学的研究奠定了基础。

1831年 迈克尔·法拉第发现了电磁感应现象。

此后
1892年 荷兰物理学家亨德里克·洛伦兹研究了麦克斯韦方程组如何适用于不同的观测者，从而促进了爱因斯坦狭义相对论的提出。

1899年 海因里希·赫兹在研究麦克斯韦的电磁理论时发现了无线电波。

在空间的任何部分，无论是……空旷的还是充满物质的，我都看不到任何东西，除了力和施加力的线条。

迈克尔·法拉第

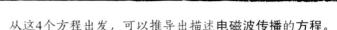

4个方程分别描述出了**电场、磁场、电荷和电流**之间的关系。

↓

从这4个方程出发，可以推导出描述**电磁波传播**的方程。

↓

电磁波以非常高的**恒定速度**传播，这个速度非常接近实验测得的光速。

↓

电磁波和光是同一现象的两个方面。

19世纪，电磁理论取得了一系列突破，包括实验和理论两个方面，成为自牛顿提出运动定律和万有引力定律以来物理学上最大的进步。这一理论的主要缔造者是苏格兰物理学家詹姆斯·克拉克·麦克斯韦，他基于卡尔·高斯、迈克尔·法拉第和安德烈-马里·安培等的研究成果，建立了电磁理论的方程组。

麦克斯韦的天才之处在于，他把前人的工作置于严格的数学基础之上，认识到方程之间的对称性，并根据实验结果推断出它们更深远的意义。

麦克斯韦的电磁理论最早在1861年以20个方程的形式发表，准确地描述了电和磁是如何交织在一起的，以及这种关联是如何产生波的。尽管该理论既基本又准确，但方程的复杂性（也许还有其革命

性）意味着很少有物理学家能立即理解它。

1873年，麦克斯韦将20个方程浓缩成了4个方程。1885年，英国数学家奥利弗·亥维赛（Oliver Heaviside）将麦克斯韦方程组表述为更容易理解的形式，使更多的科学家能够理解其重要性。即使在今天，麦克斯韦方程组仍然有效，并且在所有地方都实用，除在极小尺度下因量子效应而需要修改外。

力线
在1831年进行的系列实验中，迈克尔·法拉第发现了电磁感应现象——变化的磁场会产生电场。法拉第凭直觉提出了一个产生感应电流的模型，他无法以数学形式表达出来，使他的模型被许多同行忽视。然而，事实证明，它非常接近我们目前的理论认识。

参见：磁性 122~123页，电荷 124~127页，产生磁场 134~135页，电动效应 136~137页，磁单极子 159页，电磁波 192~195页，光速 275页，狭义相对论 276~279页。

具有讽刺意味的是，当麦克斯韦把法拉第的直觉转化为方程时，麦克斯韦最初也被人们忽视了，因为他的数学深度令人望而生畏。

法拉第敏锐地意识到物理学中一个长期存在的问题，即一个力如何在分离的物体之间"空"的空间瞬间传递。在我们的日常中，没有任何东西可以显现出这种"远距离作用"的机制。受磁铁周围铁屑分布图案的启发，法拉第提出，磁效应是由弥散在磁铁周围空间的不可见的力线产生的。这些力线指向力的作用方向，力线的密度对应力的强度。

1845年，英国物理学家威廉·汤姆森首次对法拉第的实验结果进行了数学解释。1862年，麦克斯韦在伦敦听完法拉第的讲座后，将法拉第提出的描述性的"力线"变成了场的数学形式。任何随位置变化的物理量都可以表述为一个场。例如，房间里的温度可以看作

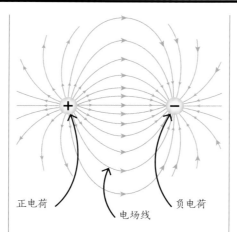

正电荷　　　　　电场线　　　　　负电荷

电场线指示了电荷间电场的方向。电场线从正电荷发出，汇聚于负电荷，从不相交。

一个场，空间中每一点的位置由三个坐标确定，并对应一个数字，即该点的温度。

力场

综上所述，磁场描述了磁铁周围区域的某种特性，这种特性可以使磁化物体"感受"到力的作用。在磁场中，空间中任何一点受到的力的大小都与磁场线的密度有关。与温度场不同，磁场中的点具有方向，由磁场线的方向给出。因此，磁场是一个矢量场——其中的每个空间点都有一个相应的强度和方向，就像水流的速度场。

类似地，在电场中，场线表示正电荷所受力的方向，场线的密度表示场强大小。与流体流动一样，电场和磁场可能会随着时间变化（如天气变化造成的影响），因此每个点处的矢量也是随时间变化的。

麦克斯韦的前两个方程描述的是关于电场和磁场的高斯定律。高斯定律是高斯定理（也称为散度定理）的物理应用，该定理由约瑟夫·拉格朗日于1762年首次提出，高斯于1813年重新发现。在定律最一般的形式中，它是对矢量场（如流体流动）如何穿过曲面的描述。

高斯在1835年前后提出了关

詹姆斯·克拉克·麦克斯韦

詹姆斯·克拉克·麦克斯韦于1831年出生在爱丁堡，他早早就表现出了非凡的智慧，14岁时就发表了一篇关于数学曲线的论文。1856年，他被任命为阿伯丁马歇尔学院的教授，在那里，他准确地推断出土星光环是由许多小固体颗粒组成的。

麦克斯韦在伦敦国王学院（1860年进入）和剑桥大学（1871年进入）度过了他最多产的时期。在剑桥大学，他被任命为新设立的卡文迪许实验室的第一位实验物理学教授。他一生中取得了许多了不起的成就。他对电磁学、热力学、气体动力学理论、光和颜色理论都做出了巨大贡献。他于1879年因癌症去世。

主要作品

1861年 《论物理的力线》

1864年 《电磁场的动力学理论》

1870年 《论热能》

1873年 《电磁学通论》

于电场的高斯定律，但他生前并没有发表这一定律。该定律把电场在某一点上的"发散"与静电荷的存在联系起来。如果该点处没有电荷，则发散度为零；如果存在正电荷，则发散度为正（场线向外流出）；如果存在负电荷，则发散度为负（场线向中心聚合）。

关于磁场的高斯定律表明，磁场的发散度处处为零。与电场不同，磁场线不可能从孤立点流出或流入。换句话说，磁单极子不存在，每块磁铁都有一个北极和一个南极。因此，磁场线总是以闭合环路的形式出现，因此从北极发出的磁场线会回到南极，并继续穿过磁铁形成闭合环。

法拉第定律和安培-麦克斯韦定律

麦克斯韦方程组中的第三个方程是法拉第定律的严格数学表述，法拉第于1831年发现了这一定律。这个方程将磁场随时间的变化率与电场的"旋度"关联起来。"旋度"描述了电场线如何围绕一个点循环。静止的点电荷产生的电场有发散性但没有"旋度"，与此不同的是，磁场变化引起的电场具有旋涡特性，但没有发散性，并且可以在线圈中产生电流。

麦克斯韦方程组的第四个方

狭义相对论起源于麦克斯韦方程组。

阿尔伯特·爱因斯坦

程是对安培在1826年提出的安培定律的修正。它表明流经导体的恒定电流会在导体周围产生一个环形磁场。

在对称性思想的驱动下，麦克斯韦推断，如果变化的磁场能产生电场（法拉第定律），那么变化的电场也应该能产生磁场。为了顺应这个推断，他在安培定律的基础上引入了$\partial E/\partial t$项（表示电场E随时间t的变化），从而得出了现在所说的安培-麦克斯韦定律。

麦克斯韦对安培定律的补充并非基于任何实验结果，但是后来的实验和理论进展证明了他是对的。麦克斯韦对安培定律的修正产生的最引人注目的结果就是它表明电场和磁场可以波的形式关联在一起。

电磁波和光

1845年，法拉第观察到磁场改变了光的偏振面（也就是法拉第效应）。早在1690年，克里斯蒂安·惠更斯就发现了偏振现象，但

麦克斯韦方程组

麦克斯韦的4个方程包含变量E和B，分别表示电场强度和磁场强度，它们随空间位置和时间而变化。方程组由4个相互耦合的偏微分方程组成。之所以称为微分，是因为方程涉及微分运算——一种与数量如何变化有关的数学计算。方程是"偏"微分的，因为计算的结果取决于几个变量，但方程的每项只考虑单一变量变化的影响，如对时间的依赖性。方程组是"耦合"的，因为它们涉及相同的变量，并且都同时成立。

方程名称	方程形式
电场高斯定律	$\nabla \cdot E = \rho/\varepsilon_0$
磁场高斯定律	$\nabla \cdot B = 0$
法拉第定律	$\nabla \times E = -\partial B/\partial t$
安培-麦克斯韦定律	$\nabla \times B = \mu_0 J + \mu_0 \varepsilon_0 (\partial E/\partial t)$

J = 电流密度（单位面积内给定方向的电流大小）

B = 磁场强度　　E = 电场强度

∇ = 微分算符　　ε_0 = 真空介电常数

∂t = 以时间为变量的偏导数

ρ = 电荷密度（单位体积内的电荷量）

μ_0 = 真空磁导率

物理学家并不了解它的产生机制。法拉第的发现也没有直接解释偏振现象，但确实在光和电磁学之间建立了联系——几年后，麦克斯韦将这种联系建立在了坚实的数学基础上。

麦克斯韦从他的几个方程中得出了一个用来描述三维空间中波动的方程，这就是他的电磁波方程。该方程所描述的波传播速度由 $1/\sqrt{(\mu_0\varepsilon_0)}$ 给出。

麦克斯韦不仅证明了电磁现象具有波动性（推导出电磁场中的扰动是以波的形式传播的），而且通过与波动方程的标准形式进行比较，从理论上计算出了电磁波的波速，这个值非常接近实验测量的光速。

考虑到除光外，没有任何其他已知的东西能够以这样的速度传播，麦克斯韦得出结论，光和电磁波肯定是同一现象的两个方面。

> 事实证明，磁力和电力……最终是更深层次的东西……我们可以从这里出发解释许多其他的东西。
>
> 理查德·费曼

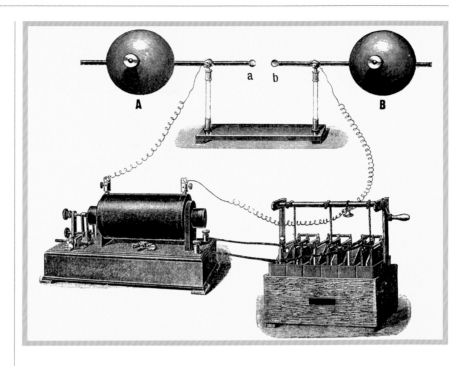

麦克斯韦的遗产

麦克斯韦的发现促使美国物理学家阿尔伯特·迈克耳孙（Albert Michelson）等科学家在19世纪80年代寻求对光速的更精确测量。然而，麦克斯韦的理论可以用于预测整个波谱，其中可见光是人类最容易感知的。

1899年，德国物理学家海因里希·赫兹（Heinrich Hertz）决心验证麦克斯韦电磁理论的有效性，最终发现了无线电波，从而证实了麦克斯韦理论的权威性和正确性。

现在麦克斯韦方程组中的4个方程成了一系列技术的基础，包括雷达、蜂窝式无线电、微波炉和红外天文学。任何使用电或磁的设备基本上都依赖它们。

经典电磁学的科学影响怎么强调都不为过——麦克斯韦的理论不仅包含了爱因斯坦狭义相对论的

海因里希·赫兹在19世纪末开展的实验证明了麦克斯韦的预言，确认了包括无线电波在内的电磁波是真实存在的。

基本内容，作为"场论"的第一个例子，它还是许多后续物理学理论的模型。■

人类将捕获太阳的能量

发电

背景介绍

关键人物
托马斯·爱迪生（1847—1931）

此前
1831年 迈克尔·法拉第发现变化的磁场会与电路发生作用，产生电磁感应力。

1832年 波利特·皮克西在法拉第原理的基础上研制出了直流发电机原型。

1878年 德国电气工程师西格蒙德·舒克特建造了第一座小型蒸汽发电站，为巴伐利亚的一座宫殿供电。

此后
1884年 工程师查尔斯·帕尔森斯发明了复合式蒸汽轮机，提高了发电效率。

1954年 世界上第一座核电站在苏联开始运行。

参见： 磁性 122~123页，电势 128~129页，电流和电阻 130~133页，产生磁场 134~135页，电动效应 136~137页，感应和发电机效应 138~141页，力场和麦克斯韦方程组 142~147页。

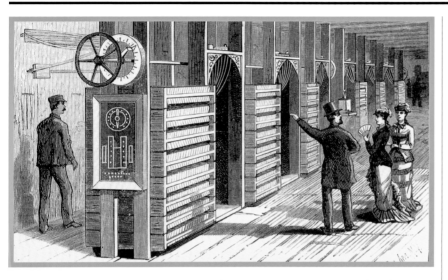

1882年，托马斯·爱迪生在纽约曼哈顿的珍珠街发电站安装了六台巨型发电机，每台发电机产生的电力足以为1200盏白炽灯供电。

1882 年1月12日，位于伦敦霍本高架桥的爱迪生电气照明站首次开始发电。这座照明站是多产的美国发明家托马斯·爱迪生（Thomas Edison）心血的结晶，它是世界上第一座为公共用途发电的燃煤发电站。几个月后，爱迪生在纽约市珍珠街建造了一座更大的发电站。大规模发电成为1870—1914年第二次工业革命的关键驱动力之一。

直到19世纪30年代，通过电池内部的化学反应发电还是唯一的发电方式。1800年，意大利科学家亚历山德罗·伏特将化学能转化为电能，利用电池产生稳定电流（后来被称为伏打电堆）。虽然这是第一个电池，但它并不实用。后来，1836年，英国发明家约翰·丹尼尔（John Daniell）对其进行了改造。丹尼尔电池由一个装满硫酸铜溶液的铜罐组成，罐内浸泡着一个装满硫酸锌的陶制容器和一个锌电极。带负电荷的离子迁移到其中一个电极上，而带正电荷的离子迁移到另一个电极上，从而产生了电流。

第一台发电机

19世纪20年代，英国物理学家迈克尔·法拉第用磁铁和绝缘线圈进行了实验，发现了磁场和电场之间的关系（法拉第定律或电磁感应定律），并在1831年利用这一定律建造了第一台电力发生器，即发电机。这台发电机由一个在马蹄形磁铁两极之间旋转的良好导电铜盘组成，变化的磁场产生电流。

法拉第对机械发电原理的解释，以及他发明的发电机成为之后建造更强大发电机的基础，但在19世纪初，还没有进行高电压发电的需求。

电报、电弧照明和电镀是由电池供电的，但成本高昂，许多国家的科学家试图寻求替代方案。法国发明家波利特·皮克西、比利时电气工程师齐纳布·格拉姆（Zenobe Gramme）和德国发明家维尔纳·冯·西门子（Werner von Siemens）都独立地利用法拉第的电磁感应定律来制造更高效的发电机。1871年，格拉姆发明的发电机成为第一台投入生产的电动机，并在制造业和农业中得到了广泛的应用。

工业发展需要更有效的制造工艺来提高效能。当时是一个各种发明层出不穷的时代，爱迪生就是一位杰出的发明家，他在自己的车间和实验室里把发明创意变成商业奇迹。他设计了一种照明系统来取代家庭、工厂和公共建筑中的煤气灯和蜡烛，从而有了"灯泡时刻"的说法。爱迪生没有发明灯泡，但他1879年设计的碳丝白炽灯经

我们会让电便宜到只有富人才会去用蜡烛。

托马斯·爱迪生

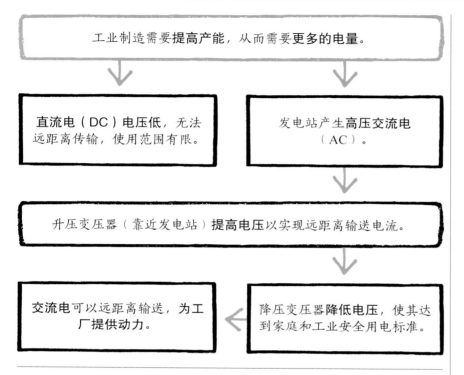

工业制造需要**提高产能**，从而需要**更多的电量**。

直流电（DC）电压低，无法远距离传输，使用范围有限。

发电站产生高压交流电（AC）。

升压变压器（靠近发电站）**提高电压**以实现远距离输送电流。

降压变压器降低电压，使其达到家庭和工业安全用电标准。

交流电可以远距离输送，为工厂提供动力。

济、安全、实用。它在低电压下运行，但需要廉价、稳定的电力才能工作。

"巨型"发电机

爱迪生的发电站把机械能转化为电能。燃煤锅炉将水转化为蒸汽机中的高压蒸汽。发动机的轴直接连接到发电机的电枢（旋转线圈）上以提高效率。爱迪生在珍珠街的发电站用了六台"巨型"发电机，它们比以前建造的发电机大

四倍。每台发电机重30吨，发电功率高达100千瓦，可同时点亮1200个白炽灯泡。约110伏特的直流电（DC）通过用绝缘管包裹的铜线在地下传输。

19世纪末，直流电还不可能变为高压电，只能在低电压高电流的状态下传输，由于电线电阻的存在，电力传输距离有限。爱迪生建立了一个局域发电站系统，为附近居民提供电力。由于无法远距离传输电力，这些发电站要建在距离用户1.6千米以内的位置。到1887年，爱迪生已经建造了127座这样的发电站，很显然，即使有数千座发电站，也无法覆盖美国的大部分地区。

交流电的兴起

塞尔维亚裔美国电气工程师尼古拉·特斯拉（Nikola Tesla）提出了一种替代方案——使用交流发电机，当旋转磁铁的不同磁极经过线圈时，线圈中的电压极性会反转。这会有规律地改变电路中

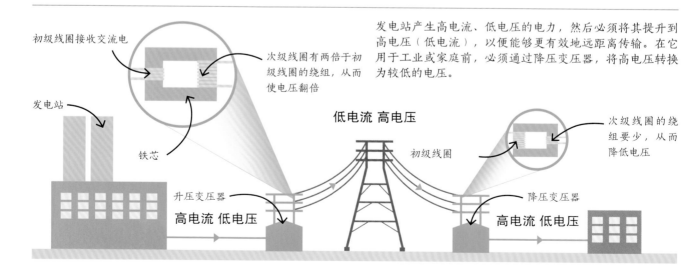

初级线圈接收交流电

次级线圈有两倍于初级线圈的绕组，从而使电压翻倍

发电站

铁芯

发电站产生高电流、低电压的电力，然后必须将其提升到高电压（低电流），以便能够更有效地远距离传输。在它用于工业或家庭前，必须通过降压变压器，将高电压转换为较低的电压。

低电流 高电压

初级线圈

次级线圈的绕组要少，从而降低电压

升压变压器

高电流 低电压

降压变压器

高电流 低电压

> 交流电的致命电流不会造成任何伤害，除非一个人傻到吞下一整台发电机。
>
> 乔治·威斯汀豪斯

的电流方向；磁铁转动越快，电流方向变化越快。1886年，美国电气工程师威廉·史坦雷（William Stanley）建造了第一台可用的变压器，在线圈直径较小的电线中，交流发电机的传输电压可以"升高"，同时电流可以"降低"。在更高的电压下，同样的功率可以更低的电流传输，这种高压电可以进行长距离传输，然后在进入工厂或家庭之前进行"降压"。

美国实业家乔治·威斯汀豪斯（George Westinghouse）认识到了爱迪生模式的问题，于是购买了特斯拉的许多专利，并雇用了史坦雷。1893年，威斯汀豪斯拿下了在尼亚加拉瀑布建造水坝和水力发电站的合同。这个发电站很快实现了将交流电传输到纽约州布法罗市的工厂和家庭中，这标志着直流电作为美国默认电力传输方式的终结。

新型的、超高效的蒸汽轮机

太阳能电池板由几十块光伏电池组成，它们吸收太阳辐射，激发自由电子并产生电流。

使发电能力迅速增长。更大型的发电站采用更高的蒸汽压力来提高发电效率。20世纪，发电量增长了近10倍。高压交流输电使电力能够从遥远的发电站被输送到数百甚至数千千米外的工业和城市中心。

21世纪初，煤是用来产生蒸汽驱动涡轮机的主要燃料。后来其他化石燃料（石油和天然气）、木屑和核电站的浓缩铀作为补充投入使用。

可持续方案

随着人们对大气中二氧化碳浓度上升的担忧，取代化石燃料的其他可持续发电方案被引入。水力发电可以追溯到19世纪，现在几乎占了世界发电总量的1/5。风力、海浪和潮汐的能量现在也被用来驱动涡轮机并提供电力。源自地壳深处的蒸汽在冰岛等地产生地热能。现在全球约有1%的电力由太阳能电池板发电。此外，科学家还在努力开发氢燃料电池。■

托马斯·爱迪生

托马斯·爱迪生是有史以来最多产的发明家之一，他去世时拥有超过1000项专利。他出生在美国俄亥俄州的米兰镇，大部分时间在家里接受教育。他在大干线铁路公司担任电报接线员期间，获得了报纸独家销售权，他的创业才能开始显露出来。他的第一项发明是电子投票计数器。

29岁时，爱迪生在新泽西建立了一个工业研究实验室。他最著名的一些专利是对已有装置（如电话、麦克风和灯泡）的彻底改进。其他的发明则是革命性的，包括1877年发明的留声机。他在1892年创立了通用电气公司。爱迪生是个素食主义者，并以他从未发明过武器而自豪。

主要作品

2005年 《1881年4月—1883年3月爱迪生论文集：让纽约和世界充满电》

掌控自然的一小步

电子学

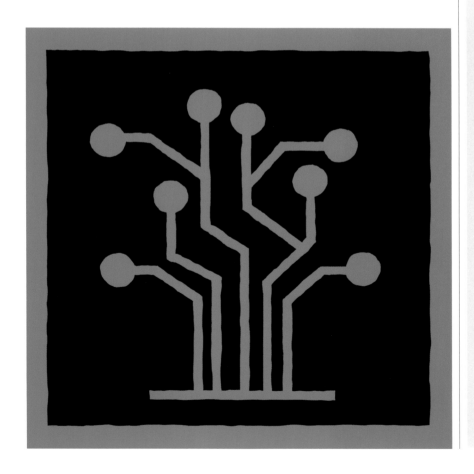

背景介绍

关键人物
约翰·巴丁（1908—1991）

此前
1821年 德国物理学家托马斯·塞贝克在半导体材料中观察到了热电效应。

1904年 英国工程师约翰·安布罗斯·弗莱明发明了真空二极管。

1926年 奥地利裔美国工程师朱利叶斯·利林费尔德取得了场效应晶体管（FET）的发明专利。

1931年 英国物理学家亚兰·威尔逊建立了导体的能带理论。

此后
1958—1959年 美国工程师杰克·基尔比和罗伯特·诺伊斯发明了集成电路。

1971年 英特尔公司发布了第一款微处理器。

参见： 电荷 124~127页，电流和电阻 130~133页，量子技术应用 226~231页，亚原子粒子 242~243页。

电子学致力于利用电来产生携带信息和控制设备的信号。

为了产生这些信号，必须对**电流**进行高精度的控制。

半导体含有数量可变的载流子（携带电荷的粒子）。

在硅半导体中掺杂（添加杂质）可**改变载流子的性质**，从而实现精确控制电流。

在大多数半导体器件中，最重要的电子元件**晶体管**是通过对**硅进行掺杂**制成的。它可以实现电信号的放大或开关。

电子学涵盖了产生、转换和控制电信号的元器件和电路的科学、技术和工程设计。电路包含有源元件，如二极管和晶体管，用于开关、放大、过滤或以其他方式调控信号；还有无源元件，如电池、灯和电动机，通常只在电能和其他形式的能量（如热和光）之间转换。

"电子学"一词最早被应用于研究电子，即固体中带电的亚原子粒子。1897年，英国物理学家J. J. 汤姆孙发现了电子，从而开启了控制电荷运动的研究。在接下来的50年内，这项研究催生了晶体管，为将电信号集中到更紧凑、处理速度更快的设备中铺平了道路。这带来了始于20世纪末并持续至今的数字革命中电子工程和技术的惊人进步。

单向阀和电流

最早的电子元件是由真空管（除去空气的密封玻璃管）发展而来的。1904年，英国物理学家约翰·安布罗斯·弗莱明将真空管开发成热离子二极管，它由两个电极组成，一个阴极，一个阳极。金属阴极被电路加热至足以发射电子，带负电荷的电子获得足够的能量离开金属表面并穿过管子。在电极两端施加电压，当阳极为正电压时，电子会被吸引到阳极上，形成电流。当电压方向相反时，阴极发射的电子与阳极相斥，不会形

1944年的巨人计算机"马克二号"用了大量的真空管进行复杂的数学运算，以破解纳粹的洛仑兹密码系统。

成电流。二极管只有在阳极相对于阴极为正电压时才导通，起到单向阀的作用，从而可以把交流电（AC）转换成直流电（DC）。这使得交流无线电波的检测成为可能，因此这种电子单向阀在早期调幅（AM）无线电接收机中作为信号的解调器（检测器）得到了广泛应用。

1906年，美国发明家李·德富雷斯特（Lee de Forest）在弗莱明二极管的基础上增加了网格状的第三个电极，从而形成了三极管。在新电极和阴极上施加的一个小的、可变化电压能够改变阴极和阳极之间的电流大小，产生大的电压变化——也就是说，较小的输入电压被放大，形成较大的输出电压。三极管成为无线电广播和电话等技术发展的关键部件。

固体物理学

尽管在随后的几十年里，这

最有趣且最有用的事情往往发生在表面。

沃尔特·布拉顿

种电子阀使技术不断进步，例如电视和早期的计算机的出现，但它们体积庞大、易碎、耗电量大，而且工作频率受限。20世纪40年代的英国Colossus计算机，每台有多达2500个电子阀，占满整个房间，重达数吨。

基于半导体固体（如硼、锗和硅等元素）的电子特性制造的新型电子器件，取代了传统的真空管，所有这些缺陷都得到了解决。这反过来又得益于20世纪40年代以来人们对固体物理学逐渐浓厚的兴趣，人们开始研究固体性质，而这些性质取决于原子和亚原子尺度上的微观结构以及它们的量子效应。

半导体是一种固体，其导电性介于导体和绝缘体之间，电阻不高也不低。实际上，它可以用来控制电流。所有固体中的电子都分布在不同能级上，这些能级分为价带和导带。价带包含电子与相邻原子结合时占据的最高能级，而导带具有更高的能级，其中的电子不与任何特定的原子结合，有足够的能量在整个固体中移动，从而传导电流。在导体中，价带顶部和导带底部重叠，因此价带中参与成键的

电子也有助于传导电流。在绝缘体中，价带和导带之间有一个很大的带隙，即能量差，这使大多数电子保持成键状态而不参与导电。半导体的带隙很小，当获得一点外部能量（通过施加热、光或电压时），它们的价电子可以迁移至导带，从而实现材料从绝缘体到导体的转变。

掺杂调控

1940年，一次偶然的机会，美国电化学家拉塞尔·奥尔（Russell Ohl）发现了半导体的另一个电学应用。在测试一种硅晶体时，他发现，在不同的地方进行探测，会产生不同的电效应。检查发现，该晶体不同区域包含不同的杂质。一种是磷，这导致晶体内少量电子过剩；另一种是硼，这造成晶体内少量电子缺乏（"空穴"过剩）。很显然，半导体晶体中的微量杂质可以极大地改变其电学特性。有控制地引入特定的杂质以获得所需的

特性，被称为"掺杂"。

晶体的不同区域可以用不同的方式进行掺杂。例如，在硅单晶中，每个原子含有四个键合（价）电子，与相邻原子共用。可通过添加一些磷原子（有五个价电子）或硼原子（有三个价电子）来进行掺杂。磷掺杂区域有额外的"自由"电子，被称为n型半导体（n代表负）。硼掺杂的区域，由于缺少电子，会产生相当于正电荷的"空穴"，被称为p型半导体（p代表正）。当这两种掺杂区域结合在一起时，就会形成PN结。如果在p型一侧施加正电压，它会从n型一侧吸引电子，从而形成电流。含有PN结的晶体起到了二极管的作用，它在结上只能单向传导电流。

晶体管的突破

第二次世界大战后，人们继续寻找真空管或真空阀的有效替代品。美国贝尔电话公司在其位于新泽西州的实验室里召集了一支由威

晶体管中的大多数半导体是由硅（Si）制成的，通过掺杂控制半导体电流。硅中掺入磷原子就形成了n型半导体，带负电荷的电子可以自由移动。掺入硼原子就形成了p型半导体，带正电荷的"空穴"可以在半导体中移动。

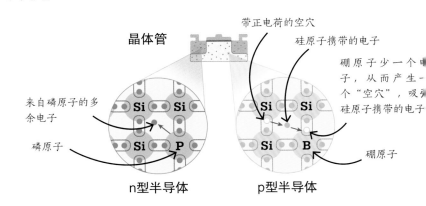

晶体管

带正电荷的空穴

硅原子携带的电子

硼原子少一个电子，从而产生一个"空穴"，吸引硅原子携带的电子

来自磷原子的多余电子

磷原子

硼原子

Si Si Si P

n型半导体

Si Si Si B

p型半导体

约翰·巴丁

约翰·巴丁出生于1908年，当他在当地的威斯康星大学开始学习电气工程时，他才15岁。毕业后，他于1930年加入海湾石油实验室，成为一名地球物理学家，从事地球磁场及重力场勘测方法的研究。1936年，他在普林斯顿大学获得数学物理博士学位，后来在哈佛大学研究固体物理学。第二次世界大战期间，他加入美国海军从事鱼雷和水雷方面的工作。

巴丁在贝尔实验室工作期间成果丰硕，还发明了晶体管。巴丁于1957年与其他人合作提出了超导BCS理论（巴丁-库珀-施里弗理论）。巴丁总共获得了两次诺贝尔物理学奖——1956年（因晶体管获奖）和1972年（因BCS理论获奖）。他于1991年去世。

主要作品

1948年《晶体管：一种半导体三极管》
1957年《超导微观理论》
1957年《超导理论》

廉·肖克利（William Shockley）、约翰·巴丁（John Bardeen）和沃尔特·布拉顿（Walter Brattain）等美国物理学家组成的团队，研制出了基于半导体的三极管放大器。

巴丁是这个团队的主要理论家，布拉顿则是实验家。在通过对半导体晶体施加外部电场以控制其导电性的尝试失败后，巴丁的一项理论突破将焦点转移至半导体表面，这被视为导电性变化的关键环节。1947年，这个研究团队开始在锗晶体顶部进行电接触实验。第三个电极（"基底"）被连接到底部。为了使该装置能够按预期工作，顶部的两个触点必须非常接近，他们在一块塑料板的顶角处包裹金箔，并沿边缘切开金箔，从而形成两个紧密挨在一起的触点。当塑料板被压在锗上时，就形成了一个放大器，实现了增强从基底输入的信号的目标。第一个版本的器件很直接地被称为点接触，但很快就被命名为"晶体管"。

点接触式晶体管对于大批量生产来说过于脆弱，所以1948年，肖克利开始研制一种新的晶体管。基于PN结原理，肖克利提出了一个设想：掺杂产生的带正电荷的空穴能够穿透半导体层，而不是仅仅集结在其表面，他由此得出了"双极"型晶体管的设计思路。该晶体管呈三明治结构，可以由两个n型层中间夹杂p型层（npn型）或者由两个p型层中间夹杂n型层（pnp型），不同层间形成PN结。到了1951年，贝尔公司开始大规模生产晶体管。虽然起初主要用于助听器和收音机，但这一器件很快就推动了电子市场的惊人增长，并开始取代计算机中的真空管。

计算能力

最早的晶体管是由锗制成的，但储量更丰富、用途更广的硅逐渐取代锗成为半导体工业的基础材料。硅的晶体表面会形成一层薄薄的氧化物绝缘层。利用一种叫作光刻的技术，可以在微观尺度上对表面绝缘层进行精确加工，在晶体上形成高度复杂的掺杂区和其他特征。

硅基材料的出现和晶体管设计的进步推动了器件的快速小型化。20世纪60年代末首次出现了集成电路（单块晶片上含有整个电路）；1971年，英特尔4004微处理器问世，它是一块3毫米×4毫米的中央处理器（CPU）芯片，内部含有2000多个晶体管。从此，集成电路技术以惊人的速度发展，现在一个中央处理器（CPU）或图形处理器（GPU）芯片可以包含多达200亿个晶体管。■

动物带电
生物电

背景介绍

关键人物
约瑟夫·厄尔兰格（1874—1965）
赫伯特·斯潘塞·加塞
（1888—1963）

此前
1791年 意大利物理学家路易吉·伽伐尼在论文中指出，青蛙的腿部存在"动物电"。

1843年 德国医生埃米尔·杜布瓦-雷蒙指出，神经中电流以波的形式传播。

此后
1944年 美国生理学家约瑟夫·厄尔兰格和赫伯特·斯潘塞·加塞因对神经纤维的研究而获得了诺贝尔生理学或医学奖。

1952年 英国科学家艾伦·霍奇金和安德鲁·赫胥黎提出，神经元通过离子流与其他细胞进行交流。这就是众所周知的霍奇金-赫胥黎模型。

生物电能够激活动物的整个神经系统，使其发挥作用。有了它，大脑就能感知热、冷、危险、疼痛和饥饿，并控制肌肉运动，包括心跳和呼吸。

最早开始研究生物电的科学家之一是路易吉·伽伐尼，他于1791年提出了"动物电"的概念。他观察到，当用两种金属连接青蛙腿上被切断了的神经和肌肉时，肌肉开始收缩。1843年，埃米尔·杜布瓦-雷蒙（Emil du Bois-Reymond）指出，鱼体内的神经信号是电信号。1875年，英国生理学家理查德·卡顿（Richard Caton）探测到了兔子和猴子大脑中产生的电场。

1932年，约瑟夫·厄尔兰格（Joseph Erlanger）和赫伯特·斯潘塞·加塞（Herbert Spencer Gasser）取得了突破性进展，他们发现同一根神经索中的不同纤维具有不同的功能，能够以不同的速度传导电信号，并对不同强度的外界刺激做出反应。从20世纪30年代起，艾伦·霍奇金（Alan Hodgkin）和安德鲁·赫胥黎（Andrew Huxley）用枪乌贼的大型轴突（神经元的一部分）研究离子（带电原子或分子）是如何进出神经元的。他们发现，神经元在传递信息时，钠、钾和氯化物离子会快速移动，产生动作电位。∎

鲨鱼和其他一些鱼类有一种被称为劳伦氏壶腹的皮肤感受器，里面充满果冻状的黏液，这种皮肤感受器可以探测到水中电场的变化。

参见：磁性 122~123页，电荷 124~127页，电势 128~129页，电流和电阻 130~133页，产生磁场 134~135页。

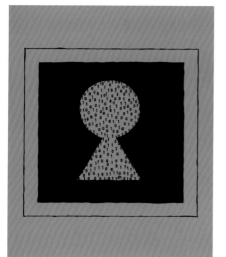

一个完全意想不到的科学发现

存储数据

背景介绍

关键人物
艾尔伯·费尔（1938— ）
彼得·格林贝格（1939—2018）

此前

1856年 苏格兰物理学家威廉·汤姆森（开尔文勋爵）发现了磁电阻。

1928年 荷兰裔美国物理学家乔治·乌伦贝克和塞缪尔·古德斯米特基于量子力学提出了电子自旋的概念。

1957年 第一件计算机硬盘驱动器（HDD）问世，其大小相当于两台冰箱，可以存储3.75兆字节（MB）的数据。

此后

1997年 英国物理学家斯图尔特·帕金利用巨磁电阻发明了极其灵敏的自旋阀，可用于读取数据。

计算机硬盘驱动器（HDD）将数据编码为比特，并以磁化方向的一系列变化的形式将其记录在磁盘表面。通过将这些变化检测为一系列1和0的形式便可读取数据。在更小的空间内存储更多数据的追求推动了硬盘技术的不断发展，但一个主要问题很快就出现了：传统的传感器很难在越来越小的磁盘空间内读取越来越多的数据。

1988年，两个计算机科学家团队——一个由艾尔伯·费尔（Albert Fert）领导，另一个由彼得·格林贝格（Peter Grünberg）领导——相继独立发现了巨磁电阻（GMR）。巨磁电阻是一种量子力学效应，其材料电阻取决于电子自旋。

电子自旋方向可以向上，也可以向下——如果电子的自旋是"向上"的，那么它将很容易通过向上磁化的材料，但通过向下磁化的材

> 我们刚刚见证了巨磁电阻的诞生。
>
> 艾尔伯·费尔

料时它将遇到强大阻力。对电子自旋的研究被称为自旋电子学。将非磁性材料夹在两个只有几个原子厚的磁性材料层之间，并施加小的外磁场，会使流过的电流变得自旋极化。电子的自旋要么"向上"，要么"向下"，如果改变磁场方向，自旋极化电流就会像阀门一样打开或关闭。这种自旋阀可以在读取硬盘数据时检测到微小的磁脉冲，从而允许存储大量的数据。■

参见：磁性 122~123页，纳米电子学 158页，量子数 216~217页，量子场论 224~245页，量子技术应用 226~231页。

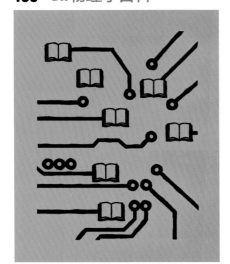

针尖上的百科全书

纳米电子学

背景介绍

关键人物
戈登·摩尔（1929—2023）

此前
20世纪40年代末 最早的晶体管问世了，尺寸以厘米为单位。

1958年 美国电气工程师杰克·基尔比和罗伯特·诺伊斯发明了第一个集成电路。

1959年 理查德·费曼鼓励其他科学家研究纳米技术。

此后
1988年 艾尔伯·费尔和彼得·格林贝格相继独立地发现了巨磁电阻效应，从而使硬盘存储能力得到大幅提高。

1999年 美国电气工程师查德·米尔金发明了蘸笔纳米印刷术，实现了在硅片上直接"书写"纳米电路。

从智能手机到汽车点火系统，几乎所有电子设备都是由尺寸为几纳米（1纳米是1米的十亿分之一）的电路集成的。许多微型集成电路（IC）可以实现以前数千个晶体管才具有的功能，切换或放大电信号。集成电路是许多电子元件（如晶体管和二极管）的集合，它们被印刷在硅片这种半导体材料上。

20世纪50年代以来，减小电子器件的尺寸、重量和功耗一直是发展方向。1965年，美国工程师戈登·摩尔（Gordon Moore）预测了电子器件小型化的发展趋势，并预言每隔18个月单位面积硅片上的晶体管数量就将翻一番。1975年，他又改为每两年翻一番，这个预言后来被称为摩尔定律。尽管小型化的发展速度自2012年以来有所放缓，但当下晶体管最小的尺寸为7纳米，足以让200亿个基于晶体管的电路集成到单个计算机芯片中。光刻术（将照片上的图案转移到半导体材料上）被用来制造这些纳米电路。■

戈登·摩尔在1975年至1987年担任英特尔公司的首席执行官，他最为人所知的贡献是对电子器件小型化发展趋势的预言。

参见：电动效应 136~137页，电子学 152~155页，存储数据 157页，量子技术应用 226~231页，量子电动力学 260页。

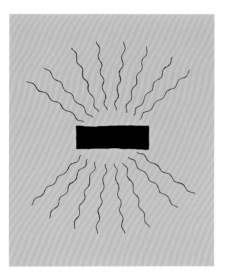

单极，南或北

磁单极子

在经典磁学理论中，磁铁有两个不能分离的磁极。如果一块磁铁断成两截，那么断开处就会形成一个新的磁极。然而，在粒子物理学中，磁单极子是一个假设的粒子，只有单一磁极，南极或北极。理论上，异性磁单极子相互吸引，同性磁单极子相互排斥，它们在电场中的运动轨迹会发生弯曲。

没有任何观测或实验能够证明磁单极子存在，但1931年，英国物理学家保罗·狄拉克提出，磁单极子可以用于解释电荷的量子化，即所有电荷都是1.6×10^{-19}库仑的倍数。

引力、电磁力、弱核力和强核力是公认的四种基本力。在粒子物理学中，大统一理论的几个变种指出，在非常高的能量下，电磁力、弱核力和强核力可以归纳成一种相互作用。1974年，理论物理学家杰拉德·特·胡夫特（Gerard't Hooft）和亚历山大·波利亚科

夫（Alexander Polyakov）独立提出，大统一理论可以预言磁单极子的存在。

1982年，斯坦福大学的一个探测器记录到了一个与磁单极子行为相一致的粒子，但是后来科学家用超高灵敏度的磁强计寻找磁单极子，并没有找到这样的粒子。■

参见：磁性 122~123页，电荷 124~127页，量子场论 224~225页，量子技术应用 226~231页，弦理论 308~311页。

SOUND AND LIGHT

THE PROPERTIES OF WAVES

声和光
波的属性

毕达哥拉斯发现了七弦琴琴弦的长度和它们发出的音高之间的关系。

公元前 **6** 世纪

欧几里得撰写了《光学》一书，主张光沿直线传播，并描述了光的反射定律。

公元前 **3** 世纪

威里布里德·斯涅尔提出一条法则，用于计算光线进入透明材料时的角度与其折射角之间的关系。

1621 年

罗伯特·胡克出版了《显微术》，这是第一项通过他设计的显微镜观察微小物体的研究。

1665 年

公元前 **4** 世纪

亚里士多德正确地指出：声音是一种通过空气运动传播的波，但错误地指出高频声音比低频声音传播得更快。

公元 **50** 年

亚历山大的希罗指出，光总是以最短路径在两点间传播，仅用几何学知识就可以推导出反射定律。

1658 年

皮埃尔·德·费马指出，所有的反射和折射定律都可以统一用一条原理来描述，那就是光总是以最短时间在两点之间传播。

我们常用视觉和听觉来观察和解释我们的世界，光是人类视觉的先决条件。自人类文明诞生伊始，光和声音就深深地吸引着人类。

从新石器时代开始，音乐就成为人们日常生活的一部分，远古时代的洞穴壁画和考古资料都证明了这一点。古希腊人将对学习的热情融入他们文化的每个元素中，他们试图找出和声背后的原理。毕达哥拉斯在听到锤子在铁砧上敲出不同的音符后，意识到声音的高低与制造声音的工具或乐器的大小之间存在着某种联系。在众多研究记录中，毕达哥拉斯和他的学生一起探索了不同张力和长度的七弦琴琴弦振动时的效果。

反射和折射

反射和折射也一直是神奇的东西。古希腊学者仅用几何学知识就证明了光从镜面返回时的角度总是与它进入镜面时的角度一样，这一原理今天被称为反射定律。

10世纪，波斯数学家伊本·萨尔注意到了光线进入透明材料时的入射角与其在该材料中的折射角之间的关系。17世纪，法国数学家皮埃尔·德·费马提出了一个同时适用于反射和折射的定理：光总是以最短时间在两点之间传播。

光的反射和折射现象使意大利物理学家和天文学家伽利略·伽利雷、英国的罗伯特·胡克等先驱得以创造出全新的设备，为人类观察宇宙提供了新的视角。显微镜为

人类观察大自然提供了有力工具，望远镜揭示了人类之前从未见过的围绕其他行星运行的卫星，促使人们重新评估地球在宇宙中的位置，而显微镜为人类提供了一窥微小生物和生命细胞结构的奇异世界的窗口。

几个世纪以来，多位有影响力的科学家多次质疑光的本质。有些人认为光是由微小颗粒组成的，这些微小颗粒可能是经过物体反射后，通过空气运动从一个发射源抵达观察者那里。另一些人认为光是一种波，他们的论据是光的衍射（光通过狭窄缝隙时的扩散）等行为。英国物理学家艾萨克·牛顿和罗伯特·胡克针锋相对：牛顿支持粒子假说，而胡克支持波动假说。

艾萨克·牛顿假设光是由叫作"微粒"（corpuscles）的粒子组成的。

1675 年

出生于德国的英国天文学家威廉·赫歇尔发现了红外辐射，这是电磁波谱可见波段之外的第一束光。

1800 年

克里斯蒂安·多普勒描述了恒星颜色的变化与它们的运动之间的关系（光的多普勒效应），这个效应后来被荷兰气象学家拜斯·巴洛特用声波证明了。

1842 年

北爱尔兰天体物理学家约瑟琳·贝尔·伯奈尔利用射电天文学发现了脉冲星（pulsar）。

1967 年

1669 年

丹麦科学家拉斯穆·巴多林在观察到方解石晶体的双折射现象后描述了光的偏振。

1690 年

荷兰物理学家克里斯蒂安·惠更斯出版了《光论》，概述了他的波动理论以及光在不同介质间传播时是如何弯曲的。

1803 年

托马斯·杨通过分解一束光的实验证明了光的波动性。

1865 年

詹姆斯·克拉克·麦克斯韦证明了光是磁场和电场的振荡。

后来，英国博学家、医生托马斯·杨给出了答案。1803年，英国皇家学会概述了一项实验，杨用一张薄卡片将一束阳光分开，使其发生衍射，在屏幕上产生衍射图样。结果显示，衍射图样不是由两束光形成的两个明亮斑点，而是一系列明暗交错的重复线条。只有当光以波的形式存在，并且薄卡片两边的波相互干涉时，这种结果才能得到解释。

当人们开始弄清楚光是以横波传播的，而不像声音是以纵波传播的时候，波动理论才真正开始流行起来。很快，研究光特性的物理学家也注意到，光波可以被迫以特定方向（称为偏振方向）振荡。1821年，法国物理学家奥古斯丁-让·菲涅耳（Augustin-Jean Fresnel）提出了一套完整的光波动理论。

多普勒效应

奥地利物理学家克里斯蒂安·多普勒（Christian Doppler）在思考相互环绕的一对恒星发出的光时意识到，在大多数恒星对中，一颗恒星是红色的，另一颗是蓝色的。1842年，他指出，这是由它们的相对运动造成的，一颗在远离地球，另一颗则在靠近地球。这一效应被证明适用于声音，因此也被认为适用于光。光的颜色取决于其波长，当恒星靠近时，波长较短；当恒星远离时，波长较长。

19世纪，物理学家威廉·赫歇尔还发现了人眼看不见的新的光——先是红外线，然后里特发现了紫外线。1865年，苏格兰物理学家詹姆斯·克拉克·麦克斯韦将光解释为电磁波，这引发了电磁波谱可以拓展到多远的问题。不久后，物理学家发现了频率更极端的光，如X射线、伽马射线、无线电波和微波，以及它们的多种应用途径。肉眼看不见的光现在已经成为现代生活的重要组成部分。∎

弦的嗡嗡声中有几何规律

音乐

背景介绍

关键人物

毕达哥拉斯（约公元前570年—约公元前500年）

此前

约公元前4万年 已知最早的专用乐器是2008年在德国乌尔姆附近的洞穴里发现的一个用秃鹫翼骨雕刻而成的长笛。

此后

约公元前350年 亚里士多德认为声音是通过空气的运动来传播的。

1636年 法国神学家和数学家马兰·梅森发现了将拉伸弦的基频与其长度、质量和张力联系起来的定律。

1638年 在意大利，伽利略声称音高（音调的高低）取决于声波的频率，而非速度。

参见: 科学方法 20~23 页,物理学的语言 24~31页,压强 36页,简谐运动 52~53页,电磁波 192~195页,压电性与超声波 200~201页,天堂 270~271页。

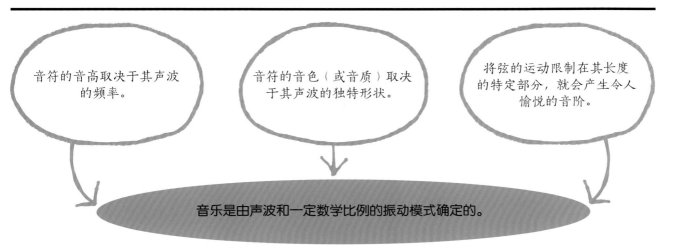

音符的音高取决于其声波的频率。

音符的音色(或音质)取决于其声波的独特形状。

将弦的运动限制在其长度的特定部分,就会产生令人愉悦的音阶。

音乐是由声波和一定数学比例的振动模式确定的。

人类从史前时代就开始创作音乐,但直到古希腊的黄金时代(公元前500—公元前300年),一些和声(特别是频率和音调)背后的物理原理才被人们认识到。通常认为,理解音乐这些基本方面的最早科学尝试要归功于古希腊哲学家毕达哥拉斯。

音乐之声

音高是由声波的频率(每秒通过一个固定点的声波的数量)决定的。物理学和生物学的完美配合使人的耳朵能够感知到声音。我们知道,声波是纵向传播的——它们是由空气在与声波传播方向平行的方向上来回移动而产生的。当这些振荡引起我们耳膜的振动时,我们就能感知到声音。

虽然声音的频率或音高决定了我们所听到的音符,但音乐也有另一种被称为音色(timbre)的品质。这是一种由特定乐器产生的波动的细微变化,这种波动的

"形状"与它简单的频率和波长(波中连续两个波峰或波谷之间的距离)截然不同。没有一种非数字式乐器能够产生完全一致且完全平稳的声波,而音色的不同就是歌唱家所唱出的音符在弦乐器、管乐器或铜管乐器上演奏时,甚至是由另一位歌唱家演唱时,听起来不尽相同的原因。音乐家也可以通过使用不同的演奏技巧来改变乐器的音色。例如,小提琴家可以通过以不同的方式使用琴弓来改变弦的振动方式。

毕达哥拉斯的发现

传说,毕达哥拉斯在经过一个忙碌的铁匠车间,听到锤子敲击铁砧的悦耳声音时,产生了他关于音高的想法。据说,他听到了一个与其他音符完全不同的音符,就冲进去测试锤子和铁砧,在此过程中,他发现了所用锤子的大小和它发出声音的音高之间的关系。

与其他关于毕达哥拉斯的故事一样,这个故事肯定也是虚构的(音高和锤子的大小之间没有关系),但这位哲学家和他的追随者

即使两个音符有着相同的音高,它们的声音也取决于其声波的形状。音叉产生只有一个音高的纯音。小提琴则产生一个锯齿状的波形,其音高被称为泛音(overtone),位于基音之上。

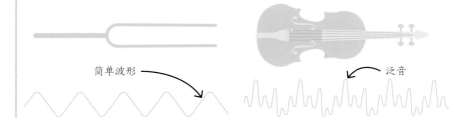

简单波形

泛音

> 和声……取决于音乐的比例，这只是一种神秘的音乐关系。

弗洛里安·卡约里，瑞士裔美国数学家

确实发现了乐器的物理原理和它们发出的音符之间的基本联系。

他们意识到乐器的大小和声音之间有关系。特别是，他们发现不同长度的弦、不同高度的管风琴，以及不同直径和长度的管乐器发出的声音之间确实存在相似的关系。

毕达哥拉斯的发现与振动琴弦的系统性研究更相关，而不是与锤子和铁砧更相关。越短的弦振动得越快，发出的音也越高，但这并不是什么新发现，至少2000年以来，这一直是弦乐器的基本原理。然而，用不同的方式振动相同的弦会产生更为有趣的结果。

毕达哥拉斯和他的学生测试了不同长度和张力的七弦琴（一种早期乐器）的琴弦。例如，拨动一根弦的中间部分，就会产生一种"驻波"——中间部分来回摆动，而两端保持不变。实际上，弦产生的波的波长是它自身长度的两倍，频率由波长和弦的张力决定。这被称为基音或一次谐波（first harmonic）。而波长较短的驻波被称

为高次谐波（higher harmonics），可以通过"停止"一根弦（在其长度的另一点保持或限制其运动）而产生。二次谐波是琴弦在其长度的一半（中点）精确停止时产生的。这就产生了一个波长与弦长匹配的波——换句话说，波长是基频的一半，频率是基频的两倍。对于人类听觉来说，这就创造了一个与基音有许多相同特征的音符，但音调更高——在音乐术语中称其为一个更高的八度。振动在弦上1/3长度处"停止"可以产生三次谐波，其波长是弦长度的2/3，频率是基音的三倍。

纯五度

二次谐波和三次谐波之间的区别非常重要，这等效于振动波的频率之间3∶2的比例，以一种愉悦而动听的方式分离了混合在一起的音调（音符），但在音乐上这种区别比被整个八度分开的和弦音更明显。

不久后，毕达哥拉斯学派就根据这种关系建立了一套完整的音乐体系。通过建立并正确地以简单的数学比例关系"调音"其他弦使其以设定的频率振动，他们在基音和八度音程之间建立了一个和弦音程（musical progression），通过一系列七声音阶发出和谐的音符。3∶2的比例定义了这些音程中的

第五阶，被称为纯五度（perfect fifth）。

一组7个音符（相当于现代钢琴上一个八度音程的白键A到G）被证明有一定的局限性，后来出现了更小的被称为半音的调音部分，这就形成了一个由12个音符组成的通用系统（相当于现代钢琴上一个八度音程的7个白键和5个黑键）。当从一个"C"到下一个"C"时（不论从左往右还是从右往左），只有用7个白键音才能产生令人愉悦的音阶（称为自然音阶），而附加的黑键音（"升号音"和"降号音"）允许从任何一个键开始都能弹出这样的音阶。

"毕达哥拉斯调音法"建立在完美的"纯五度"基础上，好几个世纪以来，一直被用于在西方乐器上找到理想的音高，直到文艺复兴时期音乐品位的变化才催生了更加复杂的调音法。欧洲以外的音乐文化，如印度和中国的音乐文化，都遵循自己的传统，尽管那里的人也知晓某些音调的音符按一定顺序

古希腊的七弦琴最初只有4根琴弦，但到公元前5世纪时已增加到多达12根琴弦，演奏者需要用拨子拨动琴弦。

或一起演奏时能产生令人愉悦的效果。

天体音乐？

对于毕达哥拉斯学派的哲学家来说，"音乐是由数学形成的"这一认识揭示了一个关于宇宙的深刻真理。这激发他们去寻找其他地方的数学模式，包括天上运行的天体。对行星和恒星在天空中移动的周期模式的研究促成了后来被称为天体音乐的宇宙和谐理论。

毕达哥拉斯的一些追随者也试图通过考虑其中涉及的物理学原理来解释音符的性质。古希腊哲学家阿尔库塔斯（Archytas）认为，振动的弦会产生不同速度的声音，于是人类听到的是不同的音调。尽管他的想法并不正确，但这一理论被后人采纳，并在极具影响力的哲学家柏拉图和亚里士多德的教学中被重复教授，成为西方文艺复兴前音乐理论的经典。

另一个从毕达哥拉斯学派流传下来的长期音乐误解是：他们声

一幅中世纪的木刻画描绘了毕达哥拉斯和他的追随者菲洛劳斯（Philolaus）正在对不同大小的管乐器发出的各种声音进行研究。

称弦的音高与它的长度及绷紧程度成正比。16世纪中叶，意大利诗琴演奏家和音乐理论家文森佐·伽利雷（Vincenzo Galilei，伽利略·伽利雷的父亲）调查了这些所谓的音乐定律后发现，尽管毕达哥拉斯学派所声称的长度和间距之间的关系是正确的，但弦的绷紧程度与音高之间的关系显然要更为复杂——音高其实与弦上所施的张力大小的平方根成正比。

文森佐·伽利雷的发现引发了人们对古希腊知识优越性的广泛质疑，而他的实验方法——进行实际测试和数学分析，而非仅仅把权威主张视为至高真理——对他的儿子伽利略产生了重大影响。■

他们从数字中看到了音阶的属性和比例。
亚里士多德对毕达哥拉斯学派的评价

毕达哥拉斯

人们对毕达哥拉斯的早期生活知之甚少，但后来的古希腊历史学家一致认为，约公元前580年出生于爱琴海的萨摩斯岛（Samos），该岛是一个重要的贸易中心。一些传说讲述了年轻的毕达哥拉斯在近东地区（译者注：指现今地中海的东部沿岸地区，也包括非洲东北部和亚洲西南部）旅行，并在古埃及或波斯牧师和哲学家以及古希腊学者的指导下学习。他们还说，在回到萨摩斯岛后，毕达哥拉斯的地位迅速上升。

在大约40岁的时候，毕达哥拉斯搬到了意大利南部的古希腊城市克罗托内（Croton），在那里他创立了一所哲学学校，吸引了许多追随者。毕达哥拉斯学生的遗作表明，他的教义不仅包括数学和音乐，还包括伦理学、政治学、形而上学（对现实本质的哲学探究）和神秘主义。

毕达哥拉斯在克罗托内的领导层中获得了巨大的政治影响力，约公元前500年，毕达哥拉斯可能死于一场因他拒绝通过民主宪法的呼吁而引发的公民起义。

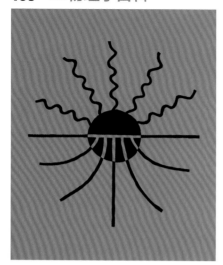

光沿用时最短的路径传播

反射和折射

反射和折射是光的两种基本性质。反射是光从一个表面反射的趋向，其方向与光入射该表面的角度有关。早期的研究使古希腊数学家欧几里得注意到，光线从镜面反射时，其反射角总是等于入射角，入射角是光线与垂直于镜子表面的线（称为法线）之间的角度。入射光线与法线的夹角同反射光线与法线的夹角总是相同。1世纪，数学家希罗证明了这条路径是如何使光线总以最短的距离（并且花费最少的时间）传播的。

折射是光线从一种透明材料传递到另一种透明材料时改变方向的行为。10世纪的波斯数学家伊本·萨尔首次发现了光的折射定律，将光线在两种材料边界的入射

接近另一种介质边界的光或以与垂直于边界的法线相同的夹角反射回原介质里，或以与入射角度和两种介质中光的相对速度均相关的一个折射角度折射入另一种介质里。无论发生反射还是发生折射，光总是沿着最短和最简单的路径行进。

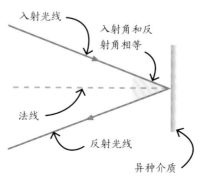

反射

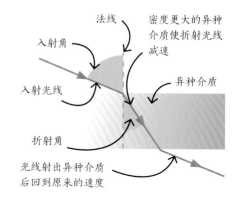

折射

参见：能量和运动 56~57页，聚焦光线 170~175页，块状和波状的光 176~179页，衍射和干涉 180~183页，偏振 184~187页，光速 275页，暗物质 302~305页。

角与光线在第二种材料中的折射角联系起来，同时将两种材料的光学性质也纳入了折射定律。这一定律于17世纪早期在欧洲被重新发现，最著名的贡献者便是荷兰天文学家维里布里德·斯涅尔（Willebrord Snellius），因此折射定律也被称为斯涅尔定律。

最短路径和最短时间

1658年，法国数学家皮埃尔·德·费马意识到，反射和折射都可以统一用一种相同的基本原理描述——这也是希罗提出的一种理论的延伸。费马原理指出：光在两点之间传播时，会自动选择用时最少的路径。

费马根据荷兰物理学家克里斯蒂安·惠更斯的早期概念提出了他的原理。惠更斯描述了光以波的形式运动，以及如何将其应用到可以想象到的最小波长的情况。这通常被视为光"射线"概念的正当理

宁静的日子里，树林的景色倒映在湖面上。反射角等于入射角——从景色反射的阳光照射到水面的角度。

由，这一广泛应用的概念强调的是一束光沿着最短的时间路径在空间中传播。当光穿过单一不变的同种介质时，它将沿直线运动（除非它所经过的空间发生扭曲）。然而，当光从介质边界反射或进入速度更快（或更慢）的异种介质时，这个"最短时间原则"就决定了它接下来的路径。

通过假定光速有限，并且光在密度更大的透明介质中移动得更慢，费马能够由他的原理推导出斯涅尔定律，他的原理准确描述了光线进入密度较大的介质时向法线方向弯曲，进入密度较小的介质时远离法线的现象。

费马的发现本身就很重要，而且被广泛认为是物理学中"变分

原理"家族的第一个例子，这一原理描述了过程总是遵循最有效路径的倾向。∎

皮埃尔·德·费马

皮埃尔·德·费马出生于1607年，他的父亲是法国西南部的一位商人。费马接受过律师培训，后来成为一名律师，但他最广为人知的贡献还是数学。他发现了计算曲线斜率和拐点的方法，比牛顿和莱布尼茨使用微积分的方法早了整整一代人。

费马的"最短时间原理"被认为是迈向更广义的"最小作用量原理"的关键一步。"最小作用量原理"观察到：许多物理现象的行为方式都是使所需能量最小化（有时是最大化）的。

这不仅对理解光和大尺度的运动很重要，对理解原子在量子层面的行为也至关重要。费马于1665年去世，三个世纪后，最著名的"费马大定理"（亦称"费马最后定理"）终于在1995年得到了证明。

主要作品

1636年 《求曲线的极大值、极小值和直线切线的方法》

全新的多彩世界

聚焦光线

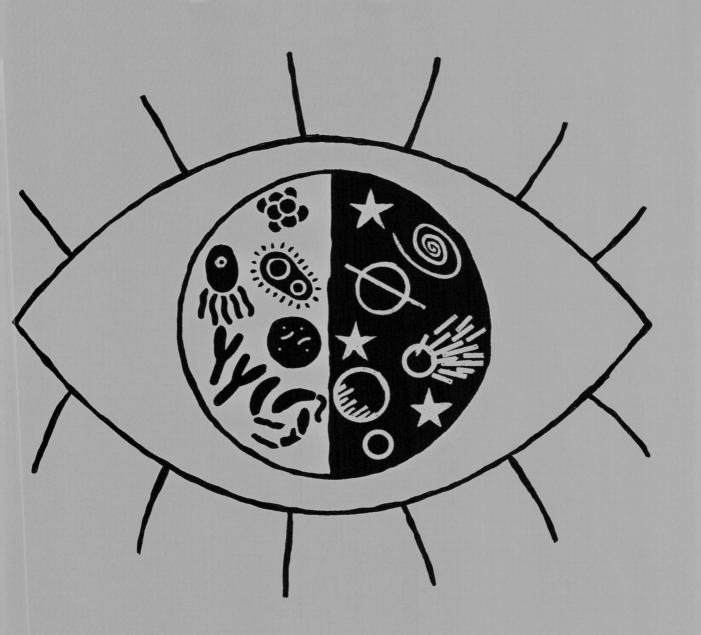

背景介绍

关键人物
安东尼·范·列文虎克（1632—1723）

此前
约公元前5世纪　在古希腊，人们用凸面的水晶或玻璃圆盘把阳光聚焦在一个点上来点火。

约1000年　第一块透镜——由一个平底面和凸顶面构成的玻璃"阅读石"在欧洲得到使用。

此后
1893年　德国科学家奥古斯特·科勒设计了一种显微镜的照明系统。

1931年　恩斯特·鲁斯卡和马克斯·诺尔在德国建造了第一台电子显微镜，利用电子的量子特性来观察物体。

1979年　位于美国亚利桑那州霍普金斯山的多镜面望远镜（MMT）建成。

望远镜的尽头是显微镜的起点，哪一个的视野更加开阔？

维克多·雨果，《悲惨世界》

正如光线可以在平面镜的表面以不同的方向反射，或者在穿过两种不同的透明材料的边界时以一个不同于入射角的角度折射，曲面镜也可以使光线弯曲，并让光线聚焦到一个称为焦点（focus）的点上。利用透镜或反射镜使光线弯曲和聚焦始终是许多光学仪器的关键，包括17世纪70年代安东尼·范·列文胡克（Antonie van Leeuwenhoek）发明的开创性的单透镜显微镜。

放大原理

光学仪器最基本的元件便是透镜，透镜从11世纪开始在欧洲得到使用。当光线进入和离开一个凸透镜（具有向外弯曲的表面）时，折射过程将一系列从点光源向四面发散的光线弯折到更接近平行的路径上，从而形成一个占据眼睛视野更大部分的图像。然而，这种放大镜也有局限性。在观察离透镜非常接近的物体时，使用更大直径的透镜获得更大的视野（可以被放大的物体区域）涉及光线的弯曲，这些光线会在透镜的两侧强烈发散。这就需要一个倍数更大的透镜（更大的表面曲率和更厚的中心厚度）。早期粗糙的玻璃制造工艺在制造高倍率透镜时不可避免地会产生扭曲和缺陷。因此，高放大倍率似乎是不可能实现的，这在长达几个世纪里阻碍了光学仪器的发展。

第一台望远镜

17世纪，科学家意识到，通过在仪器中使用多个透镜的组合而不是单个透镜，他们可以显著提高放大倍率，从而创造出一种光学工具，不仅可以放大附近的物体，也

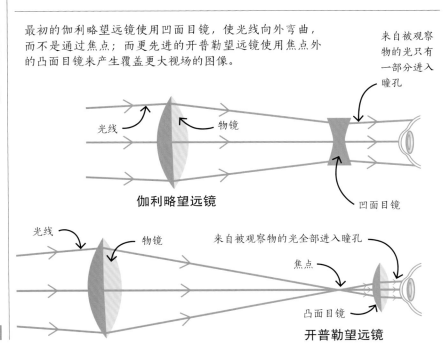

最初的伽利略望远镜使用凹面目镜，使光线向外弯曲，而不是通过焦点；而更先进的开普勒望远镜使用焦点外的凸面目镜来产生覆盖更大视场的图像。

参见： 反射和折射 168~169页，块状和波状的光 176~179页，衍射和干涉 180~183页，偏振 184~187页，超越可见光 202~203页。

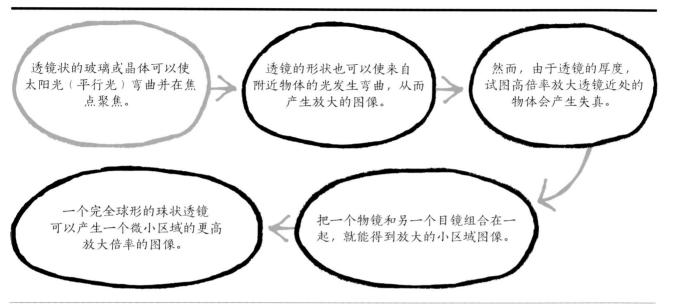

透镜状的玻璃或晶体可以使太阳光（平行光）弯曲并在焦点聚焦。

透镜的形状也可以使来自附近物体的光发生弯曲，从而产生放大的图像。

然而，由于透镜的厚度，试图高倍率放大透镜近处的物体会产生失真。

一个完全球形的珠状透镜可以产生一个微小区域的更高放大倍率的图像。

把一个物镜和另一个目镜组合在一起，就能得到放大的小区域图像。

可以放大很远的物体。

第一台复合光学仪器（使用多个透镜的光学仪器）是望远镜，通常被认为是在1608年由荷兰透镜制造商汉斯·利伯希（Hans Lippershey）发明的。利伯希的装置由安装在一个长管子两端的两个透镜组成，其观察到的遥远物体的图像被放大了3倍。就像放大镜将附近物体发散的光线折射到更接近平行的光路上一样，望远镜的前部透镜（也称物镜），也会收集来自更远物体的近平行光线，并将它们折射到会聚光路上。然而，在光线聚焦之前，一个凹面（向内弯曲的）透镜（也称目镜）将光线再次弯曲回发散的光路上，从而在观察者的眼睛里产生一个看起来更大也更亮的图像（因为物镜收集的光线比人眼的瞳孔多）。1609年，意大利物理学家伽利略根据这个模型建造了

自己的望远镜。他严谨的方法使他能够改进原来的望远镜设计，生产出可以放大30倍的望远镜。这些望远镜使伽利略得以做出重要的天文发现，但他观察到的图像仍然很模糊，视野也很小。

1611年，德国天文学家约翰

我的仪器的效果是这样的：它可以使一个50英里外的物体看起来像只有5英里远。

伽利略·伽利雷

尼斯·开普勒提出了一个更好的设计。在开普勒设计的望远镜中，光线可以相交，目镜的透镜是凸面的而不是凹面的。透镜被放置在焦点外光线再次开始发散的那一点。因此，目镜的作用更像一个普通的放大镜，可以创造一个视野更大的图像，并能提供更高的放大倍数。开普勒望远镜所成的图像是前后颠倒的，但这对于天文观测来说并不是一个重大问题，甚至对于经验丰富的天文爱好者来说也不是问题。

矫正畸变

提高望远镜放大倍率的关键在于其镜片（透镜）的光学倍率（屈光率）和镜片间的分隔距离，但镜片更高的光学倍率也带来了问题。天文学家发现了两个主要问题：一是物体周围的彩色条纹，称为色差（由不同颜色的光在不同角

位于智利的巨麦哲伦望远镜（Giant Magellan Telescope）的放大倍数是哈勃空间望远镜的10倍，预计将于2025年完工，它将被用于捕捉来自深空宇宙的光线。

度折射引起）；二是"球差"（难以制作理想曲面的透镜）造成的图像模糊。

获得高放大倍率和最小像差的唯一可行途径看上去像是要把物镜变大、变薄并把它放置在远离目镜的地方。17世纪晚期，这一想法促使人们开始建造超大的"航空望远镜"（aerial telescope），其聚焦距离超过100米。

1730年前后，英国律师切斯特·摩尔·霍尔（Chester Moore Hall）提出了一个更实际的解决方案。霍尔意识到：将一个由弱折射玻璃制成的物镜嵌套在另一个折射率更高的凹透镜旁边，将产生一个"双重透镜"，能将所有颜色聚焦在同一距离，以避免出现模糊的色差条纹。18世纪50年代，在眼镜商约翰·多隆（John Dollond）将霍尔的技术推向市场后，这种"消色差"镜片得到了广泛使用。后来，这一想法的发展使望远镜制造商也可以消除球差。

反射望远镜

从17世纪60年代起，天文学家开始使用反射望远镜。它们使用凹面的主物镜收集平行的光线，并将光线反射到会聚光路上。17世纪早期，人们提出了各种各样的设计，但第一个实际应用的例子是由牛顿在1668年建造的。它使用了一个球面弯曲的主透镜，其前面以对角45°的角度悬挂着一个小的副镜片，用于拦截聚集的光线，并将光线反射到望远镜镜筒一侧的一个目镜（其焦点与物镜的焦点通过反射镜片共线）里。使用反射而不是折射可以避免色差的问题，但早期的反射镜片并不完美。这种"镜面金属"（一种高度抛光的铜锡合金）在当时被用于制作镜子，能产生浅黄色的图像。镀银玻璃是一种更好的反射镜片，它是由法国物理学家莱昂·傅科（Léon Foucault）在19世纪50年代发明的。

复合显微镜

正如科学家利用组合透镜来放大远处的物体，他们也利用组合透镜提高显微镜的放大倍率，以观察近处的微小物体。发明复合显微镜的荣誉是有争议的，但是荷兰发明家科内利斯·德雷贝尔（Cornelis Drebbel）于1621年在伦敦展示了这种仪器。为了最小化透镜厚度和减少像差，复合显微镜的物镜直径很小（所以透过物镜上不同点

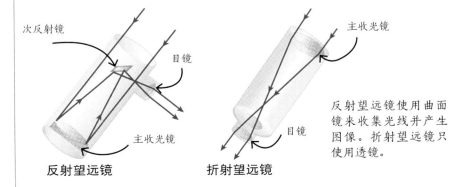

次反射镜　目镜　主收光镜
反射望远镜

主收光镜　目镜
折射望远镜

反射望远镜使用曲面镜来收集光线并产生图像。折射望远镜只使用透镜。

> 我看到最微小的微生物和鳗鱼的方法，我不会传授给别人；我也不会告诉别人该如何一次看到众多微小的微生物。

— 安东尼·范·列文虎克

的光线只有轻微的发散）。通常比物镜更大的目镜承担了图像放大的绝大部分工作。

早期最成功的复合显微镜是由罗伯特·胡克在17世纪60年代设计的。他在物镜和目镜之间安装了第三个凸透镜，使光线弯曲得更厉害，增加了放大倍率，但代价是产生了更大的像差。他还提到了另一个重要的问题——显微镜聚焦的小视场意味着图像趋于暗淡（因为从更小的区域反射的光线更少）。为了纠正这个问题，他加入了一个人工光源——一根蜡烛，蜡烛的光被一个装满水的球形玻璃灯泡聚焦在物体上。

胡克用显微镜绘制了植物和昆虫结构的大幅图像，并将其发表在1665年极具影响力的《显微术》一书中，这本书引起了轰动，但他的作品很快被荷兰科学家列文虎克的作品超越。

简单的聪明才智

范·列文虎克的单透镜显微镜远比当时的复合显微镜强大。透镜本身是一颗微小的玻璃珠——一种经过抛光的球体，能够将来自一小块区域的光线非常尖锐地弯曲，从而产生高度放大的图像。一个金属框架将微小的镜头固定在合适的位置，靠近眼睛，以便将天空作为它后面的光源。镜框上的一根针将样品固定在合适的位置上，通过三个螺钉可以在三维空间中移动针，从而调整焦点和镜头聚焦的区域。范·列文虎克对他的透镜制作技术保密，但他的显微镜至少放大了270倍，显示出的特征比胡克看到的要小得多。有了这个强大的工具，他第一次发现了细菌、人类精子，以及胡克已经发现的细胞的内部结构，胡克因此被称为微生物学之父。■

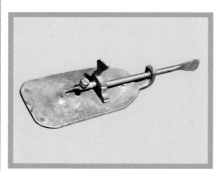

列文虎克自己制作了显微镜。它们由一个微小的球形透镜和一个固定标本的大头针组成。

安东尼·范·列文虎克

安东尼·范·列文虎克于1632年出生在荷兰代尔夫特镇，6岁时在一家亚麻店当学徒。1654年结婚后，列文虎克开始经营自己的服装公司。他希望近距离研究纤维的质量，他对当时已有放大镜的能力很不满意，于是开始研究光学，并开始制作自己的显微镜。

列文虎克很快就开始将他的显微镜用于科学研究，他的一位医生朋友雷尼耶·德·格拉夫（Regnier de Graaf）成功地让他的工作引起了伦敦皇家学会的注意。列文虎克对微观世界的研究，包括他对单细胞生物的发现，让伦敦皇家学会的成员感到惊讶。1680年，他成为皇家学会会员。他于1723年去世。

主要作品

《皇家学会哲学学报》上的375封信函

《巴黎科学院回忆录》中的27封信函

光是波

块状和波状的光

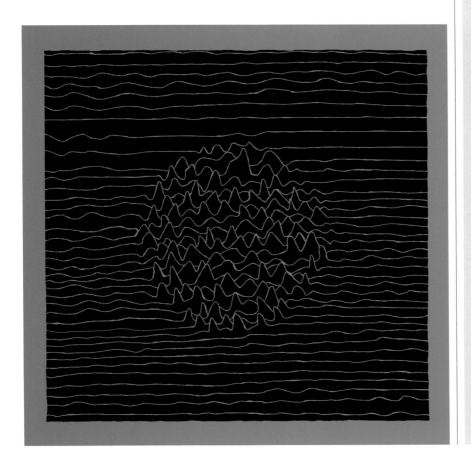

背景介绍

关键人物
托马斯·杨（1773—1829）

此前
约公元前5世纪 古希腊哲学家恩培多克勒声称，"光微粒"（corpuscles）从人的眼睛中射出，照亮周围的世界。

约公元前60年 古罗马思想家卢克莱修提出，光是发光物体发出的粒子的一种形式。

约1020年 阿拉伯学者伊本·海什木在《光学》一书中提出，物体是由太阳光照射并反射太阳光而发光的。

此后
1969年 在美国贝尔实验室，威拉德·博伊尔和乔治·史密斯发明了电荷耦合器件（CCD），它通过收集光子产生数字图像。

参见： 力场和麦克斯韦方程组 142~147页，衍射和干涉 180~183页，偏振 184~187页，电磁波 192~195页，能量子 208~211页，粒子和波 212~215页。

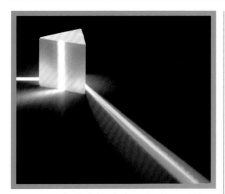

当白光穿过棱镜时会分解成可见光谱中的彩虹色光谱。具体的颜色取决于波长——其中红色对应的波长最长。

自古以来，哲学家和科学家一直在思考关于光的本质的理论，但直到17世纪，光学仪器如望远镜和显微镜的发展才带来了重要的突破——例如，确认了地球不是太阳系的中心，以及发现了神奇的微观世界。

约1630年，法国科学家和哲学家勒内·笛卡儿试图解释光的折射现象（光在不同介质之间传播时是如何弯曲的），并提出光是一种传播的扰动——一种以无限速度穿过填充了空白的传播介质的波。他把这种传播介质称为充实空间（plenum）。约在1665年，英国科学家罗伯特·胡克首次将光的衍射（光在穿过狭窄的开口后扩散开来的能力）和水波的类似行为联系起来。这使他认识到光不仅是波，而且是横波，就像水波一样——其扰动方向垂直于其运动方向，即传播方向。

彩色光谱

由于胡克的劲敌牛顿在科学界的巨大影响，胡克的观点在很大程度上被忽视了。大约在1670年，牛顿开始了一系列关于光的实验，他在实验中证明了颜色是光的固有属性。而在此之前，大多数学者认为光是因与不同物质的相互作用而表现为彩色的，但牛顿的实验揭示了光的颜色的真相。牛顿用棱镜将白光分解成彩色的光谱，之后又用透镜将彩色光谱合成了白光。

牛顿也研究了光的反射。他证明了光束总是以直线反射，并投射出边缘锐利的阴影。在他看来，如果光是波，那么波动的光一定会显示出比实验结果更多弯曲和扩散的迹象，因此他得出结论，光一定不是波，而是由微粒——一种微小的、块状的粒子组成的。牛顿于1675年发表了其观点，并在1704年

> 人们可以想象光以球面波的形式连续传播。
>
> 克里斯蒂安·惠更斯

出版的《光学》一书中进一步阐释了他的这些发现。他的主张主导了光理论一个多世纪。

光线弯曲

牛顿的观点有一些缺陷，特别是在光的折射方面。1690年，荷兰科学家和发明家克里斯蒂安·惠更斯出版了《光论》，他在书中从

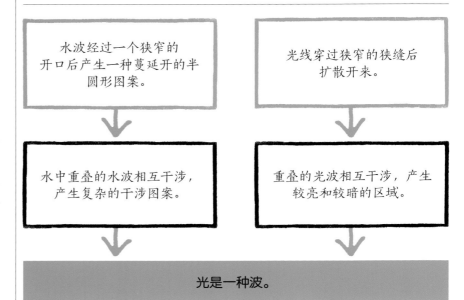

水波经过一个狭窄的开口后产生一种蔓延开的半圆形图案。

光线穿过狭窄的狭缝后扩散开来。

水中重叠的水波相互干涉，产生复杂的干涉图案。

重叠的光波相互干涉，产生较亮和较暗的区域。

光是一种波。

> 我将要叙述的实验……可以很容易地重复，只要阳光普照，任何人手边都不需要任何其他仪器。
>
> 托马斯·杨

光的波动行为的角度解释了光在不同介质（如水和空气）之间传播时是如何发生弯曲的。惠更斯摒弃了牛顿的微粒模型，其理由是两束粒子可能会碰撞而不会向意想不到的方向发生散射。他认为，光是一种以极高（但有限）的速度通过他所谓的"以太"（一种携带光的介质）的扰动。

惠更斯提出了一个有用的原理，即光束前进的"波阵面"（wavefront）上的每一点都被视为进一步向各个方向传播的更小的"小波"的波源。通过寻找"小波"排列和相互加强的方向，可以预测光束的大体行进路径。

杨氏实验

在18世纪的大部分时间里，光的微粒模型主导着科学家关于光的思考。19世纪初，英国博学家托马斯·杨的研究改变了这种情况。18世纪90年代，作为一名医学生，杨研究了声波的特性，并对一般的波现象产生了浓厚的兴趣。声

音和光之间的相似性使他相信光也可能形成波。1799年，他给伦敦皇家学会写了一封信，阐述了他的观点。

面对牛顿微粒模型追随者的强烈怀疑，杨开始设计实验以证明光的波动行为是毋庸置疑的。凭借对类比能力的敏锐把握，他建造了一个可以产生波纹的水缸——其一端有桨，可以产生周期性平行波浪。杨在水缸中放置了障碍物，比如有一个或多个开口的屏障，从而可以让他研究水波在缸中的传播行为。他展示了平行波在穿过屏障上的窄缝后是如何产生扩散的半圆形图案的——这类似于光穿过窄缝时的衍射效果。

一个有两条窄缝的屏障可以产生一对重叠的波。来自两条窄缝的波可以自由地越过对方，在两个波交叠的地方，波的高度由重叠波的相位决定——这种效应被称为波的干涉。当两个波峰或波谷相遇时，其结果是增加合波的高度或深度；而当波峰和波谷相遇时，其结

果是相互抵消。

1803年，杨在伦敦皇家学会的一次演讲中概述了他的下一步计划，即证明光的行为与水波类似。为了做到这一点，他使用一张薄卡片将一束狭窄的太阳光分成两束，并将它们照亮屏幕的方式与单束光照亮屏幕的方式进行了对比。当放上分光薄卡片时，屏幕上就会出现亮区和暗区交叠的图案，而当分光薄卡片被撤走后，交叠图案就会消失。杨巧妙地证明了光的行为方式和水波一样——当两束分离的光发生衍射和重叠时，光的强度较大和较小的区域相互作用，产生了一种仅凭微粒模型无法解释的干涉图案。这个实验后来被改进为在不透明的玻璃表面上刻上两条窄缝，因此被称为双缝实验。杨主张说，他的演示实验毫无疑问地表明光是一种波。更重要的是，这些图案会根据衍射光的颜色而变化，这就意味着光的颜色是由其波长决定的。

虽然杨的实验重新引起了关于光本质的争论，但光的波动理论还

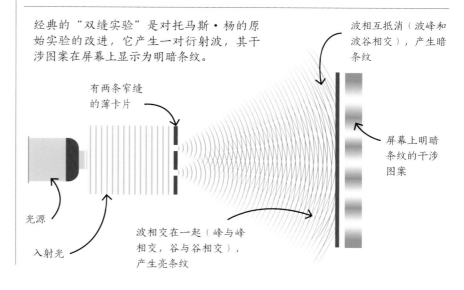

经典的"双缝实验"是对托马斯·杨的原始实验的改进，它产生一对衍射波，其干涉图案在屏幕上显示为明暗条纹。

有两条窄缝的薄卡片

光源

入射光

波相交在一起（峰与峰相交，谷与谷相交），产生亮条纹

波相互抵消（波峰和波谷相交），产生暗条纹

屏幕上明暗条纹的干涉图案

托马斯·杨

托马斯·杨是家中十个孩子中的老大，于1773年出生在英国萨默塞特郡（Somerset）的一个贵格会（Quaker）家庭。作为一个天生的博学家，他从小就掌握了好几种现代和古代的语言，后来他又开始学习医学。1801年，杨被任命为皇家研究所自然哲学教授，但后来为了避免与他的医学职业发生冲突，他主动辞职了。

杨后来继续学习和做实验，并在许多领域做出了宝贵的贡献。他在翻译古埃及象形文字方面取得了重要进展，并解释了人眼的工作原理，还研究了弹性材料的特性，并开发了一种乐器的调音方法。他于1829年去世。

主要作品

1804年 《与物理光学相关的实验和计算》

1807年 《自然哲学与机械艺术讲座课程》

没有被完全接受。尽管胡克已有早期的想法，但大多数科学家（包括杨自己）起初认为，如果光是波，那么它一定是纵向的——就像声音一样，即介质的扰动是在与其传播方向平行的方向上来回移动的。这使一些光现象，如光偏振，无法通过光的波动行为来解释。

1816年，法国科学家提出了一个解决方案。安德烈-马里·安培向奥古斯汀-让·菲涅耳提出，光波可能是横向的，这样就可以解释光的偏振行为。菲涅耳接着提出了更为详细的光波动理论，也解释了衍射效应。

电磁性质

对光的波动性的接受与电磁研究的发展历程相吻合。到了19世纪60年代，詹姆斯·克拉克·麦克斯韦已经能够用一系列简洁的方程将光描述为以每秒299792千米的速度移动的电磁扰动。

然而，围绕惠更斯所谓的"光以太"（luminiferous aether）仍然存在一些棘手的问题。大多数学者认为，麦克斯韦方程组描述了光从一个光源进入以太的速度。为探测这种介质，科学家设计了许多越来越复杂的实验，但都无一例外地失败了，这就使人们对"光以太"是否真实存在提出了质疑，并引发了一场只有爱因斯坦的狭义相对论才能解决的危机。

波和粒子

爱因斯坦在很大程度上改变了我们对于光的理解。1905年，他对光电效应提出了一种解释。光电效应是当某些金属暴露在某种光下时，电流在金属表面流动的现象。科学家一直对这样一个事实感到困惑：微弱的蓝光或紫外光会使一些金属产生电流，而即使在最强烈的红光下，金属也无法产生电流。爱因斯坦在先前马克斯·普朗克使用的光量子概念的基础上提出，尽管光基本上是波状的，但它是以微小粒子样的微小激发形态传播的，现在被称为光子（photon）。光源的强度取决于它能产生的光子的数量，但单个光子的能量取决于它的波长或频率——因此，高能量的蓝色光子可以为电子提供足够的能量，而低能量的红色光子，即使数量很大，也无法为电子提供足够的能量。20世纪初以来，光可以像波或粒子一样运动的事实已经在无数的实验中得到了证实。■

我们有很好的理由得出这样的结论：光本身……是一种电磁扰动，它是以波传播……的形式存在的。
詹姆斯·克拉克·麦克斯韦

光线绝不会折向阴影

衍射和干涉

背景介绍

关键人物
奥古斯丁-让·菲涅耳
（1788—1827）

此前
1665年 罗伯特·胡克把光的运动比作波浪在水中的传播。

1666年 艾萨克·牛顿证明了阳光是由不同颜色的光组成的。

此后
1821年 奥古斯汀-让·菲涅耳发表了他关于偏振的著作，首次提出光是一种横波（类似水波）而不是纵波（类似声波）。

1860年 德国的古斯塔夫·基尔霍夫和罗伯特·本生利用衍射光栅将特定波长的明亮"发射线"与不同的化学元素联系起来。

不同类型的波有类似的行为，如反射（入射表面时以相同的角度反射回来）、折射（在介质边界改变传播方向）和衍射（障碍物周围传播或通过孔径时发生扩散的行为）。衍射的一个例子是水波越过障碍传播到障碍后方的阴影区域。光也具有衍射性质这一发现是证明其波动性质的关键。

17世纪60年代，意大利耶稣会牧师、物理学家弗朗切斯科·格里马尔迪首次系统地观察到光的衍射。格里马尔迪建造了一个暗室，里面有一个针孔，一束铅笔般宽的

参见： 反射和折射 168~169页，块状和波状的光 176~179 页，偏振 184~187页，多普勒效应和红移 188~191页，电磁波 192~195页，粒子和波 212~215页。

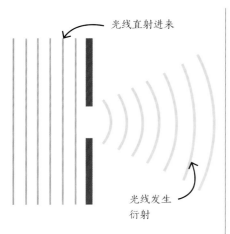

当线性的光波穿过障碍物上的狭窄小孔时，光波会衍射（扩散）成半圆形的波阵面。

阳光可以穿过小孔照射到一个倾斜的屏幕上。光束照射屏幕的地方形成了一个椭圆形的光圈，格里马尔迪测量了这个光圈。随后，他在光传播路径上放置了一根细棒，并测量了光束在被照亮区域投下的阴影的大小。最后，格里马尔迪将他的结果与基于"光沿直线传播"假设的计算结果进行了比较。他发现，不仅影子比计算结果要大，被光照亮的椭圆形光圈也比计算结果大。

格里马尔迪从中得出的结论：光不是由做简单的直线运动的粒子（微粒）组成的，而是具有类似于水波的波动性质，这使光线能够弯曲。格里马尔迪创造了"衍射"（diffraction）一词来描述这种现象。他的发现在其离世后近两年之际，也就是1665年发表，这对于试图证明光的微粒本质的科学家来说是一个重大打击。

竞争理论

17世纪70年代，艾萨克·牛顿把衍射［他称为拐折（inflexion）］当作一种特殊的折射，发生在光线（他认为是微粒）通过障碍物时。大约在同一时间，牛顿的竞争对手罗伯特·胡克成功地演示了格里马尔迪的实验，并对牛顿的理论提出了质疑。荷兰科学家和发明家克里斯蒂安·惠更斯提出了他自己的光波动理论。惠更斯认为：许多光学现象只能通过如下假设得到解释，即将光视为一个前进的"波阵面"，沿着这个"波阵面"上的任何一点都是一个二次光波的发射源，二次光波的相互干涉和增强决定了"波阵面"的移动方向。无论光的波动理论还是牛顿的微粒理论，都无法解释光在物体边缘发生的彩色边缘现象，即格里马尔迪在实验中注意到的，在被照亮的圆的边缘和杆子的影子周围都有彩色边缘的现象。牛顿在这个问题上的努力使他提出了一些有趣的想法。

大自然才不会因为分析上的复杂困难而难堪，她只是在手段上避免复杂化。
奥古斯丁-让·菲涅耳

就像光波一样，风在湖面上产生的波浪通过一个狭窄的缝隙时，会扩散成圆形的涟漪，这说明了所有波共有的衍射特性。

他坚持认为光是严格意义上的微粒，但每个快速运动的微粒都可以作为周期波的来源，周期波的振动决定了它的颜色。

杨氏实验

牛顿改进后的光理论于1704年发表在他的《光学》一书中，并没有完全解决光的衍射问题，但光的微粒模型一直被人们广泛接受，直到1803年杨证明了衍射光波之间的相互干涉，惠更斯的想法才重新得到人们的重视。

杨对惠更斯的模型提出了两个修正，以解释光的衍射。第一个修正是：在小孔光圈边缘的"波阵面"上的点产生的小波会扩散到屏障之外的阴影区域；第二个修正是：观测到的衍射图样是由经过衍射孔边缘附近的波与从光栅侧面反

奥古斯丁-让·菲涅耳

奥古斯丁-让·菲涅耳是当地一名建筑师四个儿子中的老二，于1788年出生在法国诺曼底的布罗格利（Broglie）。1806年，他进入国立桥梁与道路学校学习土木工程，后来成为一名政府工程师。

在拿破仑战争的最后几天，菲涅耳因其政治观点而被暂时停职，但他仍然对光学颇感兴趣。在法国物理学家弗朗索瓦·阿拉戈的鼓励下，他就这个问题写了一些论文和一本获奖回忆录，其中就包括对衍射的数学处理方法。菲涅耳后来用一个把光视为横波的模型解释了光的偏振，并发明了一个透镜来聚焦极亮的定向光束（主要应用于灯塔）。他于1827年去世，年仅39岁。

主要作品

1818年 《光的衍射回忆录》
1819年 《偏振光线的相互作用》
（与弗朗索瓦·阿拉戈合作）

射回来的波相互干涉产生的。

杨还提出，光必须离边缘足够远，才能不受衍射的影响。杨认为，如果这个最小距离会随不同颜色的光而有所变化，就可以解释格里马尔迪发现的彩色边缘现象。譬如说，在某一距离红光仍然发生衍射，而蓝光不发生衍射，那么就会出现红色的边缘光。

重要突破

1818年，法国科学院（French Academy of Sciences）设立了一个奖项，奖励对杨提出的"光的屈折问题"做出全面解释的人。土木工程师奥古斯汀-让·菲涅耳多年来一直在研究这个问题，他自己设计并进行了一系列复杂的实验，还与科学院院士弗朗索瓦·阿拉戈（François Arago）分享了自己的发现。菲涅耳的一些实验在无意中复现了杨的实验，但也有新的见解，阿拉戈鼓励菲涅耳提交一本解释性回忆录来参加法国科学院的有奖竞赛。在这本回忆录中，菲涅耳给出了复杂的数学方程来描述明暗干涉"条纹"（fringe）的位置和强度，并证明了其与真实实验结果相符。

菲涅耳还证明了条纹的几何形状取决于产生条纹的光的波长。这是人们第一次测量由单色（单一颜色）光源产生的干涉条纹，从而计算出特定颜色的波长。在回忆录

光线落在应该完全处于阴影的区域。

光线在通过障碍物时发生弯曲或扩散。

↓

惠更斯模型中的"波阵面"会产生次级波，次级波可能会扩散到阴影区域。

↓

次级波的"波阵面"只在少数地方完美地增强或抵消——在大多数情况下，它们的干涉更为复杂。

↓

光的衍射是一种波动行为。 ← 干涉图样只有在波相互抵消的地方是完全黑暗的——在其他地方，光总是存在。

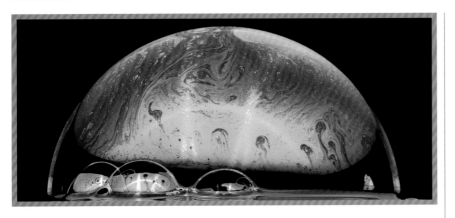

肥皂泡上的颜色是由光波在肥皂泡的薄膜上反射时相互干涉造成的。

中，菲涅耳非常简要地总结了惠更斯的波动理论和他自己的波动理论之间的区别。他说，惠更斯的错误在于假设光只会在次级波恰好相互加强的地方发生传播。然而，在现实中，只有在波完全相互抵消的情况下，暗区才可能发生。

尽管菲涅耳的获奖回忆录写得十分简洁优雅，但评审团仍对其持怀疑态度，他们大多数支持牛顿的微粒理论。正如评委之一西莫恩-德尼·泊松（Siméon-Denis Poisson）所指出的，菲涅耳公式预测，圆形障碍物被点光源（如针孔）照亮后，其阴影的中心应该有一个亮点——泊松认为这个想法是异常荒谬的。阿拉戈迅速构建了一个产生这种"泊松亮点"的实验并证明菲涅耳是正确的，此时争议终于得到了解决。尽管取得了成功，但菲涅耳的波动理论直到1821年才被人们广泛接受，当时菲涅耳发表了他基于波动的方法来解释光的偏振，即横波为何有时候会沿特定方向排列。

衍射和色散

当杨和菲涅耳引导人们理解光在通过两条窄缝时是如何发生衍射和干涉的时候，一些光学仪器制造商采取了不同的方法。早在1673年，苏格兰天文学家詹姆斯·格雷果里（James Gregory）就注意到，阳光穿过鸟类羽毛上的细微缝隙时，会产生彩虹般的光谱，这与白光穿过棱镜时的行为十分类似。

1785年，美国发明家戴维·里滕豪斯（David Rittenhouse）成功地人工复现了格雷果里的鸟类羽毛效果——他将细发丝缠绕在两个有紧密螺纹的螺丝钉之间，制成了一个密度约为每英寸100根细发的网。1813年，德国物理学家和仪器制造商约瑟夫·冯·夫琅禾费（Joseph von Fraunhofer）完善了这一发明，并将其命名为"衍射光栅"（diffraction gating）。至关重要的是，衍射光栅提供了一种比玻璃棱镜更有效的分光方法，因为它们吸收的入射光非常少。因此，它们是从微弱光源产生光谱的理想装置。光栅和相关仪器在科学的许多分支中已经得到了非常重要的应用。

夫琅禾费还制造了第一台"划线机"（ruling engine），这是一台可以在覆盖着不透明表层的玻璃板上划出无数条极狭窄的透明线条的机器。这台机器使他能够将太阳光扩散到比以前更宽的光谱中，并揭示出后来被称为夫琅禾费谱线的谱线，在后来人们理解恒星和原子的化学过程方面发挥了至关重要的作用。■

我想我已经找到了彩色条纹的解释和规律，即人们在被光点照亮的物体的阴影中所注意到的那种条纹。

奥古斯丁-让·菲涅耳

光线的南面和北面

偏振

背景介绍

关键人物
艾蒂安-路易·马吕斯
（1775—1812）

此前

13世纪 冰岛流传着关于"日光石"的使用说明，维京水手们可能已经学会了利用冰洲石晶体的特性来探测偏振并引导白天航行时的航向。

此后

1922年 乔治·弗里德尔研究了三种"液晶"材料的性质，并注意到它们能够改变光的偏振面。

1929年 美国发明家和科学家埃德温·兰德发明了"宝丽来"（Polaroid）——一种内部聚合物链可以作为光偏振器的塑料，可使光只在某一个特定平面上传播。

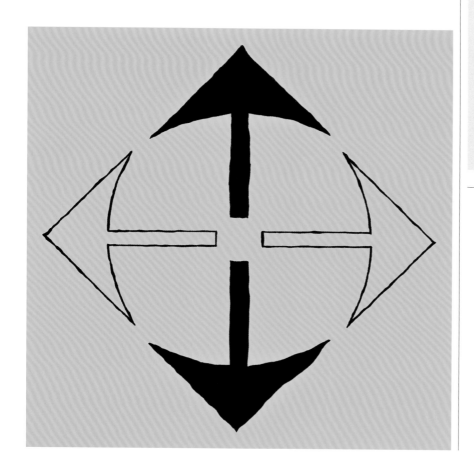

偏振指的是波在特定平面或方向上的排列，这个术语通常用于光，但任何横波（与波的传播方向成垂直角度振荡的波）都可以被偏振。许多自然产生的光是偏振光——太阳光在一个平坦而又明亮的表面（如湖泊的水面）发生反射，其反射光即为与水面角度相匹配的偏振光。光也可以被人为地偏振。

对偏振引起的不同效应的研究有助于确定光是一种波状现象，也能提供重要的证据来证明光在本

参见：力场和麦克斯韦方程组 142~147页，聚焦光线 170~175页，块状和波状的光 176~179页，衍射和干涉 180~183页，电磁波 192~195页。

>
>
> 我相信（双折射）这种现象可以为热爱自然的人或其他感兴趣的人提供科学上的指导，或者至少是乐趣。
>
> 拉斯穆•巴多林
>
>

光的能量由振荡的电场和磁场构成。

在正常光线中，这些电磁场以随机的角度在各个方向的平面上振荡。

在偏振光中，每个电磁场都在一个特定平面上振荡。

电磁场的平面可以保持固定方向或发生旋转。

质上是一种电磁波。1669年，丹麦科学家拉斯穆•巴多林（Rasmus Bartholin）首次解释了学界一直无法解释的一个难题，即为什么看似相同的光束实则不同。他发现，通过一种名为冰洲石（方解石的一种）的透明矿物的晶体来观察一个物体，会产生该物体的双重图像。

这种现象被称为双折射（bi-refringence），因为这种晶体的折射率（光在真空中与在介质中传播速度的比值）随穿过晶体的偏振光而变化。绝大多数物体反射的光并没有特定的偏振方向，所以平均来说，有一半的光会沿着光路发生分裂，于是就产生了一个双重折射图像。

早期解释

1670年，巴多林发表了一篇关于双折射效应的详细论文，但他无法用任何特定的光模型来解释

它。波动理论的早期支持者克里斯蒂安•惠更斯认为，光穿过晶体的速度会随其传播方向的不同而变化，他还在1690年利用他的"波阵面"原理来模拟双折射效应。

惠更斯还进行了一系列新的实验，如在一块冰洲石晶体的前面放置另一块冰洲石晶体并使其发生旋转。当他这样做时，他发现双折射效应在某些特定角度消失了。他不明白这是为什么，但他认识到，第一块冰洲石晶体产生的两个图像在某些方面一定是不同的。

艾萨克•牛顿坚持认为，双折射效应支持了他的微粒理论，即光是一种粒子——一种具有离散"侧面"的粒子，所以光在不同传播方向上可能会显示出各向异性。在牛顿看来，这种效应有助于推翻波动理论，因为惠更斯的光模型涉及的是纵波（与波的传播方向平行的扰动）而不是横波，牛顿无法理

解这些纵波如何因其传播方向产生各向异性。

面和极

19世纪早期，法国物理学家艾蒂安-路易•马吕斯（Étienne-

带偏振镜片的太阳镜只允许阳光在一个特定方向上偏振穿过，从而大幅减少从雪地上反射的刺眼强光。

Louis Malus）进行了他自己的惠更斯实验。马吕斯对将数学的精确性应用于光的研究中很感兴趣。他开发了一个有用的数学模型，用来描述当光线在三维空间中遇到具有不同反射和折射特性的材料时会发生什么。因为以前的模型简化了问题，只考虑了光线在一个平面（二维）中移动的情况。

1808年，法国科学与艺术学院为双折射效应的完整解释设置了一个奖项，并鼓励马吕斯参加。和法国科学界的许多人一样，马吕斯相信光的微粒理论，人们希望用微粒理论解释双折射效应，因为这有助于推翻托马斯·杨此前在英国提出的波动理论。马吕斯在微粒理论的基础上发展了一种理论，认为光微粒有不同的侧面和"极点"（旋转轴）。他声称，双折射材料会根据微粒不同的两极方向沿不同路径折射光微粒。他创造了"偏振"（polarization）这个词来描述这种效应。

马吕斯在法国巴黎卢森堡宫

> 光线（微粒）不是有几个侧面，每个侧面都有不同的性质吗？
>
> 艾萨克·牛顿

的窗户上用一块冰洲石观察夕阳的反射和折射时，发现了这一现象一个重要的新方面。他注意到，当他旋转晶体时，太阳的两个图像的强度会发生变化，晶体每旋转90度，一个或另一个图像完全消失。马吕斯意识到，这意味着太阳光已经在冰洲石反射后发生了偏振。他通过烛光照射双折射晶体来证实这种效果。他让烛光透过冰洲石晶体，并让其折射光在一碗水的表面发生反射，他发现，当旋转冰洲石晶体时，碗中水面产生的一对光线（烛

光的两个折射像）会不停地出现、消失，并且出现和消失取决于冰洲石晶体的旋转角度。他很快提出一个定律——马吕斯定律，用来描述通过晶体"滤光片"观察到的偏振图像的强度与晶体的放置角度之间的关系。

进一步的实验揭示出透明材料的反射也具有类似的效应。马吕斯注意到，材料表面与无偏振光（取向随机混合）之间的相互作用会将光反射到一个特定的偏振平面上，而不是其他平面上，而在另一个平面偏振的光沿折射路径进入或穿过新介质（如水或玻璃）。马吕斯意识到，决定反射还是折射的因素必定是新介质的内部结构，与它的折射率有关。

新见解

马吕斯对物质结构和其对偏振光影响之间联系的确认至关重要：如今的一种常见应用是研究材料在应力作用下的内部变化，观察其对偏振光的影响。马吕斯尝试

艾蒂安-路易·马吕斯

艾蒂安-路易·马吕斯于1775年出生在巴黎的一个特权家庭，他在数学上很有天分。在1794年进入巴黎综合理工学院前，他曾是一名正规兵。之后，他在法国陆军工程兵团中得到晋升，并参加了拿破仑远征埃及（1798—1801）的行动。回到法国后，他从事军事工程项目方面的工作。

1806年，他被派往巴黎，这使他得以与当时顶尖的科学家交往。他用数学描述光的行为的天赋——包括由弯曲反射表面产生的"焦散反射"（caustic reflection）——给他的同行们留下了

极为深刻的印象。1810年，他对双折射效应的解释使他得以入选法国科学院院士。一年后，他因为同样的工作被授予英国皇家学会的伦福德奖章（Rumford Medal），尽管当时英国正在与法国交战。马吕斯于1812年去世，年仅37岁。

主要作品

1807年 《光论》

1811年 《关于一些新的光学现象的回忆录》

确定材料的折射率与光从表面反射时完全"平面偏振"（在一个平面内对齐）的角度之间的关系。他正确地找到了水的完全"平面偏振"角度，但由于其他材料的质量不佳，他未能成功。几年后的1815年，苏格兰物理学家大卫·布儒斯特（David Brewster）找到了一般规律。

涉及偏振现象的范围逐渐扩大。1811年，法国物理学家弗朗索瓦·阿拉戈发现，当偏振光穿过石英晶体时，它的偏振光轴会发生旋转（这种现象现在被称为旋光性）。与他同时代的让-巴蒂斯特·毕奥说：彩虹的光是高度偏振光。

毕奥进一步确定了液体中的光学活性，提出了圆偏振的概念（偏振轴随着光线的前进方向而旋转）。他还发现了"二向色"（dichroic）矿物，这是一种自然物质，光沿着一个轴偏振，就可以穿过，而沿着另一个轴偏振，就会被阻挡。使用"二向色"材料后

> 我们发现光所具有的性质只与光线的各个侧面有关……我将光线的这些侧面取名为极。
>
> 艾蒂安-路易·马吕斯

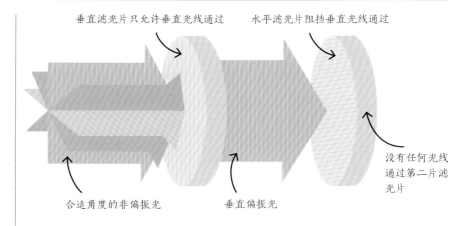

垂直滤光片只允许垂直光线通过　　水平滤光片阻挡垂直光线通过

没有任何光线通过第二片滤光片

合适角度的非偏振光　　垂直偏振光

非偏振光以与传播方向垂直的随机方向振荡，平面偏振光则沿单一方向振荡，而圆偏振光传播时会在一个平面内沿圆周稳定旋转。

来成为最易产生偏振光的方法之一，其他产生方法包括使用某些特定类型的玻璃和特殊形状的方解石棱镜。

偏振光

1816年，阿拉戈和他的门徒奥古斯丁-让·菲涅耳有了一个让人意想不到的重要发现，这个发现推翻了偏振支持光的微粒性质的说法。他们使用两束可以改变偏振的光，进行了托马斯·扬"双缝实验"的一个改良版本，发现当两束光具有相同的偏振时，由两束光之间的干涉引起的明暗条纹最强。但随着偏振角度差别的增大，干涉产生的明暗条纹逐渐消失，当两束偏振光互成直角时，干涉条纹完全消失。

这一发现用任何一种光的微粒理论都是无法解释的，也无法用将光视为纵波来解释。安德烈-马里·安培向菲涅耳提出，如果把光视为横波就可以找到解决办法。如

果是这样的话，那么偏振轴就是波振荡的平面。当阿拉戈告诉杨这个实验时，杨也得出了同样的结论，但正是菲涅耳获得的灵感创立了一个完整的光的波动理论，最终取代了所有旧的理论。

偏振也在理解光的下一个重大进展中发挥了关键作用。1845年，英国科学家迈克尔·法拉第（Michael Faraday）想找到一种方法来证明光和电磁之间的疑似关联，他决定看看如果让一束偏振光穿过磁场会发生什么。他发现可以通过改变磁场强度来旋转偏振面。这种现象被称为法拉第效应（Faraday effect），它后来启发詹姆斯·克拉克·麦克斯韦创立了光是一种电磁波的模型。■

号手和波之列车

多普勒效应和红移

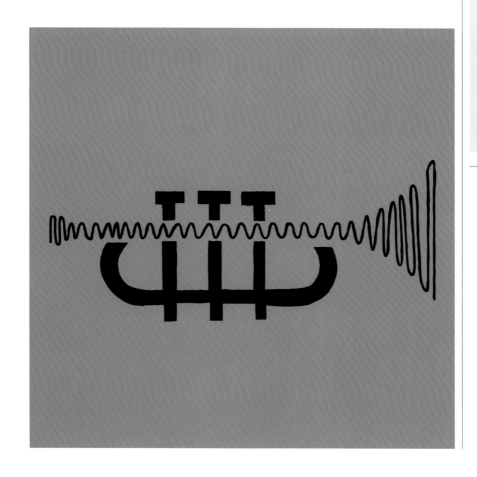

背景介绍

关键人物
克里斯蒂安·多普勒(1803—1853)

此前

1727年 英国天文学家詹姆斯·布拉德雷(James Bradley)解释了星光的像差——来自遥远恒星的光线接近地球时的角度变化,这是由地球围绕太阳运动引起的。

此后

20世纪40年代 "多普勒雷达"(Doppler radar)是因为早期的雷达未能考虑到降雨和移动目标的多普勒频移而为航空和天气预报重新开发研制的。

1999年 根据对恒星爆炸的观测,天文学家发现,一些遥远的星系比它们的多普勒频移所显示的要远,这意味着宇宙正在加速膨胀。

今天,多普勒效应已成为我们日常生活中熟悉的一部分。当一辆鸣笛的汽车向我们驶来,从我们身旁经过并继续行驶到远处时,我们会注意到笛声的音调变化。这个效应是以第一个提出理论预测的科学家的名字命名的。当多普勒效应被应用到光学上时,它就成为了解宇宙的有力工具。

解释恒星的颜色

1842年,奥地利物理学家克里斯蒂安·多普勒首次提出了波(特别是光波)可能会依据光源与观

参见： 块状和波状的光 176~179页，探寻河外星系 290~293页，静态或膨胀的宇宙 294~295页，暗能量 306~307页。

在不太遥远的将来，多普勒效应将为天文学家提供一种广受欢迎的方法，以确定这些恒星的运动和距离。

克里斯蒂安·多普勒

察者的相对运动而改变其频率的观点。多普勒当时正在研究星光的像差——由地球绕太阳运动引起的来自遥远恒星的光的视方向的轻微变化，他意识到宇宙中星体的运动会导致星光频率和颜色的变化。

该理论背后的原理如下：当光源和观测者相互接近时，光源发出的光波的"波峰"会以更高的频率从观测者处通过，因此观察者对于光的测量波长会更短。相反，当光源和观测者分开时，波峰到达

观测者处的频率要比两者没有相对运动时低。光的颜色取决于它的波长，所以任何来自接近物体的光看起来更蓝（因为它的波长更短），而来自远离物体的光看起来更红。

多普勒希望这种效应（之后以他的名字命名）能帮助解释从地球上观察到夜空中星星具有不同颜色这一现象。他考虑到了地球在宇宙中的运动，详细阐述了他的理论，但他没有意识到恒星运动的速度与光速相比是微不足道的，这使当时的仪器无法检测到这种效应。之后，多普勒的发现在1845年得到了证实，这要归功于一个巧妙的声音实验。荷兰科学家赫里斯托福鲁斯·亨里克斯·迪德里克斯·白贝罗（C.H.D. Buys Ballot）让一组音乐家在开通没多久的阿姆斯特丹—乌得勒支铁路上的火车上演奏一段连续的音符。当火车从他身边飞驰而过时，白贝罗经历了现在我们熟悉的音调变化——火车靠近他时音调变高，而火车离开时音调变低。

克里斯蒂安·多普勒

克里斯蒂安·多普勒于1803年出生在奥地利城市萨尔茨堡（Salzburg）的一个富裕家庭，他在维也纳理工学院学习数学，然后攻读物理学和天文学。由于对获得一个永久职位所涉及的官僚主义感到失望，他差点放弃学术，移民到美国，但最终在成行之前在布拉格找到了一份数学教师的工作。

多普勒于1838年成为布拉格理工学院的教授，在那里，他发表了大量的数学和物理论文，包括一项著名的关于恒星颜色和现在被称为多普勒效应的现象的研究。到1849年，他已经声名显赫，并在维也纳大学谋得了一个重要职位。他的健康状况在他一生大部分的时间里都不容乐观，到了维也纳之后，他的身体更是每况愈下，他最终于1853年死于胸部感染。

主要作品

1842年 《关于双星的光的颜色》

当相对于声源测量时，声波以相同的速度向各个方向扩散，但是如果一个汽笛接近一个观察者，其声波的频率就会增加，波长就会缩小。

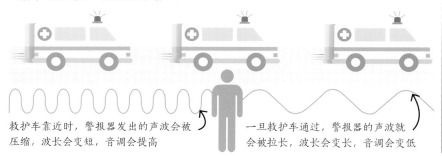

救护车靠近时，警报器发出的声波会被压缩，波长会变短，音调会提高

一旦救护车通过，警报器的声波就会被拉长，波长会变长，音调会变低

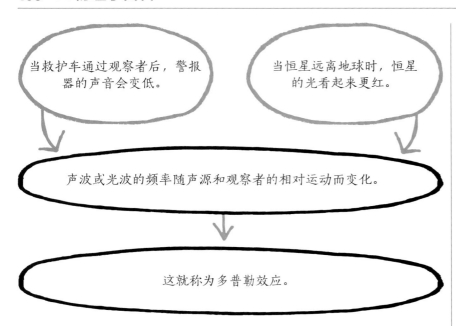

当救护车通过观察者后，警报器的声音会变低。

当恒星远离地球时，恒星的光看起来更红。

声波或光波的频率随声源和观察者的相对运动而变化。

这就称为多普勒效应。

测量频移

多普勒频移对光的影响是由法国物理学家阿尔芒·斐索（Armand Fizeau）在1848年计算出来的。由于不知道多普勒自己的工作，斐索为红蓝光频移的概念提供了数学基础。多普勒曾表示，他的理论将带来对恒星运动、距离和关系的新理解，而斐索提出了一种可行的方法，可以探测恒星光线的变化。他正确地认识到，恒星整体颜色的变化既微小又难以量化。相反，他提出，天文学家可以通过"夫琅禾费谱线"的位置来识别我们所知道的多普勒变化。这些谱线是狭窄的黑线——比如那些已经在太阳的光谱中观察到的，并被认为存在于其他恒星光谱中的——可以作为光谱中确定的参考点。

然而，要把这个想法付诸实践，仍需要有重大的技术进步。在如此遥远的距离，即使是最亮的恒星也远比太阳暗淡，而当它们的光被衍射所分裂时——为了测量单独的谱线——产生的光谱更加暗淡。1864年，英国天文学家威廉·哈金斯（William Huggins）和玛格丽特·哈金斯（Margaret Huggins）测量了太阳的光谱，他们的同事威廉·艾伦·米勒（William Allen Miller）能够利用测量结果来识别遥远恒星中的元素。此时，德国科学家古斯塔夫·基尔霍夫和罗伯特·本生已经证明，太阳的夫琅禾费谱线是由吸收光的特定元素引起的，这使天文学家能够计算出这些吸收线在静止恒星光谱中出现的波长。1868年，威廉·哈金斯成功地测量了天空中最亮的恒星天狼星谱线的多普勒频移。

看见更深

19世纪后期，由于摄影技术的改进，天文学依赖艰苦观测的状况终于得到了改变，科学家能够测量亮度较低恒星的光谱和多普勒频移。长时间曝光摄影收集的光线比人眼多得多，产生的图像可以在原始观测很久之后存储、比较和测量。

19世纪七八十年代，德国天文学家赫尔曼·卡尔·沃格尔（Hermann Carl Vogel）率先将摄影和光谱学结合起来，并带来了重要发现。特别是，他发现了许多表面上是单星的恒星，其谱线周期性地"加倍"，以规则的周期分离然后合并。他指出，之所以会出现这种谱线分裂，是因为该恒星其实是双星，它的两颗子星在视觉上是不可分割的，围绕彼此的轨道非常近，这意味着当一颗子星远离地球时，它的光呈现出更多的红色，而当另一颗子星接近地球时，它的光呈现出更多的蓝色。

膨胀的宇宙

随着技术的进一步改进，光谱技术被应用于许多其他天体，包

光的颜色和强度，以及声音的音调和强度都会因为光源或声音的运动而改变。

威廉·惠更斯

所谓的"宇宙学"红移并不是由传统意义上的星系分离引起的，而是由宇宙在数十亿年的膨胀过程中空间本身的拉伸引起的。这会使星系之间彼此分离，当光在星系间移动时，光的波长也随之变长。

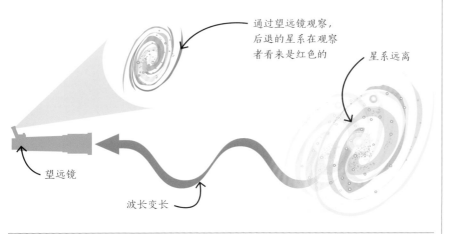

通过望远镜观察，后退的星系在观察者看来是红色的

星系远离

望远镜

波长变长

光速的速度被拉开，光的波长超越可见光，延伸到红外端。距离和红移（用z表示）之间的关系如此直接，以至于天文学家使用z而不是使用光年表示宇宙中最远物体的距离。

实际应用

多普勒的发现有许多技术应用。多普勒雷达（用于交通管制"雷达枪"和空中安全应用）揭示了反射无线电波的物体的距离和相对速度。它还可以通过计算降水速度来追踪强降雨。GPS卫星导航系统需要考虑卫星信号的多普勒频移，以便准确计算接收单元相对于卫星轨道的位置。还可以利用这些信息来精确测量接收器自身的运动。■

括神秘的、模糊的"星云"。其中一些星云被证实是巨大的星际气体云，它们以特定的波长发出所有的光，类似于实验室中蒸气发出的光；但另一些发出的光是连续的（所有颜色的宽束光），带有一些暗线，这表明它们是由大量的恒星组成的。由于其螺旋形状，这些星云被称为螺旋星云。

自1912年起，美国天文学家维斯托·斯莱弗（Vesto Slipher）开始分析遥远的螺旋星云的光谱，发现它们中的大多数有明显的多普勒频移到光谱的红端。这表明它们正以高速远离地球，无论它们在天空的哪个部分被看到。一些天文学家认为这能证明螺旋星云是巨大的、独立的星系，它位于银河系的引力范围之外。然而，直到1925年，美国天文学家埃德温·哈勃（Edwin Hubble）才通过测量螺旋星云内部恒星的亮度计算出了螺旋星云的距离。

哈勃开始测量星系的多普勒频移，到1929年，他发现了一个规律：星系离地球越远，它远离地球的速度越快。这个规律现在被称为哈勃定律（Hubble's law），但最早由苏联物理学家亚历山大·弗里德曼（Alexander Friedmann）于1922年预言，最好的解释是这是宇宙整体膨胀的结果。

这种所谓的"宇宙学"红移并不是多普勒所理解的那样是多普勒效应的结果。相反，不断膨胀的空间会把星系拉扯开，就像烹饪中不断膨胀蛋糕中的葡萄干一样。对于每一光年的空间，膨胀的速率都是同样微小的，但它在整个浩瀚的宇宙中积累起来，直至星系以接近

哈勃空间望远镜以埃德温·哈勃的名字命名，它被用来发现遥远的恒星，测量它们的红移，并估计宇宙的年龄。据估计，宇宙的年龄约为138亿岁。

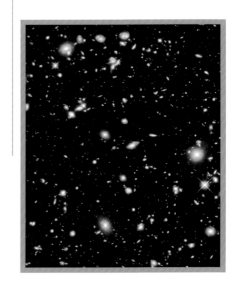

我们看不见的神秘波

电磁波

背景介绍

关键人物
海因里希·赫兹（1857—1894）
威廉·伦琴（1845—1923）

此前
1672年 艾萨克·牛顿用棱镜将白光分解成光谱，然后将其重新组合。

1803年 托马斯·杨提出，可见光的颜色是由不同波长的光造成的。

此后
约1894年 意大利工程师古列尔莫·马可尼首次利用无线电波实现了远距离通信。

1906年 美国发明家雷金纳德·费森登使用"调幅"（amplitude modulation, AM）系统进行了第一次无线电广播。

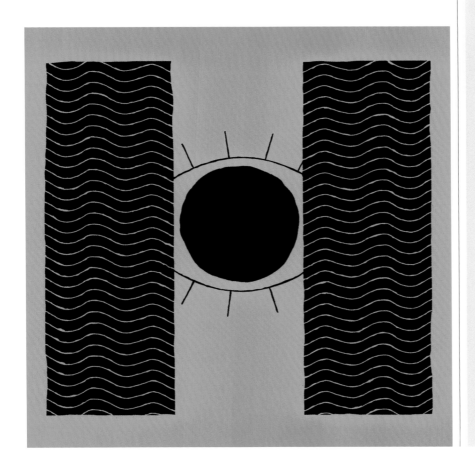

参见：力场和麦克斯韦方程组 142~147页，块状和波状的光 176~179页，衍射和干涉 180~183页，偏振 184~187页，超越可见光 202~203页，核辐射 238~239页。

海因里希·赫兹

海因里希·赫兹于1857年出生在德国汉堡，后来在德累斯顿、慕尼黑和柏林学习科学和工程，师从古斯塔夫·基尔霍夫和赫尔曼·冯·亥姆霍兹等著名物理学家。1880年，他在柏林大学获得博士学位。1885年，赫兹成为卡尔斯鲁厄大学的全职物理学教授。在那里，他进行了产生无线电波的开创性实验。他还对光电效应的发现做出了贡献（光击中材料时产生的电子发射现象），并开展了重要的工作，研究力在接触的固体之间传递的方式。1889年，赫兹被任命为波恩物理研究所所长。三年后，赫兹被诊断出患有一种罕见的血管疾病，并于1894年去世。

主要作品

1893年　《电动波》
1899年　《力学原理》

1865年，詹姆斯·克拉克·麦克斯韦将光解释为具有横向电场和磁场的移动电磁波——波相互锁定成直角（如右下图所示）。麦克斯韦的理论使科学家提出了进一步的问题：电磁波谱超出人眼可见范围多远？哪些特性可以区分波长比可见光波长长或短得多的波？

早期发现

出生于德国的天文学家威廉·赫歇尔在1800年首次发现了可见光范围以外辐射存在的证据。当测量与阳光中不同（可见）颜色相关的温度时，赫歇尔允许他投射到温度计上的光谱"漂移"到可见红光之外。他惊讶地发现温度读数急剧上升，这表明太阳辐射中的大部分热量是由看不见的射线携带的。

1801年，德国药剂师约翰·里特报告了他所谓的"化学射线"的证据。里特的实验涉及研究氯化银的行为，氯化银是一种光敏化学物质，在红光下相对不活跃，但在蓝光下会变暗。里特指出，将这种化学物质暴露在可见光谱中紫色以外的辐射（现在称为紫外线）下，会产生更快的变暗反应。

麦克斯韦发表了他的光模型，描述了光是一种可以自我持续的电磁波（其电场和磁场可以相互激励）。麦克斯韦理论将波长和色彩与电磁波联系起来，这意味着他的模型还可以用于红外线和紫外线（波长比可见光谱波长更短或更长），让紫外线和红外线成为可见光谱的自然扩展。

寻找证据

麦克斯韦的想法仍然停留在理论层面，因为当时还没有合适的技术来证明它们。然而，他仍然能够预测与他的光模型相关的现象，比如波长完全不同的波的存在。大多数科学家得出结论，即证明麦克斯韦模型的最好方法是寻找这些预测现象的证据。

1886年，海因里希·赫兹试验了一种电路，它由两根相互靠近的螺旋缠绕的导线组成，每根导线的两端都接有一个金属球。当将电流加到其中一根导线上时，火花在另一根导线的金属球端子之间跳

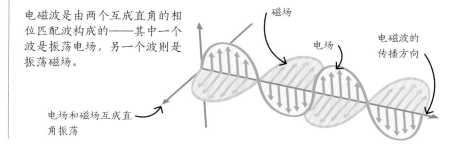

电磁波是由两个互成直角的相位匹配波构成的——其中一个波是振荡电场，另一个波则是振荡磁场。

磁场

电场

电磁波的传播方向

电场和磁场互成直角振荡

> 电磁辐射是以波的形式传播的能量。

> 不同类型的电磁辐射有不同的波长。

> 不可见的电磁辐射比可见光的波长更长或者更短。

> 可见光是我们能看到的电磁辐射的唯一形式。

跃。这种效应是电磁感应的一个例子，螺旋缠绕的电线充当"感应线圈"。电流在一根线圈中流动，产生磁场，磁场又使电流在另一根线圈中流动。赫兹对这个实验进行了更深入的研究，他形成了一个关于电路的想法，可以测试麦克斯韦的理论。

赫兹的电路完成于1888年，由一对长电线连接而成，两端之间有一个微小的"火花间隙"。每根电线的另一端都与自己的锌球相连。电流通过附近的"感应线圈"，就会在"火花间隙"产生火花，在电线两端产生高电压差，从而产生快速来回振荡的电流。通过仔细地调整电流和电压，赫兹能够"调整"他的电路，使其振荡频率达到每秒5000万次左右。

根据麦克斯韦的理论，这种振荡电流会产生波长为几米的电磁波，在很远的地方就能探测到。赫兹实验的最后一个部分是一个"接收器"（用来接收电波信号）——这是一个单独的矩形铜线，有自己的"火花间隙"，被安装在离主电路一定距离的地方。赫兹发现，电流在电路的感应线圈中流动时，

会在主电路的"火花间隙"产生火花，也会在接收器的火花间隙产生触发火花。接收器远远超出了任何可能的感应效应的范围，所以一定有别的东西在里面引起了电流振荡——电磁波。

赫兹进行了一系列进一步的测试，以证明他确实产生了类似于光的电磁波——比如证明电磁波以光速传播。他积极地向世人宣传自己的研究结果。

无线电广播

其他物理学家和发明家很快就开始研究这些"赫兹波"（后来被称为无线电波），并发现了无数的应用。随着技术的进步，信号的范围和质量得到了扩大和改善，从一个天线发射许多不同的无线电波的能力也得到了提高。无线电报（以莫尔斯电码传输的简单信号）之后是语音通信，最后是电视。赫兹的无线电波在现代科技中仍然扮演着重要的角色。

当无线电通信成为现实时，

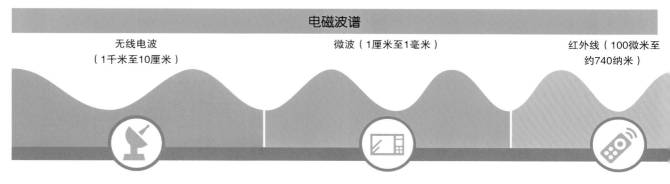

电磁波谱

无线电波
（1千米至10厘米）

微波（1厘米至1毫米）

红外线（100微米至约740纳米）

碟形天线可以捕捉无线电波，帮助天文学家探测恒星。

微波炉通过微波使食物内部的水分子振动来加热食物。

遥控器使用红外线向电视机发送信号。

人们又发现了另一种不同类型的电磁辐射。1895年，德国工程师威廉·伦琴（Wilhelm Röntgen）为研究阴极射线的性质进行了实验。阴极射线是在真空管中观察到的电子流，从阴极（连接到电压供应的负极的电极）发射出来，然后在放电管（两端之间有很高电压的玻璃容器）中释放出来。为了避免光线对灯管产生任何影响，伦琴用硬纸板把它包起来。在他的实验过程中，附近的一个荧光检测器屏幕在发光，这是由管子内部发射的未知

我看到了我的死亡!
安娜·伦琴

第一张X光片拍摄于1895年，显示了安娜·伦琴的手，她的结婚戒指戴在无名指上。

射线直接穿过纸板外壳造成的。

X射线成像测试显示伦琴的新射线（他称之为X射线，以表明其未知性质）也会影响照相胶片，这意味着他可以永久记录它们的行为。他进行了一些实验，以测试射线能穿过哪种材料，结果发现它们被金属挡住了。伦琴让他的妻子安娜（Anna）把手放在感光板上，同时他为它拍X光片：他发现骨头会阻挡射线，但软组织不会。

科学家和发明家竞相开发X射线成像的新应用。20世纪初，人们注意到了X射线过度照射对活体组织的破坏性影响，并逐渐采取措施限制照射。这也包括一些只需要一个短暂的X射线暴露的X光片的回归。

关于X射线的真实性质一直争论不休，直到1912年马克斯·冯·

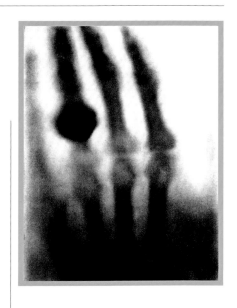

劳厄用晶体成功地衍射X射线（任何波遇到障碍时都会发生衍射），这证明了X射线是一种波，并且是一种高能量的电磁辐射。■

可见光（约740纳米至380纳米）

紫外线（380纳米至10纳米）

X射线（10纳米至0.01纳米）

伽马射线（0.01纳米至0.00001纳米）

人眼只能看到这一小段的电磁波谱。

可以通过某些波长的紫外线来杀灭细菌。

X射线穿透组织，露出下面的牙齿或骨骼。

核电站利用伽马射线的能量发电。

光谱的语言是真正的天体音乐

来自原子的光

参见：电势 128~129页，电磁波 192~195页，能量子 208~211页，粒子和波 212~215页，矩阵力学和波动力学 218~219页，原子核 240~241页，亚原子粒子 242~243页。

对于材料产生光的能力，而不是简单地从像太阳这样的发光体反射光的能力，人们最初是带着温和的好奇心来看待的。然而，它最终被证明对理解物质的原子结构至关重要，并在20世纪催生了有价值的新技术。

发现荧光

早在16世纪，科学家就记录了在特定条件下发光的物质，但直到19世纪早期，科学家才试图研究这一现象。1819年，英国牧师和矿物学家爱德华·克拉克（Edward Clarke）描述了一种矿物氟石（现在更广为人知的名字是萤石）的特性，它在某些情况下会发光。

1852年，爱尔兰物理学家乔治·加布里埃尔·斯托克斯（George Gabriel Stokes）证明，这种矿物的发光是由暴露在紫外线下引起的，而发出的光仅限于单一的蓝色波长，当它被分解成光谱时，它就会呈现出一条线。斯托克

有些矿物是荧光的。就像这种萤石，它们吸收某些类型的光，如紫外线，然后以不同的波长释放出来，改变它被感知的颜色。

斯认为，萤石通过某种方式将波长较短的紫外线直接转化为可见光，他创造了"荧光"这个术语来描述这种特殊行为。

与此同时，早期研究电学的学者们发现了另一种制造发光物质的方法。当他们试图在一个空气被抽走的玻璃管两端的金属电极之间传递电流，且电极之间的电压差足够大时，留在电极之间的稀薄气体便开始发光。斯托克斯与迈克尔·法拉第合作，解释了这一现象，即气体原子通电，让电流通过它们，然后在它们释放能量时发出光。

几年后，德国玻璃工人海因里希·盖斯勒（Heinrich Geissler）发明了一种新方法，可以在玻璃容器中制造出更好的真空。他发现，通过向真空中加入特定的气体，他可以使灯发出不同颜色的光。这一发现促成了荧光灯的发明，而荧光灯在20世纪得到了普及。

元素发射光谱

一些原子产生光的原因一直是个谜，到了19世纪50年代末，德国化学家罗伯特·本生和物理学家古斯塔夫·基尔霍夫联合起来研究这一现象。他们关注的是，当不同的元素在本生新发明的实验室气体燃烧器的灼热火焰中被加热到白炽灯的温度时产生的颜色。他们发

现，产生的光不是不同波长和颜色的混合连续体——像阳光或来自其他恒星的光那样——而是一些特定波长和颜色的明亮线（发射线）的混合。

每种元素发射线的精确排放模式都不同，因此发射线可以成为一个独特的化学"指纹"。在1860年和1861年，本生和基尔霍夫仅从它们的发射线就发现了两种新元素——铯和铷。

巴耳末的突破

尽管基尔霍夫和本生的方法取得了成功，但他们还没有解释为什么发射线会在特定的波长产生。不过，他们意识到这与单种元素的原子属性有关。这是一个新概念。当时，原子被认为是一种特定元素、实心的、不可分割的粒子，因此很难想象元素产生光或改变发射线波长的内部过程。

1885年，瑞士数学家约翰·雅各布·巴耳末（Johann Jakob Balmer）取得了重大突破，他在氢

不是物理学家的化学家什么都不是。

罗伯特·本生

我们对……单个原子
的组成成分了如指掌。

尼尔斯·玻尔

产生的一系列发射线中发现了一种模式。在此之前，波长似乎是随机的线的集合，可以通过一个包括两个整数序列的数学公式来预测。只有在温度较高的环境中才会产生与这些数值中的一个或两个较高值相关的发射线。

当与氢有关的高能吸收线在太阳和其他恒星光谱的预测波长上被识别出来时，巴耳末公式（也称巴耳末系）的价值立即得到了证明。1888年，瑞典物理学家约翰尼斯·里德伯（Johannes Rydberg）开发了这个公式的一个更广义的版本，后来被称为里德伯公式，（稍加改进后）可以用来预测来自许多不同元素的发射线。

来自原子的线索

19世纪90年代和20世纪初，人们对原子的认识取得了重大进展。有证据表明，原子并不是以前人们认为的那种实心的、均匀的物质块。首先，1897年，J. J. 汤姆孙发现了电子（第一种被发现的亚原子粒子），然后在1909年，在汉斯·盖革（Hans Geiger）和欧内斯特·马斯登（Ernest Marsden）

的基础上，欧内斯特·卢瑟福（Ernestt Rutherford）发现了原子核，原子的大部分质量集中在原子核中。卢瑟福设想了一个原子，它有一个微小的中心核，周围环绕着电子，这些电子随机地分布在原子整个体积的其余部分。

与卢瑟福的讨论启发了年轻的丹麦科学家尼尔斯·玻尔（Niels Bohr），他开始研究自己的原子模型。玻尔的突破在于将卢瑟福的核模型与马克斯·普朗克在1900年提出的建议结合起来。普朗克提出，在特定情况下，辐射会以一小块一小块的形式发射出来，这些小块称为量子。普朗克曾建议将这个理论作为解释恒星和其他白炽物体特征光输出的数学方法。1905年，阿尔伯特·爱因斯坦比普朗克更进一步，提出这些电磁辐射的小爆发不仅是某些类型的辐射发射的结果，而且是光本质的基础。

当时，玻尔并不接受爱因斯坦的理论，即光总是以光子的爆发

形式传播，但他确实想知道，原子结构，特别是电子的排列，是否有时可以产生特定波长和能量的小爆发光。

玻尔模型

1913年，玻尔首次发现了一种将原子结构与里德伯公式联系起来的方法。在一系列有影响力的论文中，他提出，原子中电子的运动是受限制的，它们只能具有一定的角动量（它们围绕原子核运行的轨道所产生的动量）。实际上，这意味着电子只能在离原子核一定距离的固定轨道上运行。由于带正电荷的原子核和带负电荷的电子之间的电磁引力的强度也会根据电子的轨道而变化，所以以每个电子都可以说具有一定的能量，低能量的轨道靠近原子核，高能量的轨道离原子核更远。

每个轨道可以容纳最大数量的电子，而靠近原子核的轨道首先被"填满"。更远的空空间（和

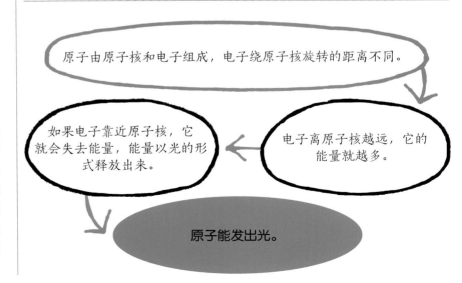

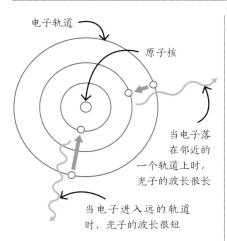

电子轨道
原子核

当电子落在邻近的一个轨道上时，光子的波长很长

当电子进入远的轨道时，光子的波长很短

原子发出的光的波长取决于电子从一个轨道"坠落"到另一个轨道时所损失的能量。它下落得越远，光的波长就越短，能量就越高。

整个空轨道）可以让靠近的电子"跳"进去，如果它们受到能量（比如来自入射光线的能量）的推动的话。如果在较近的轨道上有一个间隙，那么这个跃迁通常是短暂的，而"被激发"的电子几乎会立即回到较低能态。在这种情况下，电子会发出一束小的光，其频率、波长和颜色由方程$\Delta E = h\nu$（称为普朗克方程，以马克斯·普朗克的名字命名），其中，ΔE是跃迁的能量差，ν（希腊字母nu）是所发出光的频率，h是普朗克常数，与电磁波的频率和能量相关。

玻尔令人信服地将这个新模型应用到最简单的原子——氢原子上，并展示了它是如何产生巴尔末系的熟悉线条的。然而，最令人信服的证据——对超热恒星光谱中一系列谱线（皮克林谱线）的解释——证明他的观点是正确的。玻尔正确地解释说，这些线与氢离子（He^+，氦原子已经被剥夺了两个电子中的一个）中的电子在轨道之间的跃迁有关。

激光的基础

接下来的几十年表明，玻尔模型是对真实原子内部发生的奇怪量子过程的过度简化，但它仍然标志着科学知识的巨大进步。玻尔模型不仅第一次解释了原子结构和谱线之间的联系，也为利用这种发射的新技术，如激光——一束通过在带电物体内触发一系列发射事件而产生的强烈光子铺平了道路。爱因斯坦早在1917年就预言了激光的行为，1928年，鲁道夫·W. 拉登堡（Rudolph W. Ladenburg）证实了激光的存在，但直到1960年，才在实践中实现了真正可用的激光束。■

我们必须清楚，当涉及原子时，语言只能像在诗歌中那样使用。

尼尔斯·玻尔

尼尔斯·玻尔

尼尔斯·玻尔于1885年出生在丹麦的哥本哈根，在该市的大学学习物理学。他的博士论文完成于1911年，是对金属中电子分布的开创性研究。同年，玻尔参观了英国的实验室，受到启发，建立了原子结构模型，并因此获得了1922年的诺贝尔物理学奖。那时，他是新成立的丹麦理论物理研究所的所长。1940年，丹麦被纳粹占领。三年后，玻尔（他的母亲是犹太人）逃到美国，在那里，他为曼哈顿计划做出了贡献。1945年回到丹麦后，他帮助建立了国际原子能机构。玻尔于1962年在其哥本哈根的家中去世。

主要作品

1913年《论原子和分子的构成》

1924年《辐射的量子理论》

1939年《核裂变机理》

用声音来"看"

压电性和超声波

背景介绍

关键人物
皮埃尔·居里（1859—1906）
雅克·居里（1855—1941）
保罗·朗之万（1872—1946）

此前
1794年 意大利生物学家拉扎罗·斯帕兰扎尼揭示了蝙蝠是如何通过听自己的回声来导航的。

此后
1941年 在奥地利，卡尔·达斯克是第一个将超声成像应用于人体的人。

1949年 美国内科医生约翰·怀尔德率先使用超声波作为诊断工具。

1966年 在华盛顿大学，唐纳德·贝克和他的同事开发了第一个考虑多普勒效应的脉冲波超声来测量体液的运动。

如果加热或扭曲晶体结构可以产生电流，那么晶体就是压电的。

↓

高频电流可以使压电晶体产生高频超声波。

→

物体的形状、组成和距离会影响超声回波。

↓

当晶体压缩时，它们产生可以转换成图像的电信号。

←

这些回波导致压电晶体压缩。

利用回声定位技术——通过将物体反射的声波感知为回声来探测隐藏物体——是由英国物理学家刘易斯·弗莱·理查森（Lewis Fry Richardson）于1912年首次提出的。当年，泰坦尼克号灾难发生后不久，理查森便申请了一项关于警告船只注意冰山和其他大型水下或半水下物体方法的专利。理查森指出，船只发射更高频率和更短波长的声波——后来被称为超声波——将能够比正常声波更精确地探测水下物体。他设想了一种产生这种波的机械方法，并证明了这种波在水中比在空气中传播得更远。

参见：电势 128~129页，音乐 164~167页，多普勒效应和红移 188~191页，量子技术应用 226~231页。

> 水对声音的吸收小于空气对声音的吸收。

刘易斯·弗莱·理查森

居里的晶体

理查森的设想从未成为现实，随着泰坦尼克号灾难渐渐淡出人们的视线，人们对它的需求也变得不那么迫切了。此外，通过法国兄弟雅克·居里（Jacques Curie）和皮埃尔·居里（Pierre Curie）的工作，一种更实用的制造和检测超声波的方法被发现了。

大约在1880年，当研究某些晶体在受热时产生电流的方式时，他们发现，利用压力使晶体结构变形也会产生电势差，这就是所谓的压电。一年后，他们证实了法国物理学家加布里埃尔·李普曼（Gabriel Lippmann）的预测，即电流通过晶体会产生相反的效果——晶体的物理变形。

压电的实际应用并没有立即实现，但皮埃尔·居里以前的学生保罗·朗之万（Paul Langevin）继续研究。随着第一次世界大战的爆发和一种新的战争形式——德国U型潜艇——的出现，朗之万意识到，压电可以用来产生和探测超声波。

新技术

在一种被称为换能器的设备中，高频声波脉冲可以通过强大的振荡电流穿过夹在金属薄片之间的晶体堆而被驱入水中。逆向过程则可以将回波引起的压缩转换成电信号。朗之万对居里兄弟发现的应用形成了声呐和其他回声定位系统的基础，这些系统至今仍被使用。

最初，对回声定位数据的解释需要通过扬声器将返回的脉冲转换成声音，但在20世纪初，电子显示器出现了。这些最终发展成声呐显示系统，用于导航、防御和医疗超声。■

在诸如紫水晶的压电晶体中，晶胞结构是不对称的。当施加压力时，结构会变形，原子会移动，从而产生一个很小的电压。

皮埃尔·居里

皮埃尔·居里于1859年出生在巴黎，由作为医生的父亲教育。在巴黎大学学习数学后，他在该大学的理学院担任实验室讲师。他和他的兄弟雅克在实验室进行的实验带来了压电的发现和静电计的发明，静电计用于测量微弱的电流。在博士论文中，皮埃尔研究了温度和磁力之间的关系。通过这项研究，他开始与波兰物理学家玛丽·斯克沃里夫斯卡（Maria Skłodowska，居里夫人）合作，两人于1895年结婚。他们余生都在研究放射性，并在1903年获得了诺贝尔奖。1906年，皮埃尔在一场交通事故中不幸离世。

主要作品

1880年 《通过对半面晶体斜面的压力产生电的研究》

超大涨落回声

超越可见光

关键人物
约瑟琳·贝尔·伯奈尔（1943— ）

此前
1800年 在英国，威廉·赫歇尔意外发现了红外辐射的存在。

1887年 海因里希·赫兹首次成功地创造出了无线电波。

此后
1967年 美国用于探测核试验的维拉（Vela）军用卫星记录了来自遥远宇宙神秘事件的第一次伽马射线爆发。

1983年 美国、英国和荷兰发射了首个IRAS（红外天文卫星）。

2019年 天文学家利用孔径合成技术建立了世界各地望远镜的协作，观测到了一个遥远星系中超大质量黑洞周围的辐射。

19世纪和20世纪初，物理学家发现了可见光以外的电磁辐射，这为观察自然和宇宙带来了新的方法。在探索过程中，他们必须克服许多挑战，特别是地球大气层阻挡或淹没了许多辐射。对于

来自行星、恒星和其他天体的无线电波（它们可以穿透大气层），主要的问题是波长太长，这使定位它们的来源很困难。

射电天文学的第一步是在1931年由美国物理学家卡尔·詹斯基（Karl Jansky）迈出的。当时，詹斯基搭建了一个巨大的灵敏天线，并将其安装在一个可旋转的平台上。通过测量随着地球自转，不同时间天线上接收到的信号变化，他揭示了天空中不同部分的电波情况。詹斯基由此证明了银河系的中心是一个强大的射电信号源。

描绘无线电波

20世纪50年代，伯纳德·洛弗尔（Bernard Lovell）在英国柴郡的焦德雷班克建造了第一台巨型"碟形"望远镜。该望远镜直径76.2米，能够拍摄出射电天空的模糊图像，它首次确定了单个射电源的位置和形状。

20世纪60年代，在剑桥大学的马丁·赖尔（Martin Ryle）、安东尼·休伊什（Antony Hewish）

来自太空的不可见无线电波穿透地球大气层。

射电望远镜可以收集无线电波进而确定它们的大致来源。

这有助于天文学家定位遥远的恒星和星系。

参见： 电磁波 192~195页，黑洞和虫洞 286~289页，暗物质 302~305页，暗能量 306~307页，引力波 312~315页。

天空的无线电地图显示了来自外太空的电波的来源。最强烈的无线电辐射（红色）来自银河系的中心区域。

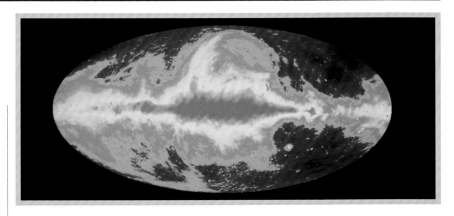

和研究生约瑟琳·贝尔·伯奈尔（Jocelyn Bell Burnell）的努力下，射电望远镜的分辨率得到了显著提高。赖尔发明了一种称为孔径合成的技术，在这种技术中，单个无线电天线的网格或"阵列"就像一个巨型望远镜。它的原理是测量不同天线在同一时刻接收到的入射无线电波振幅（强度）的变化。这种方法，加上对无线电波形状的一些基本假设，使计算它们的源的方向更加精确。

利用赖尔的发明，休伊什和贝尔·伯奈尔开始建造一个带有数千个天线的射电望远镜，它最终覆盖了1.6公顷（16000平方米）的土地。休伊什希望利用这台望远镜发现行星际闪烁（IPS）——来自遥远射电源的信号在与太阳磁场和太阳风相互作用时发生的预测波动。

贝尔·伯奈尔的项目包括监测IPS望远镜的测量结果，并寻找预测的偶然变化。然而，在她的发现中，有一个更短、更可预测的无线电信号，持续1/25秒，每1.3秒重复一次，与恒星的运动保持同步。这最终被证明是一颗脉冲星——第一个已知的快速旋转的中子星的例子，它的存在在20世纪30年代被首次提出。

贝尔·伯奈尔对于脉冲星的发现开启了射电天文学的一系列重大突破。随着技术的进步，孔径合成技术被应用于射电天文观测，使得人们能够获取越来越精细的射电图像。这些图像帮助揭示了银河系的结构、遥远星系的碰撞过程以及围绕超大质量黑洞的物质分布情况。■

约瑟琳·贝尔·伯奈尔

约瑟琳·贝尔·伯奈尔于1943年出生在北爱尔兰的贝尔法斯特，在参观了阿马天文馆（Armagh Planetarium）后，她对天文学产生了兴趣。1965年，伯奈尔从格拉斯哥大学物理学专业毕业，随后前往剑桥大学攻读博士学位，师从安东尼·休伊什（Antony Hewish）。就是在那里，她发现了第一颗脉冲星。尽管在宣布这一发现的论文中，伯奈尔被标注为第二作者，但当她的同事们在1974年获得诺贝尔奖时，她却被忽视了。此后，她在天文学领域拥有了非常成功的职业生涯，并获得了其他几个奖项，包括2018年基础物理学特别突破奖——表彰她的科学研究成果，以及她在促进妇女和少数民族在科学和技术中的作用的工作。

主要作品

1968年 《快速脉动射电源的观测》（与安东尼·休伊什等在《自然》杂志上发表的论文）

THE QUANTUM WORLD

WORLD

OUR UNCERTAIN UNIVERSE

量子世界

不确定的宇宙

马克斯·普朗克提出，黑体辐射的能量不是连续的，而是一份一份的。

1900年

尼尔斯·玻尔提出了最早的原子量子化模型。

1913年

美国人阿瑟·康普顿发现了X射线的量子效应，表明了光具有粒子性。

1923年

奥地利人沃尔夫冈·泡利提出了不相容原理。

1925年

1905年

阿尔伯特·爱因斯坦为了解释光电效应，假定光以离散粒子的形式与电子发生相互作用，这种粒子被称为光子。

1922年

德国人奥托·斯特恩和瓦尔特·格拉赫发现了量子自旋，即角动量的量子化。

1924年

法国人路易·德布罗意认为所有物质都具有波动性，并据此提出了电子等微观粒子具有波粒二象性。

我们的世界具有确定性，物理系统会严格遵循规律而演变。通常经过不断的试验（如进行球类运动并预测球的轨迹）和错误（被几个球击中），我们自然学会了这些确定性规律，并将其用于日常生活中。

物理学家设计实验来揭示这些规律，从而使我们能够预测我们的世界或其中的事物将如何随时间而改变。到目前为止，这些实验让我们掌握了本书前述的确定性物理学规律。然而到了20世纪初，人们发现自然界的核心本质并非如此，这让人感到不安。我们每天所看到的确定性世界只是一幅模糊的图画，是一个在最小尺度上极度不稳定的世界的平均化效应。直到发现了光的怪异行为，我们才打开了通往这个新领域的大门。

波还是粒子？

16世纪以来，关于光的本质的争论一直很激烈。一方认为光是由微小的粒子组成的，这是英国物理学家艾萨克·牛顿所倡导的，另一方认为光是一种波动现象。1803年，英国物理学家托马斯·杨的双缝实验似乎为光的波动学说提供了确凿的证据，因为光表现出了干涉行为，而这种行为无法用粒子来解释。20世纪初，德国物理学家马克斯·普朗克和阿尔伯特·爱因斯坦重拾牛顿的观点，提出光必须由离散的粒子构成。爱因斯坦不得不引用这个看似奇怪的结论来解释观测到的光电效应现象。

双方都用有力的证据来证明自己的观点。一些诡异的事情正悄然发生——欢迎来到量子世界，根据不同情形，物体既可以表现出粒子行为，又可以表现出波动行为。存在量子行为的多数是基本粒子或基本的亚原子粒子，它们不是由别的粒子组成的。当人们单独观察它们时，它们看起来就像粒子；但存在多个探测器时，它们又会表现出像波一样的行为，不过这种波和水波不一样。如果两个水波汇合，某些地方的能量就会得到增加，而量子的波动行为并不是这样的，它会在一些特定位置提高探测到该粒子的概率。当我们探测一个粒子时，它不可能同时出现在所有的位

沃纳·海森堡给出了量子理论的矩阵力学形式，并由此提出了不确定性原理。

奥地利人埃尔温·薛定谔提出了著名的"薛定谔猫"思想实验。

美国人理查德·费曼提出了量子计算的概念。

IBM公司发布了Q System One量子计算机。

1927 年　　　　　**1935** 年　　　　　**1981** 年　　　　　**2019** 年

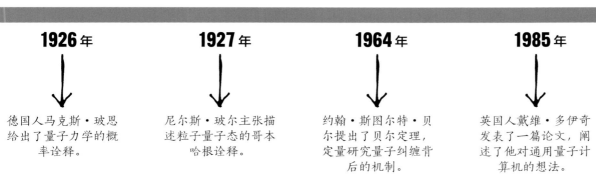

1926 年　　　　　**1927** 年　　　　　**1964** 年　　　　　**1985** 年

德国人马克斯·玻恩给出了量子力学的概率诠释。

尼尔斯·玻尔主张描述粒子量子态的哥本哈根诠释。

约翰·斯图尔特·贝尔提出了贝尔定理，定量研究量子纠缠背后的机制。

英国人戴维·多伊奇发表了一篇论文，阐述了他对通用量子计算机的想法。

置；相反，它是否会出现在某一位置取决于其波动行为给出的概率的大小。

这是一种全新的、概率性的行为方式，是一种我们即使在某个时间点掌握了一个粒子的一切性质，也永远无法准确预测它下一刻会出现在哪里的行为方式。量子的行为不像运动的球——球的飞行轨迹是可预测的，无论我们站在哪里，都有一定的概率被它击中。

关于量子物体如何在波动行为和粒子行为之间转换的机制一直存在激烈的争论。1927年，丹麦物理学家尼尔斯·玻尔主张量子物理学的哥本哈根诠释。这一系列观点认为，波函数给出了物体所处位置或运动状态的概率，当观察者进行测量时，它只会坍缩为一个可能的结果。从那时起，人们相继提出了许多更为复杂的解释，而争论仍在持续。

没有什么是确定的

诡异的事情远不止这些。你永远不可能真正了解一个量子的一切。德国物理学家沃纳·海森堡（Werner Heisenberg）的不确定性原理指出，不可能精确地掌握某一组物理量，如动量和位置。你越精确地测量一个物理量，你就越不能准确地掌握另一个物理量。

更奇怪的是量子纠缠现象，它允许一个粒子影响处在完全不同地方的另一个粒子。当两个粒子纠缠在一起时，即使相隔很远，它们

实际上也是一个单一的系统。1964年，北爱尔兰物理学家约翰·斯图尔特·贝尔（John Stewart Bell）给出了量子纠缠确实存在的证据。1981年，法国物理学家阿兰·阿斯佩（Alain Aspect）验证了这种"超距作用"。

现在，我们正在学习如何利用这些奇怪的量子行为来做一些奇妙的事情。利用量子原理的新技术将在不久的未来改变世界。■

光的能量在空间中是不连续分布的

能量子

背景介绍

关键人物

马克斯·普朗克（1858—1947）

此前

1839年 法国物理学家埃德蒙·贝克勒首次观测到了光电效应现象。

1899年 英国物理学家J. J. 汤姆孙证实了紫外光能从金属板中激发出电子。

此后

1923年 美国物理学家阿瑟·康普顿成功地进行了X射线被电子散射的实验，表明了光具有粒子性。

1929年 美国化学家吉尔伯特·路易斯将光量子命名为"光子"。

1954年 贝尔实验室的美国科学家发明了第一个实用的太阳能电池。

参见：热辐射 112~117页，块状和波状的光 176~179页，衍射和干涉 180~183页，电磁波 192~195页，来自原子的光 196~199页，粒子和波 212~215页。

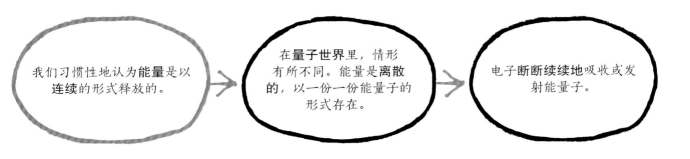

我们习惯性地认为**能量**是以**连续**的形式释放的。

在**量子世界**里，情形有所不同。能量是**离散**的，以一份一份能量子的形式存在。

电子断断续续地吸收或发射能量子。

1900 年10月19日，马克斯·普朗克在柏林向德国物理学会做了一次报告。虽然他报告的内容的真正意义要过几年后才能显现出来，但这标志着物理学新时代——量子时代的开始。

普朗克解决了一个在此之前一直困扰着物理学家的难题。这一难题是关于黑体的，黑体能够吸收和发射所有频率的电磁辐射。它之所以被称为黑体，是因为照射到其表面的所有辐射都被吸收了，不会发生反射，它释放的能量完全取决于自身的温度。完美的黑体在自然界是不存在的。

英国物理学家詹姆士·金斯和约翰·威廉·斯特拉特（瑞利男爵）共同提出了一个理论，它能够准确地描述黑体在低频下的辐射行为，但根据这个理论预测，在高频波段黑体辐射的能量会无限增加，这种情况一般发生在紫外线以外的短波波段，因此被称为紫外灾难。然而，实际情况并非如此。如果这个理论是正确的，那么面包师每次打开烤箱时都会暴露在致命剂量的辐射下。但在19世纪末，没有人能说明为什么这是错误的。

普朗克提出了一个大胆的假设，即黑体中振动的原子以离散的形式发射能量，他称之为能量子。这些能量子的能量大小与振动的频率成正比。尽管理论上频率可以无限增加，但在这些频率上释放能量子同样需要越来越大的能量。例如，紫光能量子的频率是红光能量子的两倍，因此紫光能量也是红光能量的两倍。这种比例关系解释了为什么黑体不能在整个电磁频谱中均等地释放能量。

普朗克常数

普朗克将比例常数表示为h，现在被命名为普朗克常数。通过简单的公式$E=hv$，可以将能量子的能量与其频率联系起来，其中E为能量，v为频率。能量子的能量可以用它的频率乘以普朗克常数$6.62607015 \times 10^{-34}$焦耳·秒来计算。

普朗克的努力奏效了——实验结果与他的理论预测一致。然而，普朗克并不怎么高兴，多年来他一直抵制他的量子理论有任何现实基础的想法，反而认为这一理论更像是一种数学上的推导手段。他无法

光电效应是指某些金属被光束照射后会发射出电子的现象。光的频率越高，光子的能量就越高，发射出的电子的能量也就越高。

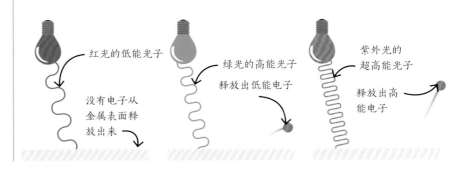

红光的低能光子

没有电子从金属表面释放出来

绿光的高能光子 释放出低能电子

紫外光的超高能光子

释放出高能电子

太空中的光电效应

当航天器的一侧长时间暴露在阳光下时，照射在其金属表面的高能紫外线光子或光量子会产生稳定的电子流。电子的缺失使航天器受到光线照射的一侧形成正电荷堆积，而另一侧（阴影处）则相对地形成负电荷区域。

如果没有防止电荷积聚的导体，航天器表面的电荷差就将引发从航天器一侧流向另一侧的电流。20世纪70年代早期，人们对于这种现象没有采取任何防护措施，导致几颗地球轨道卫星的精密电路受损，甚至在1973年还造成一颗军用卫星完全失效。航天器表面电子流失的速度取决于表面材料的种类、阳光照射的角度，以及太阳活动，包括太阳黑子等。

如果没有引入导流系统，电荷就会在SpaceX龙飞船等航天器的外部积聚。

给出充分的理由说明量子化是真实存在的，而且他自己承认量子化是"一种绝望之举"，然而，它掀起了改变物理学的量子革命。

光电效应

当爱因斯坦接触到普朗克的理论时，他评论说："这就好像是从地底下拔出了一座大山。"1904年，爱因斯坦写信告诉一位朋友，说他"以一种最简单的方式建立起了能量子……与辐射波长之间的关系"。这个关系是对一种先前无法解释的奇特辐射现象的解答。1887年，德国物理学家海因里希·赫兹发现，当一束光照射在某些金属表面时，它们会发射出电子。这种光电效应类似于用于光纤通信的现象（尽管光纤是用半导体材料而不是金属制成的）。

电子激发问题

物理学家起初认为，电磁波携带的电场（电荷存在的空间）提供了电子脱离束缚所需的能量。如果真是这样的话，那么光越亮，发射出来的电子的能量就越高。然而，事实并非如此。释放出来的电子的能量并不依赖光的强度，而是取决于光的频率。使用更高频率的光，从蓝色变到紫色，就会产生更高能的电子；频率低的红光即使亮度再高，也不会发射出电子。这就像快速移动的涟漪可以轻易推动沙滩上的沙子，但缓慢移动的波浪，即使再高，也不会影响沙子。此

> 我们无法用其他物理现象做类比来理解原子内部的行为。原子就是原子，是独一无二的。
>
> 约翰·格里宾，英国科普作家和天体物理学家

外，如果电子要发射出来，它们会立刻发射，而不存在能量积累的过程。在普朗克和爱因斯坦给出合理解释之前，这完全说不通。1905年3月，爱因斯坦在《物理年鉴》月刊上发表了一篇论文，采用普朗克的能量子概念来解释光电效应。这篇论文最终让爱因斯坦获得了1921年的诺贝尔奖。爱因斯坦对粒子学说与波动学说的争论特别感兴趣，他将描述气体粒子压缩或者自由膨胀过程中行为的公式与辐射在空间传播时发生类似变化的公式进行了比较。他发现，两者都遵循相同的规律，而支撑这两种现象的数学基础也是相同的。这为爱因斯坦提供了一种计算特定频率光量子能量的方法，他的结果与普朗克的一致。

基于此，爱因斯坦进一步运用存在光量子的假设来解释光电效应。正如普朗克所说，光量子的能量是由其频率决定的。如果一个光量子把它的能量传递给一个电子，那么光量子的能量越高，发射出的

> 原子理论和量子力学说明所有物质，甚至是空间和时间，都以离散的形式存在——量子化。
>
> 维克多·约翰·斯滕格尔

电子的能量就越高。光量子后来被称为光子，蓝光光子具有较高的能量，能够激发出电子；而红光光子就不能。提高光的强度会产生更多的激发电子，但不会提高激发电子的能量。

更多的实验

尽管普朗克认为量子化只不过是一种数学技巧，但爱因斯坦却将它视为一种客观存在的物理现实。许多其他物理学家始终坚持认为光是一种波，而不是粒子流，并不认同光量子的假设。1913年，就连普朗克本人也这样评价爱因斯坦："有时候……他的猜测可能过头了，但这不应该成为反对他的理由。"

同样对此持怀疑态度的美国物理学家罗伯特·密立根为了证明爱因斯坦是错的，也进行了光电效应实验。但他得出的实验结果与爱因斯坦的预测完全一致。尽管如此，密立根在谈到爱因斯坦时仍然说那是"大胆的，甚至可以说是鲁莽的假设"。直到1923年美国物理学家阿瑟·康普顿（Arthur Compton）进行了实验，量子理论才开始被接受。康普顿通过观察电子对X射线的散射，找到了确切的证据，证明了在散射实验中光表现得像粒子流，不能单纯地用波现象来解释。他发表在《物理评论》上的论文写道："我们的公式预测和实验结果表现出惊人的一致性，可以让我们毫不怀疑地相信X射线散射是一种量子现象。"

爱因斯坦对光电效应的解释可以通过实验得到验证——光，看起来就像是一束粒子流。然而，光在反射、折射、衍射和干涉等人们非常熟悉且理解得很透彻的现象中又表现出波的一面。因此，对于物理学家而言，问题仍然存在：光是什么？是波还是粒子？有没有可能两者皆是？■

> 每个家伙都以为他知道（什么是光量子），但其实他是在自欺欺人。
>
> 爱因斯坦

马克斯·普朗克

马克斯·普朗克于1858年出生在德国基尔，在慕尼黑大学学习物理，17岁毕业，并于四年后获得了博士学位。他对热力学产生了浓厚的兴趣，于1900年提出了普朗克辐射公式，引入了能量子的概念。尽管它的深刻意义在好几年内被人们忽视了，但这仍标志着量子理论的开端，并在后来发展成为20世纪物理学的基石之一。

1918年，普朗克因其成就获得了诺贝尔物理学奖。1947年，他在德国哥廷根去世。

主要作品

1900年《论维恩光谱方程的完善》
1903年《论热力学》
1920年《量子理论的起源与发展》

一种前所未见的行为方式

粒子和波

背景介绍

关键人物
路易·德布罗意（1892—1987）

此前
1670年 艾萨克·牛顿提出了光粒子说。

1803年 托马斯·杨进行了双缝实验，证实了光的波动性。

1897年 英国物理学家J. J. 汤姆孙宣称电流是由带电粒子流组成的，后来这种带电粒子被称为电子。

此后
1926年 奥地利物理学家埃尔温·薛定谔提出了波动方程。

1927年 丹麦物理学家尼尔斯·玻尔发展出了量子力学的哥本哈根诠释，指出粒子在被观测之前处于所有可能的状态。

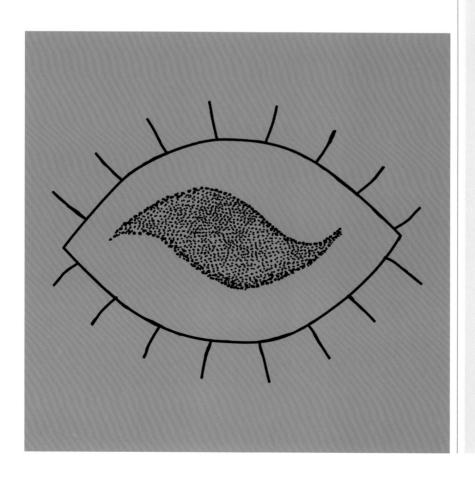

参见：热辐射 112~117页，力场和麦克斯韦方程组 142~147页，块状和波状的光 176~179页，衍射和干涉 180~183页，电磁波 192~195页，能量子 208~211页，量子数 216~217页。

> 物理不只是在黑板上写写公式，在电脑上写写代码。科学是要探索新世界的。
>
> 苏奇特拉·塞巴斯蒂安

光的本质是量子物理学的核心问题。几个世纪以来，人们一直试图解释光到底是什么。古希腊思想家亚里士多德认为，空间中各处都存在无形的物质——以太，光是在以太中传播的波。另一些人认为光是飞速移动的微小粒子流，以至于人们无法探测到单个粒子。公元前55年，古罗马思想家卢克莱修（Lucretius）写道："太阳的光和热都是由微小的原子组成的，它们被发射出来后，就会片刻不停地在太空中穿梭。"然而，粒子理论并没有得到太多的支持，在接下来的两千多年的时间里，人们普遍认为光是以波的形式传播的。

艾萨克·牛顿沉迷于光的研究，并做了许多实验。例如，他证明了白光通过棱镜可以被分解成各种颜色的光谱。他观察到光是以直线传播的，产生的阴影具有尖锐的边缘。在他看来，这一切似乎都表明光是粒子流，而不是波。

双缝实验

才华横溢的英国科学家托马斯·杨提出了一个理论：如果光的波长足够短，那么它就会像粒子流一样沿直线传播。1803年，他进一步检验了自己的理论。首先，他在窗帘上开了一个小孔以提供点状的光源。接着，他拿来一块木板，在上面邻近的位置打了两个针孔。他把木板放在适当的位置，以便通过窗帘上小孔的光线能够穿过针孔并照射到后方的屏幕上。如果牛顿是对的，即光是一种粒子流，那么在屏幕上粒子穿过针孔的地方，会出现两个光点。但这不是杨所看到的。

他看到的不是两个分离的光斑，而是一系列由暗线隔开的弯曲的彩色光带，这与光是一种波的预期结果完全一致。杨本人早在两年前就研究过波的干涉条纹。他曾提出，一个波峰与另一个波峰叠加，会形成一个更高的波峰，两个波谷叠加会形成一个更深的波谷，但如果波谷和波峰重合，它们就会互相抵消。不幸的是，杨的发现没有得到广泛认可。

光粒子

19世纪60年代，苏格兰科学家詹姆斯·克拉克·麦克斯韦宣布光是一种电磁波。电磁波由两个沿

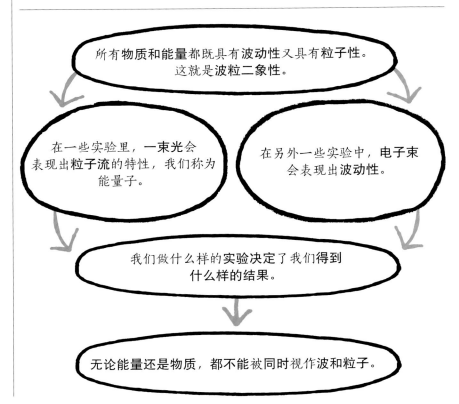

> 我们对现实有两种矛盾的观点，离了其中任何一个，都无法解释光的现象，必须二者兼备。
>
> 爱因斯坦

相同方向传播但振荡方向彼此垂直的波组成，其中一个波是振荡的磁场，另一个是振荡的电场。随着电磁波的传播，这两个场始终保持同步。1900年，马克斯·普朗克为了解决黑体辐射问题，假设电磁辐射能量是量子化的，但实际上他并不认为这是真的。"光是一种波"的证据太过充分，以至于连普朗克本人也无法接受"光实际上是由粒子组成的"这一观点。

光的波动理论无法解释光电效应。1905年，爱因斯坦假设光是由光子或离散的能量子组成的，从而成功解释了光电效应。爱因斯坦认为光量子是物理现实，但他余生都在试图解决光同时也会呈现波动性的悖论，却没有成功。1922年，美国物理学家亚瑟·康普顿成功地用电子进行了X射线散射实验。X射线频率发生了微小变化，这一现象后来被称为康普顿效应，这表明X射线与电子发生碰撞时表现得像粒子一样。

自然的对称性

1924年，路易·德布罗意（Louis de Broglie）在他的博士论文中提出了一个理论：所有物质和能量——不仅仅是光——都具有粒子和波的特征。德布罗意凭直觉相信自然界的对称性和爱因斯坦的光量子理论。他问道，如果波可以表现出粒子的一面，那么为什么像电子这样的粒子不能像波一样运动呢？德布罗意考虑到爱因斯坦著

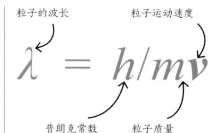

$$\lambda = h/mv$$

粒子的波长　粒子运动速度
普朗克常数　粒子质量

1924年德布罗意提出的方程用普朗克常数除以动量（质量乘以速度）来计算粒子的波长。

名的方程 $E = mc^2$（它把质量和能量联系起来），以及爱因斯坦和普朗克把能量和波的频率联系起来的事情。通过将两者结合起来，德布罗意认为，有质量的物质也应该有一个类似于波的形式，并提出了物质波的概念：任何运动物体都存在一个相应的波。粒子的动能与波的频率成正比，粒子的速度与其波长成反比，速度越快的粒子波长越短。

爱因斯坦支持德布罗意的观点，因为这似乎是他自己理论的自然延伸。1927年，英国物理学家乔治·汤姆孙（George Thomson）和美国物理学家克林顿·戴维森（Clinton Davisson）通过实验证实了德布罗意关于电子可以显示出波的特征的说法，当时两人都证明了当一束窄电子通过具有晶格的镍金属箔时会形成一种衍射图样。

这张图片显示了金属铂的X射线衍射图样。X射线是一种波状形式的电磁能量，由传递光的粒子——光子携带。此处的衍射实验显示出X射线的辐射行为，但另一个实验又可能显示出它们的行为类似于粒子。

怎么会是这样的？

托马斯·杨通过展示光是如何形成干涉图样的，证明了光是一种波。20世纪60年代初，美国物理学家理查德·费曼（Richard Feynman）提出了一个思想实验，他设想如果一次只有一个光子或电子经过处于打开或关闭状态的双缝，将会发生什么。他预测的结果是光子将以粒子的形式传播，并到达缝后面的屏幕，形成单个亮点。当两个窄缝都打开时，应该有两个明亮的区域，如果其中一个窄缝关闭，则应该只有一个明亮的区域，而不会形成干涉图样。然而，费曼提出了另一种预测结果，即当两个窄缝都打开时，屏幕上的图案会逐个粒子地积累成干涉图样，但如果关闭其中一个窄缝，则不会形成干涉图样。

即使后一个光子是在前一个光子到达屏幕之后才被发射出来的，它也总能设法"知道"要去哪里"构建"干涉图样。这就好比每个粒子都像波一样运动，同时穿过

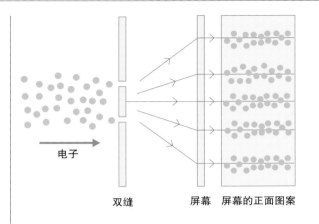

电子 　双缝　屏幕　屏幕的正面图案

当粒子（如电子或原子）通过双缝时，会产生明暗相间的干涉图样，就像波一样。这表明粒子具有波的性质并表现出波动行为。

两个窄缝，并与自身产生干涉。然而，一个穿过左缝的单个粒子是如何知道右缝是打开还是关闭的呢？

费曼建议不要试图回答这些问题。1964年，他写道："如果你能避开它的话，就不要一直对自己说'但它怎么会是这样的？'，因为你会走进一条死胡同，没有人能从中逃脱。不会有人知道为什么会是这样的。"费曼的预测结果后来被其他科学家证实了。

显而易见，光的波动理论和粒子理论都是正确的。光在空间中以波的形式传播，但在被测量时又表现出粒子性。任何单一模型都无法准确全面地描述光。提出光具有"波粒二象性"并就此打住是很容易的，但这句话究竟意味着什么，没有人能够给出令人满意的答案。■

路易·德布罗意

路易·德布罗意于1892年出生在法国迪耶普，1910年获得历史学学位，1913年又获得理学学位。他在第一次世界大战期间被征召入伍，战争结束后继续学习物理。1924年，在巴黎大学理学院，他提交了博士论文《量子理论研究》。这篇论文最初令人们感到震惊，但1927年的电子衍射实验结果证实了他的观点，它是后来发展波动力学理论的基础。德布罗意退休前一直在巴黎亨利·庞加莱学院教授理论物理。1929年，他因发现电子的波动性而获得诺贝尔物理学奖。他于1987年去世。

主要作品

1924年 《量子理论研究》（《物理年鉴》）

1926年 《波和运动》

一种新的观念

量子数

背景介绍

关键人物
沃尔夫冈·泡利（1900—1958）

此前
1672年 艾萨克·牛顿将白光分解成了光谱。

1802年 威廉·海德·沃拉斯顿发现太阳光谱中有一些暗线。

1913年 尼尔斯·玻尔提出了原子壳层模型。

此后
1927年 尼尔斯·玻尔提出了哥本哈根诠释，认为粒子在被探测前可能处于任何一个态。

1928年 印度天文学家苏布拉马尼扬·钱德拉塞卡计算得出，一个质量足够大的恒星最终会坍缩形成黑洞。

1932年 英国物理学家詹姆斯·查德威克发现了中子。

1802年，英国化学家和物理学家威廉·海德·沃拉斯顿（William Hyde Wollaston）发现太阳光谱中存在着许多细小的暗线。1814年，德国透镜制造商约瑟夫·冯·夫琅禾费最早详细研究了这些暗线，他共列出500多条。19世纪50年代，德国物理学家古斯塔夫·基尔霍夫和德国化学家罗伯特·本生发现，每种元素都有自己独特的光谱，不过他们并不清楚光谱产生的原因。

量子跃迁

1905年，阿尔伯特·爱因斯坦成功解释了光电效应。通过光电效应，光可以使某些金属发射出电子，他解释道，光就像一束由被称为能量子的能量包组成的粒子流。1913年，丹麦物理学家尼尔斯·玻尔提出了一个原子模型，该模型充分考虑了能量子和元素的光谱特性。在玻尔的原子模型中，电子以固定的或量子化的轨道绕着中心处的原子核运动。撞击原子的光量子（后来称为光子）可以被电子吸收，之后电子会跳跃到更高的轨道（离原子核更远）。一个能量足够大的光子可以把一个电子从它的轨道上激发出来。相反，当一个电子以向外发射光子的形式释放它"多余"的能量时，它就会回落到原来的能级，更接近原子核。运动轨道的高低变化被称为量子跃迁。

夫琅禾费谱线是指可见光光谱上的细暗线。每种元素都有自己独特的夫琅禾费谱线（由一个或多个字母表示），这由其电子的量子数决定。图中显示了这些暗线中最明显的几条。

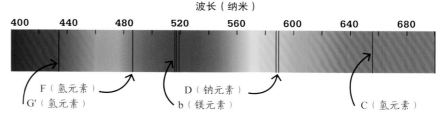

波长（纳米）

| 400 | 440 | 480 | 520 | 560 | 600 | 640 | 680 |

F（氢元素）
G'（氢元素）
D（钠元素）
b（镁元素）
C（氢元素）

参见：磁单极子 159页，电磁波 192~195页，来自原子的光 196~199页，能量子 208~211页，亚原子粒子 242~243页

量子力学不允许全同粒子同时占据相同的空间。

$\rightarrow$

原子周围的每个电子都有一组由四个量子数组成的特殊编码。

$\downarrow$

具有相同量子数的两个电子必须占据原子的不同能级。

$\leftarrow$

量子数决定了电子的性质——能量、自旋、角动量和磁性。

沃尔夫冈·泡利

沃尔夫冈·泡利是一位化学家的儿子，于1900年出生在奥地利维也纳。据说，当他还是学生的时候，他就把爱因斯坦关于狭义相对论的论文偷偷带到学校阅读。1921年，还是德国慕尼黑大学学生的泡利发表了他第一篇关于相对论的论文，并得到了爱因斯坦的赞扬。毕业后，泡利在哥廷根大学任马克斯·玻恩（Max Born）的助教。为躲避纳粹的迫害，他于1940年移居美国新泽西州的普林斯顿，后来成为美国公民。1945年，他因发现不相容原理而获得诺贝尔奖。1946年，他搬到瑞士的苏黎世，并在该市的联邦理工学院担任教授，直到1958年去世。

主要作品

1926年 《量子理论》
1933年 《波动力学原理》

跃迁能级的大小对每个原子来说都是独一无二的。

原子会发出特定波长的光，因此每种元素都有一组特征谱线。玻尔提出，这些谱线与电子轨道的能级有关，它们是由电子吸收或发射光子产生的，而这些光子的频率与谱线相对应。

电子在原子中所处的能级用主量子数 n 表示，$n=1$ 表示电子处于最低可能轨道，$n=2$ 表示处于次低能级轨道，以此类推。利用这个模型，玻尔能够解释最简单的氢原子的能级，氢原子中一个电子绕单个质子运行。后来的原子模型引入了电子的波动行为，从而能够描述更复杂的原子。

泡利不相容原理

1925年，沃尔夫冈·泡利（Wolfgang Pauli）试图解析原子的结构。是什么决定了电子的能级以及每个能级或壳层上能容纳的电子数呢？他给出的解释是，每个电子都有自己独特的代码，由四个量子数来表示——能量、自旋、角动量和磁性。不相容原理指出，原子中不存在两个电子具有完全相同的四个量子数。也就是说，没有两个完全相同的粒子可以同时占据相同的状态。例如，两个电子可以占据同一个壳层，但前提是它们的自旋相反。■

物理是一种解谜游戏，解答大自然的谜题，而不是头脑中想象出来的谜题。
玛丽亚·格佩特·梅耶

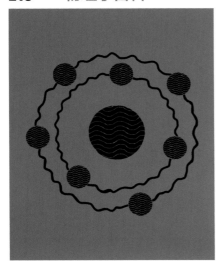

万物皆波

矩阵力学和波动力学

到了20世纪20年代，科学家开始质疑丹麦物理学家尼尔斯·玻尔在1913年提出的原子模型。当时，最新的实验表明，不仅光可以像粒子一样流动，电子也会表现出波动性。

德国物理学家沃纳·海森堡试图建立一个仅依赖我们可以观察到的物理量的量子力学系统。我们无法观测到电子是如何围绕一个原子运转的，但当电子从一个轨道跃迁到另一个轨道时，我们可以观测

为什么所有涉及粒子位置的实验都会使粒子突然出现在某个地方而不是任何地方？没人知道答案。

克里斯托弗·加尔法德

到电子吸收或发射的光。他利用这些观察结果制作了一个数字表，用来表示电子的位置和动量，并给出了计算它们的公式。

矩阵力学

1925年，海森堡向德国犹太裔物理学家马克斯·玻恩分享了他的计算方法，后者立刻意识到这种数字表就是矩阵。玻恩与海森堡及玻恩的学生帕斯夸尔·约尔旦（Pascual Jordan）一起提出了一种新的矩阵力学理论，它建立起了电子能量与在可见光光谱中观察到的谱线之间的联系。

矩阵力学有趣的一点是，计算次序很重要。粒子动量乘以位置的计算结果与位置乘以动量的结果是不一样的。正是这种差异促使海森堡提出了不确定性原理，即在量子力学中，物体的速度和位置不能被同时精确测量。

1926年，奥地利物理学家埃尔温·薛定谔（Erwin Schrödinger）推导出一个方程，可以用于计算概率波或波函数（量子系统的数

参见：电磁波 192~195页，来自原子的光 196~199页，能量子 208~211页，海森堡不确定性原理 220~221页，反物质 246页。

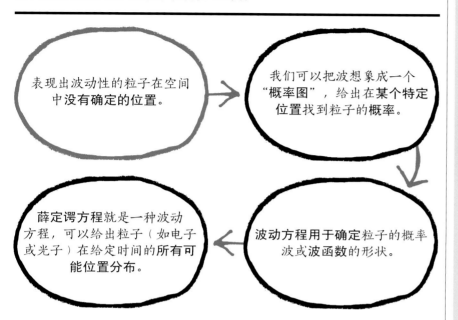

表现出波动性的粒子在空间中没有确定的位置。

我们可以把波想象成一个"概率图"，给出在某个特定位置找到粒子的概率。

薛定谔方程就是一种波动方程，可以给出粒子（如电子或光子）在给定时间的所有可能位置分布。

波动方程用于确定粒子的概率波或波函数的形状。

埃尔温·薛定谔

埃尔温·薛定谔于1887年出生在奥地利维也纳，他从事理论物理研究。第一次世界大战后，他在瑞士苏黎世和德国柏林的大学任职。1933年，纳粹掌权后，他移居英国牛津。

同年，他与英国理论物理学家保罗·狄拉克因"发现了原子理论新的有效形式"而分享了诺贝尔奖。1939年，他成为爱尔兰都柏林高等研究所理论物理学主任。1956年退休后，他返回维也纳，于1961年去世。薛定谔最为人熟知的是他1935年提出的"薛定谔猫"思想实验。这个思想实验检验了量子系统可以同时存在于两种不同状态中的观点。

主要作品

1926年 《原子与分子力学的波动理论》（《物理评论》）
1935年 《量子力学的现状》

学描述）是如何分布的，以及它们将如何演化。薛定谔方程对量子力学所描述的亚原子世界的重要性，等同于牛顿运动定律对宏观物体运动的重要性。薛定谔用他的方程计算了氢原子的情形，发现它非常准确地预测了氢原子的性质。

1928年，英国物理学家保罗·

自然界真的像我们在这些原子实验中看到的那样荒谬吗？

沃纳·海森堡

狄拉克将薛定谔方程与爱因斯坦的狭义相对论结合起来，后者建立了质量和能量之间的联系（被概括为著名的方程$E = mc^2$）。狄拉克方程在描述电子和其他粒子时与狭义相对论和量子力学都保持一致。他提出，应该把电子看作是从电子场中产生的，就像光子是从电磁场中产生的一样。

海森堡的矩阵力学同薛定谔方程、狄拉克方程一起为量子力学的两大基本原理，即不确定性原理和哥本哈根诠释奠定了基础。■

猫既是死的又是活的

海森堡不确定性原理

背景介绍

关键人物

沃纳·海森堡（1901—1976）

此前

1905年 爱因斯坦提出，光是由被称为光子的离散包组成的。

1913年 尼尔斯·玻尔建立了电子绕原子核运转的原子模型。

1924年 法国物理学家路易·德布罗意认为物质粒子也可以被看作波。

此后

1935年 爱因斯坦、美籍苏联裔物理学家鲍里斯·波多尔斯基、以色列物理学家纳森·罗森对哥本哈根诠释提出了挑战。

1957年 美国物理学家休·艾弗雷特为解释哥本哈根诠释提出了"多世界理论"。

根据量子力学理论，粒子在被观测之前，可能会同时处于所有可能的位置和状态，这称为**叠加态**。

粒子的所有可能状态可以用**波函数**来描述。

埃尔温·薛定谔用猫**既死又活**的状态来做对比。

粒子的性质在被**测量**之前并没有确定的值——测量发生时，发生**波函数坍缩**。

波函数坍缩导致粒子**具有确定的性质**。

在经典物理学中，人们普遍认为，所有测量的精度只受限于所用仪器的精度。1927年，沃纳·海森堡证明事实并非如此。

海森堡开始琢磨，定义一个粒子的位置到底意味着什么。我们只能通过与物体发生相互作用来确定它的位置。为了确定电子的位置，我们得探测从它身上反弹的光子。测量的精确性由光子的波长决定；光子的频率越高，电子的位置就越精确。

马克斯·普朗克已经证明，光子的能量与其频率有关，可表示为$E=hv$，其中E是光子能量，v是光子频率，h是普朗克常数。光

参见：能量和运动 56~57页，块状和波状的光 176~179页，来自原子的光 196~199页，能量子 208~211页，粒子和波 212~215页，矩阵力学和波动力学 218~219。

沃纳·海森堡

沃纳·海森堡于1901年出生在德国维尔茨堡。1924年，他进入哥本哈根大学，并与玻尔展开合作。1927年，海森堡的名字永远地与他的不确定性原理联系了起来，他因开创了量子力学而获得了1932年的诺贝尔物理学奖。

在第二次世界大战期间，海森堡被任命为慕尼黑凯泽·威廉物理研究所（后来更名为马克斯·普朗克研究所）所长，并负责为纳粹德国研制原子弹。至于德国原子弹项目的失败究竟是因为缺乏物资还是因为海森堡的消极应对，目前尚不清楚。他最终被美军俘虏并被送往英国。战后，他担任马克斯·普朗克研究所所长，直到1970年辞职。他于1976年去世。

主要作品

1925年 《论量子力学》
1927年 《量子理论运动学和力学的直观内容》

子的频率越高，它携带的能量就越高，碰撞后就越容易使电子偏离轨道。我们掌握了电子此刻的位置，却不知道它将要去哪里。如果想要绝对精确地测量电子的动量，其位置就会变得完全不确定，反之亦然。

海森堡表明，动量不确定性与位置不确定性的乘积必然小于普朗克常数除以4π。不确定性原理是宇宙的一个基本属性，它对我们能够同时知道的东西做出了限制。

哥本哈根诠释

后来，尼尔斯·玻尔支持量子物理学的哥本哈根诠释。正如海森堡所展示的那样，它承认我们根本无法确定宇宙中的某些事情。在进行测量之前，具有量子属性的粒子的物理性质并不确定。例如，我们不可能设计出一个实验，同时展示

出电子的波动行为和粒子行为。玻尔认为，物质的波动性和粒子性是同一枚硬币的两面。

哥本哈根诠释在物理系统被测量之前是否有确定的性质这一问题上，展示出了经典物理学和量子物理学之间的鸿沟。

薛定谔猫

根据哥本哈根诠释，任何量子态都可以被视为两个或更多不同状态的总和，称为叠加态。直到观察发生，叠加的量子态才会立即变成其中一个状态，或者另一个。

埃尔温·薛定谔感到疑惑，这种从叠加态到一个确定的现实态的转变是何时发生的。他设想了这样的一个场景，一只猫被关在密闭的盒子里，盒子里还有一个由量子事件触发的有毒装置。根据哥本哈根诠释，在有人观察之前，猫处于

既死又活的叠加态。薛定谔认为这听起来有些荒谬。玻尔反驳道，没有理由认为经典物理学的规则也适用于量子领域——事实就是如此。■

原子或基本粒子本身是不真实的；它们构成了一个充满可能性的世界，而不是一个基于事实的世界。

沃纳·海森堡

鬼魅般的超距作用

量子纠缠

量子力学的一个主要原则是不确定性的概念——无论实验多么完美，我们都无法同时测量系统的所有特征。尼尔斯·玻尔主张的量子力学哥本哈根诠释务实地认为，测量行为本身就选择了被观察到的特征。

量子力学的另一个典型特征就是"纠缠"。例如，一个量子系统同时释放出两个电子，根据动量守恒定律得知，其中一个电子的动量与另一个电子的动量大小相等且方向相反。根据哥本哈根诠释，两个电子在被测量之前都不会处于一个确定的状态，但是测量一个电子的动量将会决定另一个电子的状态和动量，而不管两个电子之间的距离有多远。

这被称为非局域行为，尽管阿尔伯特·爱因斯坦称之为鬼魅般的超距作用。1935年，爱因斯坦对纠缠产生了质疑，并声称存在"隐变量"，使纠缠变得不必要。他认为，要使一个粒子影响另一个粒

当任何**两个亚原子粒子**（如电子）存在**相互作用**时，它们的状态变得相互依赖——彼此纠缠。

即使在**物理空间**上相距很远（如在不同的星系中），粒子之间仍然保持着联系。

因此，操控一个粒子的同时将会同**步调整**另一个粒子。

测量其中一个粒子的性质将会同时得到另一个粒子的性质。

参见：能量子 208~211页，海森堡不确定性原理 220~221页，量子技术应用 226~231页，狭义相对论 276~279页。

粒子A和粒子B相互作用并纠缠在一起。即使被放置在不同的地方，它们仍然纠缠在一起。

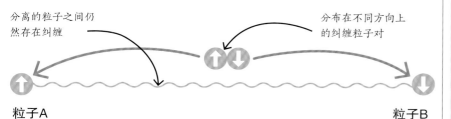

分离的粒子之间仍然存在纠缠

分布在不同方向上的纠缠粒子对

粒子A

粒子B

子，它们之间需要一个比光速还快的信号（这是爱因斯坦狭义相对论不允许的）。

贝尔定理

1964年，北爱尔兰物理学家约翰·斯图尔特·贝尔提出了一个思想实验，可以用来检验纠缠粒子之间的通信速度是否真的比光速快。他假设存在一对纠缠电子，一个自旋向上，另一个自旋向下。根据量子理论，这两个电子在被测量之前处于叠加态——它们中的任何一个都可能是自旋向上或自旋向下的。然而，一旦其中一个电子的自旋被测量出来，我们就肯定地知道另一个电子的自旋必然相反。贝尔推导出的公式被称为贝尔不等式，它可以用来确定在正态分布情况下（与量子纠缠相反），粒子A的自旋与粒子B的自旋的关联程度。他推导出的结果的统计分布从数学上证明了爱因斯坦的"隐变量"观点是不正确的，纠缠粒子之间存在着瞬时联系。物理学家弗里乔夫·卡普拉（Fritjof Capra）断言，贝尔定理表明宇宙"从根本上是相互联系的"。

法国物理学家阿兰·阿斯佩在20世纪80年代初进行的实验（使用激光产生纠缠光子对）有力地证明，超距作用是真实存在的——量子世界不受定域性原理的约束。当两个粒子纠缠在一起时，它们实际上是一个具有统一的量子波函数的单一系统。∎

这幅概念性的计算机艺术画展示了一对纠缠在一起的粒子：操控其中一个粒子将同时改变另一个粒子的行为，不论它们之间相距多远。纠缠在量子计算和量子密码学等新技术中有着广泛的应用。

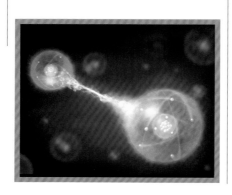

约翰·斯图尔特·贝尔

约翰·斯图尔特·贝尔于1928年出生在北爱尔兰的贝尔法斯特。从贝尔法斯特女王大学毕业后，他在伯明翰大学研究核物理与量子场论，并获得博士学位。然后，他在英国哈维尔的原子能科学研究院工作，后来又在瑞士日内瓦的欧洲核子研究中心（CERN）工作。在那里，他从事理论粒子物理和加速器设计研究。在美国斯坦福大学、威斯康星大学麦迪逊分校和布兰迪斯大学等地访问一年后，贝尔于1964年发表了他的突破性论文，提出了一种区分量子理论和爱因斯坦定域实在论的方法。1987年，他当选为美国艺术与科学院院士。1990年，贝尔去世，年仅62岁，这意味着他无法亲眼看见自己提出的设想在实验中得到了验证。

主要作品

1964年 《论EPR悖论》（《物理》）

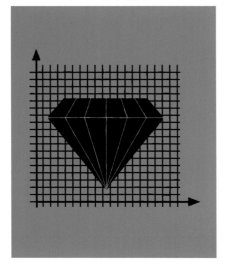

物理学的瑰宝

量子场论

背景介绍

关键人物
理查德·费曼（1918—1988）

此前
1873年 詹姆斯·克拉克·麦克斯韦建立了描述电磁场性质的方程组。

1905年 爱因斯坦提出光既像波一样，又可以被看作由称为能量子的离散包组成的粒子束。

此后
1968年 理论物理学家谢尔登·格拉肖、阿卜杜勒·萨拉姆和史蒂文·温伯格提出了他们的弱电力理论，从而统一了电磁力和弱相互作用。

1968年 美国的斯坦福直线加速器中心发现了夸克存在的证据。夸克是一种亚原子粒子。

场可以反映在**时空**中传播的作用力的大小。

量子场论认为作用力是通过力载体粒子传播的。

传播**电磁力**的载体是**光子**。

光子交换相互作用的方式可以通过**费曼图**来进行可视化描述。

量子力学最大的缺陷之一是它没有考虑爱因斯坦的相对论。英国物理学家保罗·狄拉克是最早尝试调和这些现代物理学基石的人之一。

1928年，他提出了狄拉克方程，将电子视为电子场的激发，就像光子可以被视为电磁场的激发一样。该方程成为量子场论的基础之一。

在物理学中，场在空间内传递作用力的观点已经很成熟了。任何随空间和时间变化的物理量都可以被视为场。例如，由散落在条形磁铁周围的铁屑形成的图案描绘出磁场中的力线。

20世纪20年代，量子场论提出了一种不同的观点，它认为作用力是通过量子粒子——比如光子（传递电磁作用的载体粒子）——来传递的。

后来发现的其他粒子，如夸克、胶子和希格斯玻色子（赋予粒子质量的基本粒子）都被认为有自身的相关场。

参见：力场和麦克斯韦方程组 142~147页，量子技术应用 226~231页，作用力载体 258~259页，量子电动力学 260页，希格斯玻色子 262~263页。

> 我们所观测的并不是大自然本身，而是大自然在我们观测手段下所呈现出来的模样。
>
> 沃纳·海森堡

量子电动力学

量子电动力学（QED）是研究电磁力的量子场论。量子电动力学理论是由美国理论物理学家理查德·费曼和朱利安·施温格（Julian Schwinger）以及日本的朝永振一郎（Shinichiro Tomonaga）完全独立提出的。它指出，诸如电子等带电粒子通过发射和吸收光子发生相互作用。其作用过程可以通过理查德·费曼发明的费曼图（见右图）进行可视化描述。

量子电动力学是有史以来最精确的理论之一。它预测出的与电子有关的磁场强度理论值与实际的大小非常接近，如果以同样的精度测量从伦敦到廷巴克图的距离，误差将小于一根头发丝的直径。

标准模型

量子电动力学为建立其他基本力的量子场论奠定了基础。标准模型将粒子物理学的两种理论兼容到一个框架中，该框架描述了四种已知基本力中的三种（电磁力、弱相互作用和强相互作用），除了引力。其中最强的是强相互作用，也称强核力，它将原子核中的质子和中子结合在一起。弱电力理论指出，电磁力和弱相互作用可以被看作单一电弱相互作用的两个方面。

标准模型还对所有已知的基本粒子进行了分类。建立兼容引力的标准模型理论仍然是物理学最大的挑战之一。■

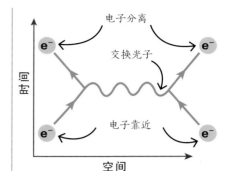

这个费曼图描述了电磁排斥过程。两个电子彼此靠近，交换了一个光子，然后分离。

理查德·费曼

理查德·费曼出生于1918年，在纽约长大。他从小就对数学着迷，曾获得麻省理工学院的奖学金，并在普林斯顿大学的博士入学考试中取得了满分。1942年，他加入了曼哈顿计划，参与研制第一颗原子弹。

第二次世界大战后，费曼加入康奈尔大学，在那里，他提出了量子电动力学理论，并因此获得了1965年的诺贝尔奖。他于1960年加入加州理工大学。后来他最大的成就之一是揭示1986年美国航空航天局挑战者号航天飞机失事的原因。他于1988年去世。

主要作品

1967年 《物理定律的本性》

1985年 《量子电动力学：光和物质的奇异性质》

1985年 《别闹了，费曼先生》（他的自传）

平行宇宙间
的合作

量子技术应用

迈斯纳效应是超导材料在变为超导状态时会将其内部所含磁通全部排斥出去的现象。图中的方形磁体正是由于其下方超导材料的迈斯纳效应而悬浮在空中的。

量子物理学的那些深邃理论似乎离人们的日常生活很遥远，但它已经带来了许多令人惊讶的技术进步，这些技术在我们的生活中起着至关重要的作用。计算机和半导体、通信网络和互联网、全球定位系统（GPS）和磁共振成像（MRI）仪，都依赖量子世界。

超导体

1911年，荷兰物理学家海克·卡末林·昂内斯（Heike Kamerlingh Onnes）在非常低的温度下用水银做实验时，发现了一个惊人的现象。当水银温度达到-268.95摄氏度时，其电阻消失了。这意味着理论上电流可以在极低温的水银环内永远流动。

1957年，美国物理学家约翰·巴丁、利昂·库珀（Leon Cooper）和约翰·施里弗（John Schrieffer）对这种奇怪的现象进行了解释。在极低的温度下，电子形成了所谓的"库珀对"。单个电子必须遵守泡利不相容原理，该原理禁止两个电子同时处于同一量子态，而库珀对则处于"凝聚态"。这意味着这个电子对可以被看作单一个体，不会受到导电材料内部的阻力，不像导体内部流动的电子那样。巴丁、库珀和施里弗因这一发现而获得了1972年的诺贝尔物理学奖。

1962年，威尔士物理学家布赖恩·约瑟夫森（Brian Josephson）预言，库珀对应该能够穿过两个超导体之间的绝缘层。如果在这种结构（称为约瑟夫森结）两端施加电压，电流就会以非常高的频率振荡。相较于电压而言，人们可以更精确地测量频率，约瑟夫森结已经被用于超导量子干涉仪（SQUIDS）等设备，以检测人脑产生的微小磁场。它也有可能被用

发明处于人类认知极限的新技术是非常困难的，但这就是它的价值所在。

米歇尔·伊冯·西蒙斯

参见： 液体 76~79页，电流和电阻 130~133页，电子学 152~155页，粒子和波 212~215页，海森堡不确定性原理 220~221页，量子纠缠 222~223页，引力波 312~315页。

位于美国科罗拉多州博尔德市美国天体物理联合实验室的物理学家开发了一种三维量子气体原子钟，该原子钟使用蓝光激光束激发锶原子。

量子钟

可靠的计时工具对同步我们的技术世界所依赖的各种活动至关重要。当今世界上最精确的时钟是原子钟，它以原子在不同能量状态之间来回"跃迁"为"钟摆"。

第一代精确的原子钟是英国国家物理实验室的物理学家路易斯·埃森（Louis Essen）于1955年建造的。20世纪90年代末，原子钟技术取得了重大进展，包括使用激光使原子减速，从而将原子冷却到接近绝对零度。

现在，最精确的原子钟是利用原子核中自旋态之间的转换来测量时间的。直到最近，原子钟还在使用铯-133同位素的原子。这些时钟可达到3亿年内才误差1秒的精度，这对GPS导航和电子通信至关重要。最新的原子钟使用锶原子，它被认为具有更高的精度。

于超高速计算机。

如果没有超导体，磁共振成像仪中的超强磁场就不可能实现。超导体同时也起到屏蔽磁场的作用。这就是迈斯纳效应，可以用来建造磁悬浮列车。

超流体

昂内斯也是第一个将氦气液化的人。1938年，苏联物理学家彼得·卡皮察和英国物理学家约翰·F. 艾伦、冬·麦色纳发现，当温度低于-270.98摄氏度时，液氦完全失去了黏性，似乎在没有任何明显摩擦的情况下流动，并且导热性远远超过最好的金属。当氦处于超流态时，它的行为与高温时不同。它能越过容器的边缘，并能从最小的孔洞渗漏出来。一旦转起来，它就不会停止。1983年发射的红外天文卫星（IRAS）就是使用处于超流态的液氦进行冷却的。

当一个流体的原子开始占据相同的量子态时，它就变成了超流体；本质上，所有原子失去了其独特性，成为一个单一的实体。超流现象是唯一可以用肉眼观察到的量子现象。

隧穿和晶体管

如果没有量子隧穿这种奇特的现象，我们日常使用的一些设备，如手机的触摸屏，将无法使用。德国物理学家弗里德里希·洪德（Friedrich Hund）等在20世纪20年代最早研究了这种现象，它可以让粒子通过传统意义上无法穿越的屏障。这种奇特的现象源自将电子视为空间概率分布，而非处于某一位置的粒子。例如，在晶体管中，量子隧穿效应允许电子穿过半

在经典物理学中，一个物体，如一个滚动的球，如果没有足够的能量，就无法越过屏障。然而，量子粒子具有类似波的性质，我们永远无法确切知道它有多少能量。它可能有足够的能量越过势垒。

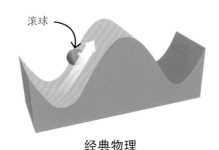

滚球

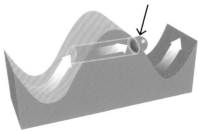

越过势垒的量子粒子

经典物理　　　　　量子隧穿

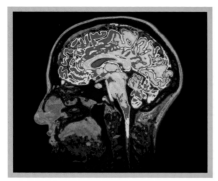

磁共振成像仪利用磁场和无线电波产生清晰的图像，如这幅人脑图像。

导体之间的结。这种现象可能会导致新的问题，因为芯片变得越来越小，器件之间的绝缘层薄到根本无法阻止电子通过，从而无法有效地中断器件运行。

量子成像

电子显微镜利用了电子的波粒二象性。电子显微镜的工作原理与光学显微镜的类似，不过它不用透镜来聚焦光线，而是使用磁铁来聚焦电子束。当电子流通过磁性"透镜"时，它们像粒子一样被磁场弯曲，从而聚焦在待检测的样品上。紧接着，它们又像波一样，在物体周围发生衍射，然后在荧光屏上形成图像。电子的波长比光的波长短得多，使物体的图像分辨率非常高。

磁共振成像（MRI）是由美国的保罗·劳特伯（Paul Lauterbur）和英国的彼得·曼斯菲尔德（Peter Mansfield）等研究人员在20世纪70年代开发出来的。在磁共振成像仪内，病人被超导电磁铁产生的磁场包围，其磁场强度是地球磁场的数千倍。这个磁场会影响质子的自旋，从而以特定的方式将它们磁化。这些质子主要来自水分子中的氢原子，而水分子又是人体许多器官的重要组成部分。然后，用无线电波改变质子的自旋，进而改变质子磁化的方式。当无线电波关闭时，质子恢复到原来的自旋状态，同时发出一个电信号。仪器探测到这个信号，并将其转化为由这些质子所构成的身体组织的图像。

量子点

量子点是由半导体材料制成的纳米颗粒，通常只由几十个原子组成。它们最早由苏联物理学家阿列克谢·埃基莫夫（Alexey Ekimov）和美国物理学家路易斯·布鲁斯（Louis Brus）在20世纪80年代初独立研制出来。半导体材料中的电子被限定在晶格中，但如果被光子激发，它们就可以成为自由电子。成为自由电子后，半导体量子点的电阻就会迅速下降，使电流更容易通过。

量子点技术可用于电视和计算机的显示屏，以形成更精细的图像。量子点可以被精确控制，从而开发出各种功能。量子点中的每个电子各自占据不同的量子态，因此量子点具有离散的能级，就像单个原子一样。当电子在能级之间跃迁时，量子点可以吸收和发射能量。发射光的频率取决于能级之间的间距，而间距又由量子点的尺寸决定——较大的点的发光频率倾向于红光，较小的点的发光频率倾向于蓝光。改变量子点的大小，就可以精确控制发光频率。

量子计算

量子点技术很可能被用于构建量子计算机。计算机依赖二进制比特信息系统，每个比特对应电子开关的开（1）和关（0）状态。自旋是量子技术中经常出现的一种量子性质。电子的自旋赋予了一些材料磁性。利用激光，可以使电子同时处于自旋向上和自旋向下的量子叠加态。从理论上讲，这些处于叠加态的电子可以用作量子比特（qubit），它可以同时表现出"开""关"及介于两者之间的状态。其他粒子，如偏振光子，也

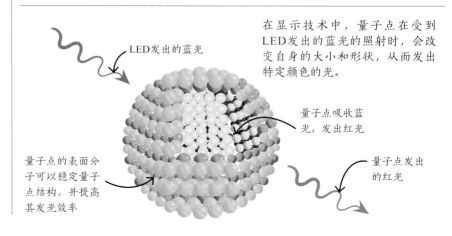

LED发出的蓝光

在显示技术中，量子点在受到LED发出的蓝光的照射时，会改变自身的大小和形状，从而发出特定颜色的光。

量子点吸收蓝光，发出红光

量子点的表面分子可以稳定量子点结构，并提高其发光效率

量子点发出的红光

普通的计算机利用开/关两种状态来存储二进制信息（1和0）。

运算必须一步一步地进行。

量子计算机中的量子比特可以同时处于"开"和"关"的状态。

量子比特之间的纠缠使量子计算机可以同时进行许多运算。

戴维·多伊奇

戴维·多伊奇于1953年出生在以色列海法，是量子计算的先驱之一。他先后在英国剑桥大学和牛津大学学习物理学。之后他在得克萨斯大学奥斯汀分校工作了几年，后来返回了牛津大学。多伊奇是牛津大学量子计算中心的创始成员。

1985年，多伊奇写了一篇开创性的论文——《量子理论、丘奇-图灵原理和通用量子计算机》，阐述了他关于通用量子计算机的思考。他提出了第一批量子算法、量子逻辑门理论及量子计算网络的思想，这些都是该领域最重要的进展。

可以用作量子比特。1981年，理查德·费曼首次提出，若能够利用量子叠加态，将会释放超强的计算能力。与普通二进制计算机的比特相比，量子比特可以用来编码和处理更多的信息。

1985年，英国物理学家戴维·多伊奇（David Deutsch）开始提出关于这种量子计算机如何实现的思路。计算机科学领域在很大程度上是建立在"通用计算机"的概念上的，这一概念最早由英国数学家艾伦·图灵（Alan Turing）在20世纪30年代提出。多伊奇指出，图灵的概念因其对经典物理学的依赖而受到限制，只能代表所有可能的计算机系统的一个分支。多伊奇提出了一种基于量子物理的通用计算机，并开始用量子图像重写图灵的工作。

量子比特的计算能力是如此的强大，以至于只用10个量子比特就可以同时处理1023个数字；用40个量子比特，可能的并行计算数量就将超过1万亿次。不过，在量子计算机成为现实之前，必须解决退相干问题。哪怕是最小的扰动也会使叠加态坍缩或退相干。量子计算可以利用量子纠缠现象来避免这种情况，也就是爱因斯坦所说的"鬼魅般的超距作用"。它允许一个粒子远距离影响另一个粒子，并允许间接地测量量子比特的值。■

这就好像你正试图在黑暗中完成一个复杂的拼图游戏，而你的双手却被绑在背后。

布莱恩·克莱格

主要作品

1985年 《量子理论、丘奇-图灵原理和通用量子计算机》（《英国皇家学会学报》）

1997年 《真实世界的脉络》

2011年 《无穷的开始》

NUCLEAR AND PARTICLE PHYSICS

INSIDE THE ATOM

核物理学和粒子物理学

原子内部

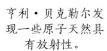

亨利·贝克勒尔发现一些原子天然具有放射性。

德国实验物理学家汉斯·盖革和英国物理学家欧内斯特·马斯登进行的实验促进了原子核的发现。

欧内斯特·卢瑟福研究了氢原子核，它是一种存在于每个原子核内的带正电荷的粒子。后来他将其称为质子。

詹姆斯·查德威克发现了存在于原子核内的电中性粒子——中子。

1896 年 　　　　 **1911** 年 　　　　 **1919** 年 　　　　 **1932** 年

1897 年 　　　　 **1912** 年 　　　　 **1928** 年

J. J. 汤姆孙发现了第一种亚原子粒子——电子。

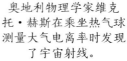

奥地利物理学家维克托·赫斯在乘坐热气球测量大气电离率时发现了宇宙射线。

英国物理学家保罗·狄拉克提出了由反物质和带正电荷的电子组成的镜像世界，这种电子后来被命名为正电子。

　　物质由原子这种微小粒子组成的观点起源于古代，原子似乎是不可分割的，"原子"在希腊语中就是"不可分"的意思。1803年，英国物理学家约翰·道尔顿提出了原子论，与19世纪的大多数科学家所认为的一样，他坚信原子是不可再分的。然而到了19世纪90年代末，一些研究人员开始质疑这一观点。

　　1896年，法国物理学家亨利·贝克勒尔（Henri Becquerel）在做X射线实验时偶然发现，涂在照相底片上的铀盐会自发地产生辐射。一年后，英国物理学家J. J. 汤姆孙推断，阴极射线实验中产生的射线是由质量不足氢原子质量千分之一的带负电荷的粒子组成的；这种亚原子粒子后来被称为电子。

探索原子核

　　贝克勒尔的学生玛丽·居里（Marie Curie）提出，他们发现的射线不是化学反应产生的，而是来自原子内部，这表明原子内部含有更小的粒子。1899年，出生于新西兰的物理学家欧内斯特·卢瑟福证实存在两种不同的射线。他将这两种射线分别命名为阿尔法射线和贝塔射线，后来的研究发现，阿尔法射线是带正电荷的氦原子，而贝塔射线是带负电荷的电子。1900年，法国科学家保罗·维拉尔（Paul Villard）发现了一种新的高能射线，卢瑟福称之为伽马射线，从而实现了用希腊字母表前三个字母分别命名三种亚原子粒子。

　　卢瑟福和其他物理学家将细小的阿尔法粒子作为炮弹来轰击原子，以探寻更小的结构。大多数阿尔法粒子穿过了原子，但有一小部分粒子几乎被完全弹了回来。唯一可能的解释就是原子内存在正电荷密集的区域，起到排斥阿尔法粒子的作用。1913年，丹麦物理学家尼尔斯·玻尔与卢瑟福合作提出了一种新的原子模型，该模型具有带正电荷的原子核和质量很小的电子，电子环绕在原子核周围，像行星一样绕轨道运行。

　　进一步的研究使物理学家相信，肯定存在其他的粒子才能形成具有如此大质量的原子核：1919年，卢瑟福发现了带正电荷的质

美国物理学家卡尔·戴维·安德森发现了 μ 子，它就像是电子的"表哥"，但比电子更重，也是第一种被发现的第二代基本粒子。

美国物理学家谢尔登·格拉肖和巴基斯坦物理学家阿卜杜勒·萨拉姆提出电磁力和弱相互作用在高温下统一的理论。

位于瑞士的欧洲核子研究中心的UA1和UA2实验发现了传递弱相互作用的W和Z玻色子。

1936年

1959年

1983年

1935年

1956年

1964年

2012年

汤川秀树预言了介子的存在，介子在原子核内质子和中子之间进行交换，从而提供强核力。

美国物理学家弗雷德里克·莱因斯和克莱德·科温发现了中微子——在奥地利物理学家沃尔夫冈·泡利预言其存在26年之后。

默里·盖尔曼最先使用"夸克"一词来表示最小类型的基本粒子。

欧洲核子研究中心宣布发现了希格斯玻色子，这是粒子物理学标准模型中最后一种被发现的粒子。

子，而英国物理学家詹姆斯·查德威克（James Chadwick）在1932年发现了电中性的粒子——中子。

发现更多的粒子

接下来的疑惑就是为什么原子核内带正电荷的质子不会使原子核分裂。日本物理学家汤川秀树（Hideki Yukawa）在1935年给出了解答，他认为是一种被称为介子的粒子传递的超短程力（强核力）将它们结合在了一起。

1945年，当两颗原子弹被投掷到日本广岛和川崎，从而结束第二次世界大战时，核能的致命威力令人震惊。然而，随着20世纪50年代第一批商业核反应堆在美国和英国投入使用，在和平时期将核能用

于国家能源供应也成为现实。

与此同时，粒子物理研究仍在继续，越来越强的粒子加速器发现了许多新粒子，包括K介子和重子，它们的衰变速度比预期的要慢。包括美国物理学家默里·盖尔曼（Murray Gell-Mann）在内的许多科学家将粒子这种长寿命的性质称为奇异性，并将表现出这种性质的亚原子粒子划分为几组。盖尔曼后来发明了"夸克"一词来命名决定这种性质的亚原子粒子，并提出夸克具有不同"味"——最初发现了上夸克、下夸克和奇夸克，后来又发现了粲夸克、顶夸克和底夸克。中微子在1930年被首次提出，用于解释贝塔衰变过程中辐射能量的损失，并于1956年被实验探测

到。后来又相继发现了质量更大的类似于电子和夸克的粒子，通过它们之间的相互作用，物理学家试图拼凑出一幅图像来描述这些粒子是如何交换相互作用，以及如何从一种类型变为另一种类型的。让一切发生的中间媒介——传递相互作用的玻色子——也被发现了，2012年被实验探测到的希格斯玻色子为这幅图像画上了完美的句号。

然而，标准模型——描述四种基本力、力载体和物质基本粒子的理论——存在一定的局限性。现代粒子物理学致力于研究暗物质、暗能量及物质起源的线索，希望有一天能够有所突破。■

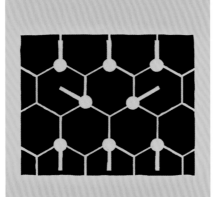

物质不是无限可分的

原子论

背景介绍

关键人物
约翰·道尔顿（1766—1844）

此前
约公元前400年 古希腊哲学家留基伯和德谟克利特提出，一切物质都是由"不可分割"的原子组成的。

1794年 法国化学家约瑟夫·普劳斯特发现元素总是以相同的比例结合形成化合物。

此后
1811年 意大利化学家阿莫迪欧·阿伏伽德罗提出，气体是由包含两个或两个以上原子的分子组成的，从而区分了原子和分子。

1897年 英国物理学家J. J. 汤姆孙发现了电子。

1905年 阿尔伯特·爱因斯坦用数学为道尔顿的理论提供了证据。

原子的概念最早起源于古代。例如，古希腊哲学家德谟克利特和留基伯提出，所有物质都是由永恒的"原子"（源自atomos一词，意思是"不可分割"）构成的。这种观点在17和18世纪的欧洲再次兴起，当时科学家尝试将各种元素结合起来以创造其他材料。他们放弃了古代模型提出的四种或五种元素（通常指土、气、火和水，以及以太），转而将元素分为氧、氢、碳等，不过他们还不明白究竟是什么使每种元素变得独特。

道尔顿的理论

19世纪初，英国科学家约翰·道尔顿提出了原子论，并做了进一步诠释。他提出，如果一对元素可以不同的方式组合成不同的化合物，那么这些元素的质量比就可

原子构成了所有的物质。

每种元素都由一种原子组成。

不同的元素以简单的质量比结合形成化合物。

质量比取决于构成每种元素的原子的相对质量。

每种元素都有自己独特的原子质量。

参见：物质模型 68~71页，来自原子的光 196~199页，粒子和波 212~215页，原子核 240~241页，亚原子粒子 242~243页，反物质 246页，核武器和核能 248~251页。

以用整数来表示。例如，他注意到，纯水中氧的质量几乎是氢质量的8倍，因此组成氧的物质成分应该比组成氢的物质成分重。（后来才知道，氧原子的重量是氢原子的16倍——由于一个水分子包含一个氧原子和两个氢原子，所以这与道尔顿的发现相符。）

道尔顿得出结论，每种元素都由自己独特的粒子——原子组成。这些原子可以与其他原子结合或分离，但不能被分裂、创造或破坏。"任何化学方法都无法创造新的物质或毁灭物质，"他写道，"我们不妨想象一下将一颗新行星引入太阳系，或消灭一颗已经存在的行星，创造或摧毁一个氢原子的难度不亚于此。"然而，物质可以通过使结合粒子彼此分离，并使它们与其他粒子结合形成新的化合物而发生改变。

道尔顿的模型做出了准确、可验证的预测，这标志着科学实验

道尔顿用木球向公众演示他的原子模型，他把原子想象成坚硬的、均匀的球体。

首次被用来证明原子理论。

数学证明

1827年，苏格兰植物学家罗伯特·布朗（Robert Brown）发现水中的花粉颗粒在不停地做不规则运动，即布朗运动。1905年，年轻的爱因斯坦发表了一篇论文，对布朗运动进行了解释，这也成为支持道尔顿原子论的证据。

爱因斯坦用数学方法描述了花粉是如何被单个水分子撞击的。虽然无法观测到这些水分子的整体随机运动过程，但爱因斯坦提出，偶尔会有一小群水分子朝同一方向运动，这足以"推动"一粒花粉。爱因斯坦对布朗运动的数学描述使根据花粉颗粒的运动速度来计算原子或分子的大小成为可能。

虽然后来的科学研究表明原子内部的实际情况要比道尔顿所设想的复杂得多，但他的原子论为整个化学和许多物理领域奠定了基础。■

约翰·道尔顿

约翰·道尔顿于1766年出生在英格兰湖区一个贫穷的贵格会家庭。他10岁时开始做工养活自己，并自学了科学和数学。1793年，他开始在曼彻斯特新学院教书。由于他和他的弟弟都是色盲患者，于是他提出了色盲产生原因（后来被证明是错误的）。1800年，他成为曼彻斯特文学和哲学学会的秘书，并发表了大量关于气体实验的论文。他成为高知名度的科学家，并经常

在伦敦皇家学会发表演讲。他于1844年去世后，人们为他举行了盛大的公葬。

主要作品

1806年 《对几种气体或弹性流体配比的实验研究》

1808和1810年 《化学哲学的新体系》第一卷、第二卷

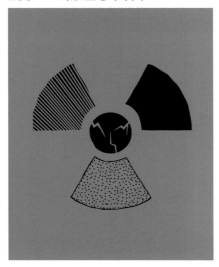

名副其实的物质转化

核辐射

直到19世纪末，科学家仍认为物质只有在受到刺激（如加热）时才会发出辐射（如可见光和紫外线）。1896年，在法国物理学家亨利·贝克勒尔围绕一种新发现的辐射类型——X射线进行了实验后，人们的看法开始发生变化。贝克勒尔以为铀盐发出辐射是因为它吸收了太阳光，于是阴天时他暂停了实验，他把覆盖了一层铀盐（硫酸铀酰钾）的照相底片包裹好放在抽屉里。尽管一直处于黑暗中，但铀盐样品的轮廓在底片上仍清晰可见。贝克勒尔得出结论，铀盐天然具有辐射性。

放射性研究

贝克勒尔的博士生玛丽·居里（Marie Curie）与丈夫皮埃尔·居里一起研究这种现象（她后来称之为放射性）。1898年，他们从铀矿石中提取了两种新的放射性元素——钋和镭。玛丽注意到铀矿石周围空气的电离程度仅与存在的放

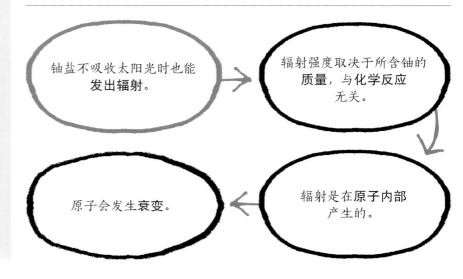

参见：粒子和波 212~215页，原子核 240~241页，亚原子粒子 242~243页，核武器和核能 248~251页。

有许多不同类型的辐射，每种都有独特的性质。卢瑟福证实了阿尔法辐射和贝塔辐射，保罗·维拉尔发现了伽马辐射。

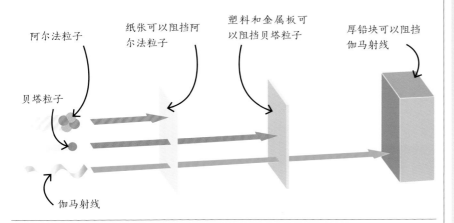

阿尔法粒子

纸张可以阻挡阿尔法粒子

塑料和金属板可以阻挡贝塔粒子

厚铅块可以阻挡伽马射线

贝塔粒子

伽马射线

玛丽·居里

玛丽·居里（原姓斯克沃里夫斯卡）于1867年出生在波兰华沙一个贫穷的教师家庭。她于1891年前往法国，就读于巴黎大学，在那里，她遇见了未来的合作者和丈夫皮埃尔·居里。1903年，居里夫妇与亨利·贝克勒尔共同获得诺贝尔物理学奖。1911年，玛丽又获得了诺贝尔化学奖。

晚年，居里领导了巴黎的镭研究所，设计并组装了移动X射线装置，这种装置在第一次世界大战中治疗了超过100万名士兵。她与爱因斯坦一起成为国际联盟国际知识合作委员会成员。她于1934年因并发症离世，可能是由长期暴露在放射性环境中所致的。

主要作品

1898年 《论沥青铀矿中一种放射性新物质》

1898年 《铀和钍化合物发出的射线》

1903年 《放射性物质的研究》

射性物质的质量有关。她推测，辐射不是由化学反应引起的，而是来自原子内部——这是一个大胆的理论，当时科学界仍然认为原子是不可分割的。

实验发现，铀元素的辐射是单个原子衰变的结果。人们还无法预测单个原子何时衰变。不过，物理学家能够测量样品中一半原子发生衰变所需的时间——这就是该元素的半衰期，半衰期的长短差别很大，短至一瞬间，长可达数十亿年。半衰期的概念是由出生于新西兰的物理学家欧内斯特·卢瑟福提出的。

1899年，卢瑟福证实了贝克勒尔和玛丽·居里提出的存在不同类别的辐射的观点。他详细描述并命名了两种辐射：阿尔法和贝塔。阿尔法辐射是带正电荷的氦原子，它甚至无法穿透几厘米厚的空气；贝塔辐射是带负电荷的电子流，可

以被铝板阻挡。伽马辐射（1900年由法国化学家保罗·维拉尔发现，是一种高频射线）是电中性的，它可以用几厘米厚的铅块阻挡。

元素变化

卢瑟福和他的合作者弗雷德里克·索迪（Frederick Soddy）发现，阿尔法和贝塔辐射与亚原子变化有关：元素通过阿尔法衰变发生转化（从一种元素变为另一种元素），如钍元素变成了镭元素。他们在1903年发表了这种放射性变化规律。

这一系列科学发现颠覆了"原子不可分割"这一古老观点，促使科学家开始对原子内部进行探索，并开辟了新的物理学领域，带来了改变世界的新技术。■

物质的构成

原子核

19世纪末，电子的发现及原子内部产生辐射的事实，使人们需要一个比已有模型更适用的原子模型。

英国物理学家J. J. 汤姆孙在1897年发现电子后，于1904年提出了原子的"梅子布丁"模型。在这个模型中，带负电荷的电子散布在大得多的、带正电荷的原子中，就像圣诞布丁中的干果一样。四年后，出生于新西兰的物理学家欧内斯特·卢瑟福与欧内斯特·马斯登、汉斯·盖革在曼彻斯特实验室

当我们发现原子核是如何形成的时候，我们将获得宇宙中除生命之外的最大奥秘。

欧内斯特·卢瑟福

进行了一系列实验，否定了"梅子布丁"模型。这个实验被称为金箔实验。

一闪而过的粒子

卢瑟福和他的同事用阿尔法射线轰击大约只有1000个原子厚的金箔，并观察实验结果。他们从一个被铅罩包围的放射源向金属箔发射了一束窄的阿尔法粒子束。金箔被一个涂有硫化锌的屏幕所包围，当阿尔法粒子击中金箔表面时，屏幕上就会出现一个小闪光（闪烁）。物理学家可以用显微镜观察阿尔法粒子轰击的过程。[该装置类似于威廉·克鲁克斯（William Crookes）在1903年为探测辐射而发明的闪烁镜。]

盖革和马斯登注意到，大多数阿尔法粒子直接穿过了金箔，这意味着原子内部大部分区域是空的，这与汤姆孙的模型相矛盾。一小部分阿尔法粒子会发生大角度偏转，有些甚至会直接反弹回来。大约每8000个阿尔法粒子中就有一个粒子发生平均90度的偏转。

参见：物质模型 68~71页，原子论 236~237页，核辐射 238~239页，亚原子粒子 242~243页，核武器和核能 248~251页。

卢瑟福被观察结果惊呆了——这些粒子似乎被原子内部一种体积很小、质量很大、带正电荷的粒子所排斥。

新的原子模型

金箔实验的结果为卢瑟福1911年提出新的原子模型奠定了基础。根据新模型，原子的绝大部分质量集中在一个被称为原子核的带正电荷的核心。电子通过电场相互作用在轨道上绕原子核运动。卢瑟福的原子模型与日本物理学家长冈半太郎（Hantaro Nagaoka）1904年提出的土星原子模型有一些相似之处。长冈曾描述过电子围绕一个带正电荷的中心旋转，就像土星的冰环一样。

然而，科学发展是一个螺旋式上升的过程。1913年，一种新的原子模型取代了卢瑟福的原子模型，而在这一过程中，卢瑟福发挥了重要作用。新模型用量子力学描述电子运动。这就是玻尔模型，它是由尼尔斯·玻尔提出的，电子在不同的壳层中运动。无论如何，卢瑟福发现原子核被广泛认为是物理学中最重要的发现之一，这奠定了核物理学和粒子物理学的基础。■

欧内斯特·卢瑟福

欧内斯特·卢瑟福出生于新西兰的布赖特沃特。1895年，他获得奖学金并前往英国剑桥大学，与J. J. 汤姆孙在卡文迪许实验室一起工作。在那里，他独立于意大利发明家古列尔莫·马可尼（Guglielmo Marconi）找到了一种远距离发射和接收无线电的方法。

卢瑟福于1898年成为加拿大麦吉尔大学的教授，并于1907年回到英国——这次是在曼彻斯特，在那里，他进行了他最为著名的研究。他于1908年获得诺贝尔物理学奖。晚年，他成为卡文迪许实验室主任和皇家学会会长。他去世后被安葬在威斯敏斯特大教堂。

主要作品

1903年 《放射性变化》
1911年 《物质对阿尔法和贝塔粒子的散射研究与原子结构》
1920年 《原子的核构成》

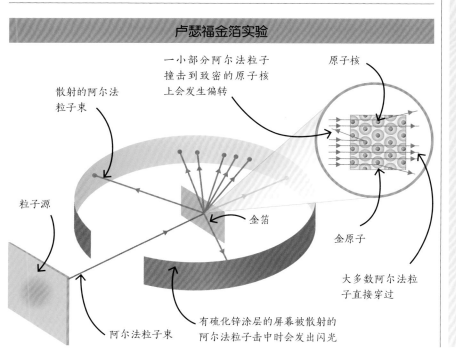

卢瑟福金箔实验

散射的阿尔法粒子束

一小部分阿尔法粒子撞击到致密的原子核上会发生偏转

原子核

粒子源

金箔

金原子

大多数阿尔法粒子直接穿过

阿尔法粒子束

有硫化锌涂层的屏幕被散射的阿尔法粒子击中时会发出闪光

构成原子的基石

亚原子粒子

背景介绍

关键人物

欧内斯特·卢瑟福（1871—1937）
詹姆斯·查德威克（1891—1974）

此前

1838年 英国化学家理查德·莱敏认为存在亚原子粒子。

1891年 爱尔兰物理学家乔治·斯托尼将电荷的基本单位命名为"电子"。

1897年 J. J. 汤姆孙证明了电子的存在。

此后

1934年 意大利物理学家恩里科·费米用中子轰击铀原子，制造出了一种更轻的新元素。

1935年 詹姆斯·查德威克因发现中子而获得了诺贝尔奖。

1938年 出生于奥地利的物理学家莉泽·迈特纳在费米实验结果的基础上，提出了核裂变理论。

上千年来，原子一直被认为是不可分割的。剑桥的三代物理学家经过不懈的努力终于推翻了这一观点，揭示了原子内部存在更小的粒子。

第一种亚原子粒子是1897年英国物理学家J. J. 汤姆孙在阴极射线实验中发现的。这些射线从带电真空管的负极（阴极）发出，并被正极（阳极）吸引。阴极射线使真空管远端的玻璃发光，汤姆孙推断这些射线是由质量不足氢原子质量千分之一的带负电荷的粒子组成的。他得出结论，这些粒子是原子

……辐射粒子由中子组成。中子是质量为1、电荷为0的粒子。

詹姆斯·查德威克

的普遍组成部分，他将它们命名为"微粒"（后来称为电子）。

深入原子内部

汤姆孙将电子纳入他1904年提出的"梅子布丁"模型中。然而，1911年，汤姆孙的学生欧内斯特·卢瑟福提出了一种新模型。该模型中心有一个稠密的带正电荷的原子核，电子在轨道上围绕其运转。尼尔斯·玻尔和卢瑟福一起做了进一步的调整，并在1913年提出了玻尔模型。

1919年，卢瑟福发现，当氮和其他元素受到阿尔法射线的冲击时，氢原子核就会被激发出来。他得出结论，氢原子核——最轻的原子核——是所有其他原子核的组成部分，他将其命名为质子。

物理学家很难证实原子中只含有质子和电子，因为这些粒子质量和只占所测的原子质量的一半。1920年，卢瑟福提出，一种由质子和电子结合在一起的中性粒子——他称之为中子——可能存在于原子核内。虽然这为电子如何从原子核

参见：物质模型 68~71页，电荷 124~127页，来自原子的光 196~199页，粒子和波 212~215页，原子核 240~241页，核武器和核能 248~251页，粒子动物园和夸克 256~257页。

原子模型

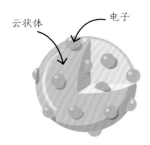

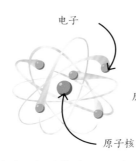

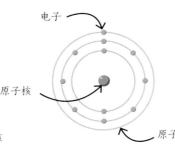

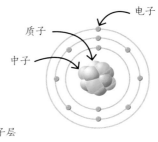

汤姆孙的"梅子布丁"模型（1904年），电子随机地分布在带正电荷的原子上。

在卢瑟福的模型（1911年）中，电子围绕着一个稠密的带正电荷的原子核旋转。

在尼尔斯·玻尔的模型（1913年）中，电子在原子核的内外层轨道上运转。

1932年，詹姆斯·查德威克发现原子核是由质子和中子组成的。

中辐射出来提供了一个简单的解释，但它违反了量子力学的原则：根本没有足够的能量将电子困在原子核内。

1932年，在巴黎，伊雷娜·约里奥-居里（Irène Joliot-Curie）和她的丈夫弗雷德里克（Frédéric）用一种新发现的中性辐射（被认为是伽马辐射的一种形式）进行实验，这种辐射是在阿尔法粒子轰击铍等轻元素时产生的。约里奥-居里夫妇发现，该辐射携带的能量足以从富含氢的化合物中激发出高能质子。但卢瑟福和他的学生詹姆斯·查德威克都不相信这些是伽马辐射。查德威克用更精确的测量方法重复了这些实验。他证明了这种辐射粒子的质量与质子差不多，并得出结论，这种新辐射是由中子组成的，中子是原子核内的中性粒子。这一发现使原子模型得到了完美的诠释，并带来了新的医疗技术和核时代的曙光。■

詹姆斯·查德威克

出生于英格兰柴郡的詹姆斯·查德威克获得曼彻斯特大学的奖学金时，意外地进入了物理专业而不是数学专业。他师从欧内斯特·卢瑟福，并撰写了他的第一篇关于如何测量伽马辐射的论文。1913年，查德威克前往柏林，师从汉斯·盖革，但在第一次世界大战爆发后，他被囚禁于鲁勒本拘留营。

查德威克获释后，于1919年加入卢瑟福所在的剑桥大学。1935年，他因发现中子而获得诺贝尔物理学奖。第二次世界大战期间，查德威克领导的英国团队致力于曼哈顿计划。他后来担任联合国原子能委员会的英国科学顾问。

主要作品

1932年 《中子可能存在》
1932年 《中子的存在》

缕缕云烟
云室中的粒子

背景介绍

关键人物

查尔斯·汤姆森·里斯·威尔孙
（1869—1959）

此前

1894年 威尔孙在苏格兰本尼维斯气象台研究气象现象时，在室内制造了云。

1910年 威尔孙意识到，云室可以用来研究由放射源发出的亚原子粒子。

此后

1912年 维克托·赫斯提出，高能电离辐射以"宇宙射线"的形式，从太空进入大气层。

1936年 美国物理学家亚历山大·兰斯多夫通过添加干冰来改造云室。

1952年 气泡室取代了云室，成为粒子物理学的基本工具。

亚原子粒子就像幽灵一般，通常只有通过相互作用才能被观测到。然而，云室的发明使物理学家首次目睹了这些粒子的运动轨迹并确定了它们的性质。

苏格兰物理学家兼气象学家查尔斯·汤姆森·里斯·威尔孙（Charles T. R. Wilson）一直尝试设计一种实验来研究云层形成过程。他在一个密闭的实验室里进行了湿空气膨胀实验，使其过饱和。他意识到，当离子（带电原子）与水分子碰撞时，它们会带走其中的电子，形成一条由离子组成的运动路径，雾气在路径周围凝结，从而在室内留下明显的痕迹。到了1910年，威尔孙进一步完善了他的云室，并于1911年向科学界报道了这一成果。结合磁场和电场，该装置使物理学家能够通过粒子留下的云雾痕迹计算出粒子的质量和电荷等。到了1923年，他引入了立体摄

威尔孙的云室在剑桥大学卡文迪许实验室博物馆展出，里面的轨迹"像发丝一样细"。

参见：电荷 124~127页，核辐射 238~239页，反物质 246页，粒子动物园和夸克 256~257页。

电离辐射带走了水分子中带负电荷的电子。

↓

水分子被**电离**（带正电荷）。　→　在过饱和蒸汽中，这些离子成为**水滴凝结中心**。

↓

这些雾迹显示出了**亚原子粒子的运动轨迹**。　←　电离辐射在过饱和蒸汽腔内产生了雾迹。

影技术来进行记录。虽然威尔孙观察的是来自放射源的辐射，但云室也可以用于探测宇宙射线（来自太阳系和银河系以外的辐射）。

1911—1912年，物理学家维克托·赫斯（Victor Hess）乘坐气球在高空中测量了大气电离率，从而证实了宇宙射线的存在。在日夜不停地冒险升到5300米高空的过程中，他发现大气电离水平不断增加，并得出结论："具有极高穿透力的辐射从太空进入我们的大气层。"这些宇宙射线（主要由质子和阿尔法粒子组成）与原子核发生碰撞，并在撞击地球大气层时产生一系列次级粒子。

反电子

1932年，美国物理学家卡尔·D. 安德森（Carl D. Anderson）在研究宇宙射线时，发现了一种似乎与电子恰好相反的粒子——质量相等，电量大小相等但符号相反。他最终得出结论，这些运动轨迹属于反电子（正电子）。四年后，安德森发现了另一种粒子——μ子。实验表明，它比电子重200多倍，但电荷与之相同。这暗示了通过由类似性质关联在一起的粒子"产生""多代"粒子的可能性。

弱相互作用的发现

1950年，墨尔本大学的物理学家在宇宙射线中发现了一种中性粒子，它会衰变为质子和其他产物。他们把它命名为lambda重子（Λ°）。这种复合粒子有多种，都受到原子核内强相互作用的影响。物理学家预测lambda重子应该在10^{-23}秒内衰变，但实际上它存活的时间要长得多。这一发现使他们得出结论，另一个只在短距离内起作用的基本力也参与其中，它被称为弱相互作用或弱力。■

查尔斯·汤姆森·里斯·威尔孙

威尔孙出生于苏格兰中洛锡安的一个农民家庭，父亲去世后，他就搬到了曼彻斯特。他原本计划学习医学，却在获得剑桥大学的奖学金后，转而投身自然科学。他开始研究云，并在本尼维斯气象台工作了一段时间，这激发了他开发云室的灵感。1927年，他因发明云室而与阿瑟·康普顿共同获得诺贝尔物理学奖。

尽管威尔孙对粒子物理学做出了巨大贡献，但他对气象学更感兴趣。在第二次世界大战期间，他发明了一种保护英国防空气球免遭雷击的方法，并提出了雷暴电流理论。

主要作品

1901年 《论大气电离》
1911年 《关于使气体中电离粒子路径可见的方法》
1956年 《雷电理论》

反物质大爆发

反物质

背景介绍

关键人物
保罗·狄拉克（1902—1984）

此前
1898年 出生于德国的英国物理学家阿瑟·舒斯特推测存在反物质。

1928年 保罗·狄拉克提出，电子既可以带正电荷，也可以带负电荷。

1931年 狄拉克发表了一篇论文，预测存在带正电荷的"反电子"。

此后
1933年 狄拉克提出了反质子——也就是质子的反物质。

1955年 加利福尼亚大学伯克利分校的研究结果证实了反质子的存在。

1965年 欧洲核子研究中心的物理学家发现了以反氘核形式存在的复合反物质。

20世纪20年代，英国物理学家保罗·狄拉克提出了一个充满反物质的镜像世界。在1928年的一篇论文中，他证明了电子的负能量状态与正能量状态都是有效解。具有负能量的电子的行为与普通电子相反。例如，它会被质子排斥，而不是被质子吸引，因此它带有正电荷。

鉴于质子的质量远远大于电子的质量，狄拉克排除了这种粒子是质子的可能性。相反，他提出了一种新的粒子，其质量与电子相同，但带有正电荷。他称之为反电子。电子和反电子相遇时，会相互湮灭，释放大量能量。

1932年，卡尔·D. 安德森证实了这种反电子（他将其更名为正电子）的存在，并因此而备受称赞。安德森让宇宙射线在磁场的影响下通过云室，使它们根据带电情况不同而向不同方向弯曲。他发现了一种粒子，它的运动轨迹的弯曲程度与电子一样，但指向相反的方向。

在安德森的发现之后，其他反物质粒子和原子也相继被发现。现在所知的所有粒子都有一个等效的反物质粒子，但是关于为什么普通物质在宇宙中占主导地位的疑问仍然没有解决。■

我认为，反物质的发现可能是20世纪物理学所有重大发现中最大的一个。
沃纳·海森堡

参见：亚原子粒子 242~243页，云室中的粒子 244~245页，粒子动物园和夸克 256~257页，物质-反物质不对称性 264页。

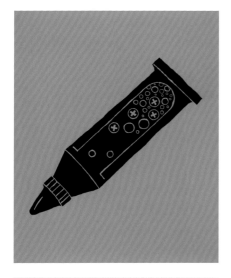

寻找原子的胶水

强相互作用

背景介绍

关键人物

汤川秀树（1907—1981）

此前

1935年 汤川秀树预测原子核内存在一种新的相互作用。

1936年 卡尔·安德森发现了缪子（μ子），它一度被认为是这种新相互作用的载体。

此后

1948年 加利福尼亚大学伯克利分校的物理学家用阿尔法粒子轰击碳原子，人为地制造出了π介子。

1964年 美国物理学家默里·盖尔曼预测了夸克的存在，它们通过强相互作用结合在一起。

1979年 胶子在德国的正负电子串接环形加速器（PETRA）中被发现。

20世纪初相继发现的亚原子粒子，给物理学提出了许多难题。其中一个难题就是带正电荷的质子是如何在原子核内结合在一起的，尽管它们之间存在电荷排斥力。

1935年，日本物理学家汤川秀树给出了一个答案，他预测原子核内存在一种超短程作用力，将其组成部分（质子和中子）结合起来。他认为，该作用力是由一种被他称为介子的粒子传递的。实际上有很多种介子。第一种被发现的是π介子。1947年，英国和巴西的物理学家在安第斯山脉研究宇宙射线时发现了π介子。他们的实验证实，π介子参与了汤川秀树所描述的强相互作用。

到目前为止，这种新发现的强相互作用是四种基本力中最强的（其他三种分别是电磁力、引力和弱相互作用），它实际上是核武器和核反应堆在原子分裂时释放出巨大能量的原因。介子是核子之间传递这种相互作用的载体。夸克之间的强相互作用（三个夸克形成一个质子）由胶子（基本粒子或玻色子）传递，胶子因其能够将具有不同"色"自由度（与正常颜色无关的性质）的夸克"黏合"在一起，形成"无色"粒子（如质子和π介子等）而得名。■

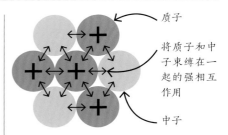

质子

将质子和中子束缚在一起的强相互作用

中子

中子和质子（统称为核子）在原子核内被由介子传递的强相互作用结合在一起。在质子和中子内，更小的粒子（夸克）被胶子结合在一起。

参见： 原子核 240~241页，亚原子粒子 242~243页，粒子动物园和夸克 256~257页，作用力载体 258~259页。

可怕的威力

核武器和核能

背景介绍

关键人物
恩里科·费米（1901—1954）
莉泽·迈特纳（1878—1968）

此前
1898年　玛丽·居里发现了铀等材料是如何产生放射性的。

1911年　欧内斯特·卢瑟福提出原子的中心存在一个致密的原子核。

1919年　卢瑟福用实验表明，用阿尔法粒子轰击可以将一种元素变成另一种元素。

1932年　詹姆斯·查德威克发现了中子。

此后
1945年　第一颗原子弹爆炸试验在新墨西哥州进行。后来，原子弹被投放到日本广岛和长崎。

1951年　第一个用于发电的核反应堆启用。

1986年　切尔诺贝利核灾难暴露出了核能的风险。

在20世纪之交，物理学家正在不知不觉地为了解并最终释放"困"在原子内的巨大能量打造坚实基础。到1911年，欧内斯特·卢瑟福提出了一种新的原子模型，指出在原子中心处有一个致密的原子核。在巴黎，玛丽·居里同包括丈夫皮埃尔在内的合作者已经发现并解释了放射性射线是如何从铀等天然材料的原子内释放出来的。

　　1934年，意大利物理学家恩里科·费米（Enrico Fermi）用中

参见： 发电 148~151页，原子论 236~237页，核辐射 238~239页，原子核 240~241页，亚原子粒子 242~243页。

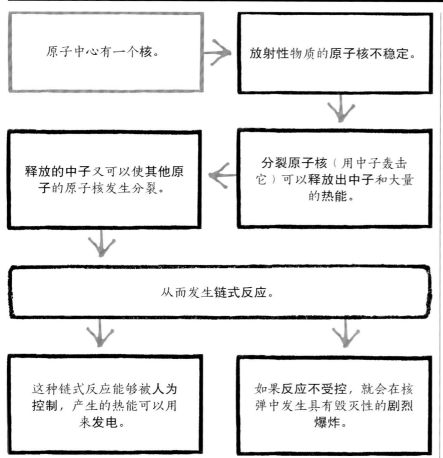

原子中心有一个核。

放射性物质的原子核不稳定。

分裂原子核（用中子轰击它）可以释放出中子和大量的热能。

释放的中子又可以使其他原子的原子核发生分裂。

从而发生链式反应。

这种链式反应能够被人为控制，产生的热能可以用来发电。

如果反应不受控，就会在核弹中发生具有毁灭性的剧烈爆炸。

1913年，莉泽·迈特纳与奥托·哈恩在柏林实验室的合影。后来迈特纳继续推进恩里科·费米的研究工作，从而解释了核裂变机制。

瑞典。迈特纳提出，在这个被哈恩命名为核裂变的过程中，铀原子核分裂成了几个碎片。最重要的是，迈特纳还使用了爱因斯坦质能方程（$E = mc^2$）来证明在这个过程中神秘损失的质量转化成了能量。核裂变的拼图终于完成了。

强大的力

原子核内部作用力巨大，且维持着微妙的平衡。核力将原子核结合在一起，而其内部带正电荷的质子又以约230牛顿的力相互排斥着。将原子核结合在一起需要巨大的"结合能"，当原子核破裂时，这种能量就会得到释放。等效质量的损失是可以测量的：对于正在研究的铀裂变反应而言，大约五分之一的质子质量似乎在激烈的反应中消失了。迈特纳和其他物理学家认识到，从核裂变中"喷出"的中子为链式反应提供了可能，在这种链

子（在此之前两年刚刚被发现的亚原子粒子）轰击铀原子。费米的实验似乎将铀转变成了另一种元素——不是他所预期的新的、更重的元素，而是较轻元素的同位素（具有不同中子数的同一种元素的变体）。费米让看起来不可分割的原子发生了分裂，尽管科学界花了多年时间才意识到这件事情的重要性。德国化学家伊达·诺达克（Ida Noddack）认为新元素来自原始铀原子核的碎片，但在科学家

争相解释费米的实验结果时，她的理论被忽视了。

1938年，德国化学家奥托·哈恩（Otto Hahn）和弗里茨·施特拉斯曼（Fritz Strassmann）对费米的工作展开了进一步的研究。他们发现，用中子轰击铀可以产生钡，很明显，铀在这个过程中失去了100个质子和中子。哈恩将这一令人困惑的发现告诉了他的前同事莉泽·迈特纳（Lise Meitner），这时的迈特纳已从纳粹德国逃到了

> 这种武器的破坏力没有任何限制……它的存在本身就是对人类的一种威胁。
>
> 恩里科·费米

式反应中，游离核引起连续的裂变反应，每次反应又都能释放出更多的能量和中子。链式反应既可以持续、稳定、缓慢地释放能量，也可以产生瞬时的巨大爆炸。由于当时各国都陷于第二次世界大战之中，并担心这强大的威力落入错误一方的手中，所以研究人员立即开始研究如何实现持续稳定的裂变反应。

曼哈顿计划

在第二次世界大战席卷全球大部分地区的情况下，美国总统富兰克林·D. 罗斯福（Franklin D. Roosevelt）希望美国及其盟友能够率先掌握核武器技术。尽管美国直到1941年日本偷袭珍珠港之后才加入第二次世界大战，但神秘的曼哈顿计划早于1939年就开启了。美国雇用了许多20世纪最伟大的科学家和数学家，在J. 罗伯特·奥本海默（J. Robert Oppenheimer）的领导下研制核武器。

1938年逃离法西斯意大利后，费米移居美国，重新开始研究如何利用他之前的发现，这成为曼哈顿计划的一部分。他和他的同事发

现，缓慢移动的（热）中子更容易被原子核吸收并引起裂变。铀-235（铀的一种天然同位素）被认为是一种理想的燃料，因为它每次分裂都会释放三个热中子。铀-235是一种罕见的同位素，在天然铀矿中的占比不到1%，因此天然铀必须经过复杂的浓缩过程才能维持链式反应。

临界点

曼哈顿计划制定了许多种铀浓缩的方法，并提出了两种可能的核反应堆设计方案。其中一种是在哥伦比亚大学建立核反应堆，使用重水（含有氢同位素的水）来减缓中子的运动速度；另一种则由芝加哥大学的费米领导，使用石墨来降低中子的运动速度。科学家的目标就是寻找临界点——裂变反应产生中子的数量与中子通过被吸收和逃逸而损失的数量相等。产生过多的中子将意味着裂变反应容易失去控制，而产生过少的中子将导致裂

变反应难以持续。要达到临界点，就需要精细控制燃料质量、燃料密度、温度和其他变量。

费米的核反应堆于1942年投入使用。它被命名为芝加哥一号堆，建在芝加哥大学的壁球场上，使用了近5吨的非浓缩铀、40吨的氧化铀和330吨的石墨块。它很简陋，没有任何屏蔽措施，输出功率也很低，但它标志着科学家第一次实现了可持续链式裂变反应。

核反应堆必须保持临界状态以达到民用目的（如核电站），但核武器必须超出临界状态，以便在瞬间释放出巨大且致命的能量。奥本海默领导下的科学家在洛斯阿拉莫斯负责设计这种武器。其中一个设计方案采用了内爆式，即引燃裂变材料周围的炸药，从而产生冲击波。它将处于核心的裂变材料压缩到一个更小、更密集的空间，从而超过临界点。另一个设计方案是"枪式"原子弹——使两块较小的裂变材料高速碰撞在一起，从而

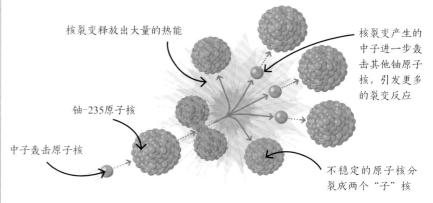

铀-235（U-235）是铀的一种纯化同位素。这种同位素具有天然不稳定性，会释放出中子和热能。当中子击中一个铀-235的原子核时，铀-235会发生核裂

变。核裂变产生更小、更轻的"子"核，再加上几个中子，每个中子又可以继续使更多的铀原子核发生裂变。

核裂变释放出大量的热能

铀-235原子核

中子轰击原子核

核裂变产生的中子进一步轰击其他铀原子核，引发更多的裂变反应

不稳定的原子核分裂成两个"子"核

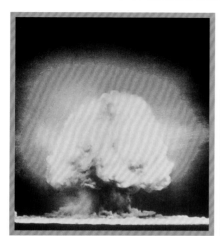

1945年7月16日，世界上第一颗原子弹（代号"三位一体"，Trinity）在新墨西哥州阿拉莫戈多的一个试验场被引爆，产生了巨大的火球和蘑菇云。

形成一块超过临界点的较大质量的裂变材料。

1945年7月，在新墨西哥州的沙漠中，曼哈顿计划的科学家首次引爆了一枚原子弹。一个巨大的火球腾空而起，随之出现了由爆炸碎片和水蒸气组成的放射云。现场的大多数人沉默了。奥本海默后来承认，他的脑海中闪现出了印度教主神毗湿奴的话："这一刻，我变成了死神，成为世界万物的毁灭者。"迄今为止，在所有战争中唯一使用过的两枚原子弹是在此之后投向日本的：8月6日投放到广岛的"枪式"原子弹"小男孩"和8月9日投放到长崎的"内爆式"原子弹"胖子"（使用钚的同位素钚-239作为裂变材料）。

核电站

战争的结束标志着美国开始部分转向和平利用核裂变研究，

1946年，美国成立了原子能委员会，监督民用核能的发展。第一座用于发电的核反应堆于1951年在爱达荷州启用。在接下来的20年时间里，民用核电站数量成倍增加。核反应堆利用受控的链式反应——利用可捕捉自由中子的控制棒对核反应进行加速或减速——进而逐步释放能量，将水变成蒸汽，驱使发电机转动。用核燃料产生的能量是用同等质量的煤炭等化石燃料产生的能量的数百万倍，这使其成为一种高效的碳中性能源。

然而，1986年，乌克兰切尔诺贝利的核反应堆堆芯发生了爆炸，大量的放射性物质被释放到大气中，最终导致欧洲各地成千上万的人死亡。这场灾难连同其他核灾难，再加上对如何储存长寿命、高放射性核废料的担忧，加大了核能的环境安全风险。

从裂变到聚变？

一些物理学家认为，核聚变有望成为未来的可持续能源。核聚变发生时，两个较轻的原子核结合形成一个较重的原子核，并以光子的形式释放出多余的能量。几十年来，科学家一直在努力诱导核聚变——质子间强大的排斥力只能通过极高温度和密度来克服。最有希望的方法是使用一个叫作托卡马克的圆环形装置。它的内部有一个超强磁场，以保持等离子体状态，物质被加热到很高的温度，使电子脱离原子的束缚，具有导电性，并易于用磁场进行控制。■

恩里科·费米

恩里科·费米于1901年出生在意大利罗马，因最早研究核应用而闻名，其作为一名理论物理学家也令人钦佩。费米在比萨大学完成学业后离开了意大利，与马克斯·玻恩等物理学家合作。1924年，回到佛罗伦萨大学讲学的他与狄拉克一起提出了费米-狄拉克统计法。1926年，他成为罗马大学教授。在那里，他提出了弱相互作用的理论，并证明了核裂变。

1938年，也就是费米获得诺贝尔物理学奖的那一年，他逃离法西斯意大利。尽管他深度参与了曼哈顿计划，但后来他成为核武器研究的强烈批评者。他于1954年在美国芝加哥去世。

主要作品

1934年 《中子轰击产生的人工放射性》

1939年 《铀对中子的简单俘获模型》

创造的源泉

粒子加速器

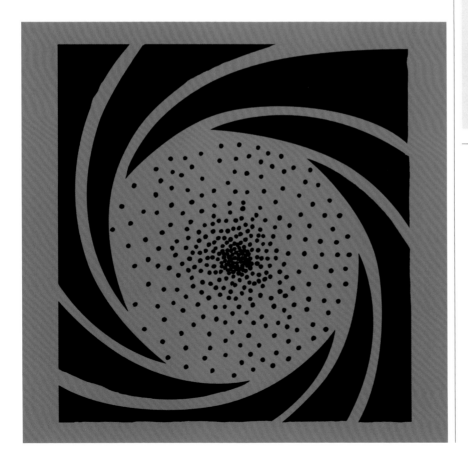

背景介绍

关键人物
约翰·考克饶夫（1897—1967）

此前
1919年 欧内斯特·卢瑟福人为地诱发了核裂变（一个原子核分裂成两个原子核）。

1928年 乌克兰裔美国物理学家乔治·伽莫夫提出了阿尔法衰变中释放出阿尔法粒子的量子隧穿理论。

此后
1952年 第一台质子同步加速器（Cosmotron）在美国布鲁克海文国家实验室开始运行。

2009年 欧洲核子研究中心的大型强子对撞机（LHC）开始全面运行，并打破了粒子加速器的最高能量纪录。

1919年，欧内斯特·卢瑟福对氮原子进行分裂的研究证明，即使是被宇宙中最强的核力束缚的粒子，也有可能被拆散。很快，物理学家就开始琢磨是否可以通过将原子击碎并检测分裂出的产物来深入探索原子内部。

20世纪20年代末，曾做过士兵的英国工程师约翰·考克饶夫（John Cockcroft）是卢瑟福在剑桥大学卡文迪许实验室进行这项研究的年轻助手之一。考克饶夫对乔治·伽莫夫（George Gamow）的工作很感兴趣，伽莫夫在1928年描

参见： 物质模型 68~71页，量子技术应用 226~231页，亚原子粒子 242~243页，粒子动物园和夸克 256~257页，希格斯玻色子 262~263页，质量和能量 284~285页，大爆炸 296~301页。

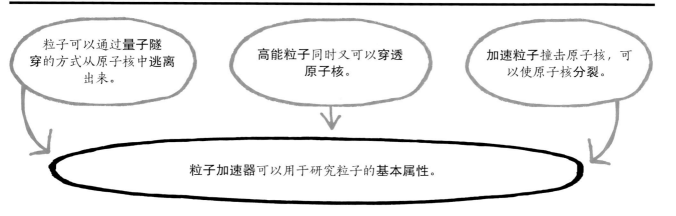

粒子可以通过**量子隧穿**的方式从原子核中逃离出来。

高能粒子同时又可以**穿透**原子核。

加速粒子撞击原子核，可以使原子核分裂。

粒子加速器可以用于研究粒子的**基本属性**。

述了量子隧穿现象，即亚原子粒子（如阿尔法粒子）尽管被强大的核力约束着，但还是可以从原子核中逃脱，因为它们具有波的属性，从而使一些粒子能够摆脱核力束缚。

反方向思考

伽莫夫应考克饶夫的邀请访问了实验室，二人讨论了伽莫夫的理论是否可以反过来应用，以及是否有可能用足够高的能量来加速质子，从而使其穿透并分裂某种元素的原子核。考克饶夫告诉卢瑟福，他相信他们可以用经过300千伏电压加速的质子穿透硼原子核，而穿透锂原子核可能需要更少的能量。硼和锂的原子核很轻，因此需要克服的能量势垒比更重的元素低。

卢瑟福同意了实验方案。1930年，在爱尔兰物理学家欧内斯特·沃尔顿（Ernest Walton）的帮助下，考克饶夫用极隧射线管（可以看作一个颠倒过来的阴极射线管）加速质子束进行了实验。当他们未能探测到从事类似研究的法国

科学家发现的伽马射线时，他们意识到他们的质子能量还是太低了。

不断增加能量

于是，他们开始探索更强大的粒子加速器。1932年，考克饶夫和沃尔顿建造了一个新的装置，能够用较低的电压将一束质子加速到具有更高的能量。这种考克饶夫-沃尔顿加速器首先通过一个初始二极管（一种半导体器件）来加速带电粒子，使电容器（一种储存电能的器件）充电到峰值电压，然后反转电压方向，用下一个二极管进一步加速粒子，从而实现能量翻倍。通过一连串电容器和二极管的级联，电荷可以被加速至达到所施加最大输入电压的数倍。

利用这个开创性的装置，考克饶夫和沃尔顿用高速质子轰击锂核和铍核，并用氟化锌屏幕作为探测器来探测反应后的产物。他们本来期望看到法国科学家伊雷娜·约里奥-居里和她的丈夫弗雷德里克之前报道的伽马射线。然而，他

们无意中发现了中子（正如英国物理学家詹姆斯·查德威克后来所证明的）。紧接着，考克饶夫和沃尔顿首次以人工方式实现了锂原子核分裂，使其成为阿尔法粒子。通过这个历史性的第一次，考克饶夫和沃尔顿展示了使用粒子加速器（绰号"原子粉碎机"）来探测原子和发现新粒子的强大能力，为观察宇宙射线（在宇宙空间传播的高

粒子从锂原子中释放出来，撞击荧幕并产生闪烁。它们就像星星一样突然出现然后又消失。

欧内斯特·沃尔顿

粒子加速器利用电磁场产生高能亚原子粒子束，如高能
质子束，进而让它们相互碰撞或者用它们轰击金属靶。

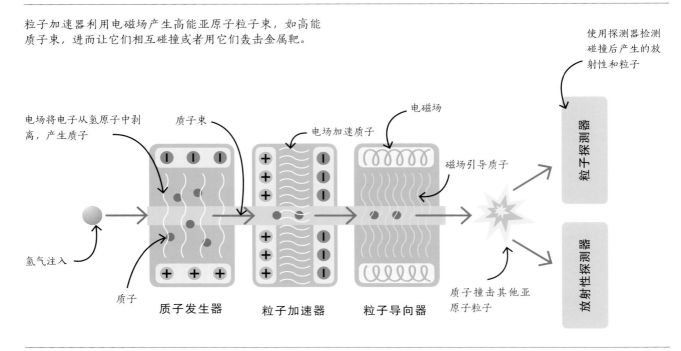

使用探测器检测
碰撞后产生的放
射性和粒子

电场将电子从氢原子中剥
离，产生质子

质子束

电场加速质子

电磁场

磁场引导质子

粒子探测器

氢气注入

质子

质子发生器

粒子加速器

粒子导向器

质子撞击其他亚
原子粒子

放射性探测器

能粒子）提供了一个更可控的替代方案。

高能粒子加速器

考克饶夫-沃尔顿加速器和所有早期的粒子加速器一样，都属于静电装置，用静电场来加速粒子。这些设备直到今天仍然广泛应用于科研、医疗和工业等领域的低能量粒子研究，以及日常电子设备中，如微波炉。然而，它们的能量极限注定了它们不能用于现代粒子物理学研究。当能量达到某个阈值时，如果进一步提高电压加速粒子，会导致用于建造粒子加速器的绝缘体被击穿并开始导电。粒子物理学研究中所用的大多数加速器使用振荡电磁场来加速带电粒子。在加速器中，粒子被加速到一块极板上，当它刚穿过该极板时，极板上的电荷极性发生反转，将粒子加速排斥到

下一块极板上。这个过程以越来越快的振荡频率重复进行，以推动粒子达到与光速相当的速度。这些振荡场通常通过两种机制中的一种产生——磁感应或射频（RF）波。磁感应使用磁场来诱导带电粒子的运动，从而产生一个循环电场。射频腔是一个空心的金属腔，其内部的无线电波产生了一个电磁场，在带电粒子通过的时候使其加速。

现代粒子加速器有三种类型：直线加速器、回旋加速器和同步加速器。直线加速器，如位于美国加利福尼亚的斯坦福直线加速器，通过向终点做直线运动的方式加速粒子。回旋加速器由两个空心的D形板和一块磁铁组成，它将粒子运动轨迹弯曲成圆弧状，使粒子沿螺旋轨道飞向目标。同步加速器在一个圆形线圈内连续加速带电粒子，通过使用许多磁铁来操控粒子，直到

它们达到所需的能量。

令人目眩的粒子速度

1930年，考克饶夫和沃尔顿已经认识到，他们加速粒子的能力越强，就越能观测到物质的更深层次。物理学家现在可以使用同步辐射加速器，将粒子加速到令人目眩的速度，使之接近光速。这样的速度会产生相对论效应；随着粒子动能的增加，其质量也会增加，就需要更大的能量来实现更大的加速度。现有的最大、能量最强的加速器成了实验研究的重点，这些研究可能涉及来自世界各地的数千名科学家。位于美国伊利诺伊州费米实验室的万亿电子伏特加速器（Tevatron）在1983年至2011年期间连续运行，它使用一个6.3千米长的圆环，将质子和反质子加速到1TeV（$10^{12} \times 1eV$）的能量，其中

1eV指用1伏电压加速电子获得的能量——1TeV大约是一只飞行中的蚊子所具有的动能。

20世纪80年代末，在位于瑞士的欧洲核子研究中心，拥有超级质子同步加速器的科学家与使用万亿电子伏特加速器的费米实验室科学家在寻找顶夸克（最重的夸克）方面展开了竞赛。由于万亿电子伏特加速器的强大加速能力，费米实验室的科学家终于在1995年产生并探测到了顶夸克。

2009年，随着欧洲核子研究中心的大型强子对撞机（LHC）的首次全面运行，万亿电子伏特加速器作为最强大的粒子加速器的地位被颠覆了。大型强子对撞机是一种同步加速器，长27千米，横跨瑞士和法国边界，位于地下100米处，能够将两束质子加速到光速的99.9999991%。

大型强子对撞机是一项工程奇迹；它的突破性技术——以超大的规模部署了10000个超导磁铁，这些磁铁被冷却到比荒凉的外太空

欧洲核子研究中心安装的ATLAS项目量能器，通过吸收粒子能量截停大多数粒子，并测量碰撞后的粒子能量。

还低的温度。在运行期间，它的能耗约占附近城市日内瓦总能耗的三分之一。一系列助推加速器（包括超级质子同步加速器）将带电粒子束加速到更高的能量，直到它们最终进入大型强子对撞机。在那里，粒子在四个碰撞点上发生正面碰撞，其总能量为13TeV。一组探测器将记录它们的碰撞过程。

再现宇宙起源

在大型强子对撞机上进行的实验中，有一项研究是试图重现宇宙起源时的物理环境。从现有的宇宙膨胀理论来看，物理学家可以回溯并预测早期宇宙处于不可思议的极小、高温和稠密状态。

在这种状态下，夸克和胶子等基本粒子可能已经存在于某种"汤"（夸克-胶子等离子体）中了。随着空间的膨胀和冷却，它们彼此之间紧密地结合在一起，形成质子和中子等复合粒子。以接近光速的速度撞击粒子可以在瞬间重现宇宙起源时的情形，因为它再现了宇宙在大爆炸后万亿分之一秒的样子。■

约翰·考克饶夫

约翰·考克饶夫于1897年出生在英国约克郡，在第一次世界大战中服过役，后来开始学习电气工程。1921年，他获得了剑桥大学的奖学金，并在欧内斯特·卢瑟福的指导下获得了博士学位。他与欧内斯特·沃尔顿在剑桥建造的考克饶夫-沃尔顿加速器为他们赢得了1951年的诺贝尔物理学奖。

1947年，作为英国原子能研究机构的主任，考克饶夫监督制造了西欧第一座核反应堆——位于哈维尔的低功率石墨实验性原子反应堆。1950年，考克饶夫坚持在坎布里亚的温茨凯尔核反应堆的烟囱中安装过滤器，从而大大减少了1957年其中一个核反应堆起火排放出的放射性尘埃。考克饶夫曾担任英国物理学会和英国科学促进协会的主席。他于1967年在剑桥去世。

主要作品

1932年 《通过加速质子分解锂原子》
1932—1936年 《高速阳离子实验Ⅰ～Ⅵ》

寻找夸克

粒子动物园和夸克

背景介绍

关键人物
默里·盖尔曼（1929—2019）

此前
1947年 亚原子粒子K介子在曼彻斯特大学被发现，它的寿命比预期的要长得多。

1953年 物理学家提出"奇异数"特性，它被用来解释K介子和其他粒子的不寻常行为。

1961年 盖尔曼提出了亚原子粒子的"八重道"分类方法。

此后
1968年 散射实验揭示出质子内部存在点状物，证明它不是一个基本粒子。

1974年 实验产生了J/ψ粒子，它的内部含有粲夸克。

1995年 顶夸克的发现完成了夸克模型最后一块拼图。

到第二次世界大战末期，物理学家已经发现了质子、中子和电子，以及少数其他粒子。然而，在接下来的几年里，宇宙射线和粒子加速器的发展使粒子数量激增，形成了一个混乱的"粒子动物园"。

物理学家对K介子和lambda重子等粒子的行为感到特别困惑，它们的衰变速度比预期的要慢得多。1953年，美国物理学家默里·盖尔曼，以及日本物理学家西岛和彦（Kazuhiko Nishijima）和中野董夫（Tadao Nakano）分别独立提出了一种称为"奇异数"的基本概念，以解释这些粒子超长的观测寿命。"奇异数"在强相互作用和电磁力中是守恒的，但在弱相互作用中不是，所以具有"奇异数"的粒子只能通过弱相互作用进行衰变。盖尔曼利用"奇异数"和电荷将亚原子粒子划分为介子（通常较轻）和重子（通常较重）两类。

夸克理论

1964年，盖尔曼提出了夸克的概念，它也是一种基本粒子，可以解释新的介子和重子的特性。根据夸克理论，夸克具有不同的内在属性，分为六"味"。盖尔曼最

越来越多具有"奇异数"特性的新粒子被发现了。	→ 这些粒子可以根据性质进行分类。
夸克是构成物质的基本单元。	← 不同的性质由被称为夸克的粒子决定。

参见：物质模型 68~71页，亚原子粒子 242~243页，反物质 246页，强相互作用 247页，作用力载体 258~259页，希格斯玻色子 262~263页。

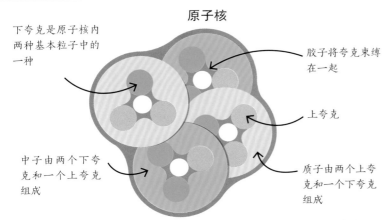

原子核

下夸克是原子核内两种基本粒子中的一种

胶子将夸克束缚在一起

上夸克

中子由两个下夸克和一个上夸克组成

质子由两个上夸克和一个下夸克组成

质子和中子都是由上夸克和下夸克组成的。一个质子包含两个上夸克和一个下夸克，一个中子包含一个上夸克和两个下夸克。夸克之间通过强相互作用的载体胶子连接在一起。

初提出了上夸克、下夸克和奇异夸克，后来又增加了粲夸克、顶夸克和底夸克。不同的夸克（以及它们的反粒子，即反夸克）被强相互作用束缚，存在于质子和中子等复合粒子中。1968年，这种原子核模型被位于美国加利福尼亚州的斯坦福直线加速器实验室（SLAC）证实，当时在质子内部发现了点状物。SLAC的进一步实验发现了其他夸克存在的证据。

标准模型

夸克在粒子物理学标准模型中发挥着重要作用，该模型是在20世纪70年代发展起来的，用于描述电磁力、强相互作用和弱相互作用，以及其载体粒子（总是玻色子）和构成物质的基本粒子（费米子）。夸克是两组费米子中的一组，另一组是轻子。与夸克一样，轻子也有六"味"，它们总是成对存在，或称"代"。它们是电子和电子中微子（也是最轻和最稳定的轻子）、μ 子和 μ 中微子，以及 τ 子和 τ 中微子（也是最重和最不稳定的轻子）。与夸克不同，轻子不受强相互作用的影响。

夸克和轻子通过四种基本力中的三种发生相互作用：强相互作用、电磁力和弱相互作用（第四种基本力引力有所不同）。在标准模型中，这些相互作用由其载体粒子——胶子、光子、W和Z玻色子——传递。

标准模型的最后一种粒子是希格斯玻色子，一种赋予所有粒子质量的基本粒子。尽管标准模型仍是一个需要不断进行完善的理论，但它为"粒子动物园"带来了秩序。■

默里·盖尔曼

默里·盖尔曼于1929年出生在纽约的一个犹太移民家庭，15岁时就开始上大学。1955年，他加入了加州理工学院（CIT），在那里，他教了近40年的书。他的兴趣远远超出了物理学范畴，包括文学、历史和自然史。1969年，他因在基本粒子理论方面的杰出工作而获得了诺贝尔物理学奖。

在职业生涯的后期，盖尔曼对复杂性理论产生了兴趣，于1984年与其他几位科学家共同创立了圣菲研究所，进行这方面的研究，他还写了一本关于该理论的畅销书《夸克与美洲豹》。在2019年去世时，他同时在加州理工学院、南加利福尼亚大学和新墨西哥大学任教。

主要作品

1994年　《夸克和美洲豹》
2012年　《玛丽·麦克法登：穷尽一生的设计、收藏和探险经历》

相同的核粒子不一定有相同的行为

作用力载体

背景介绍

关键人物
吴健雄（1912—1997）

此前

1930年 出生于奥地利的物理学家沃尔夫冈·泡利提出存在中微子，以解释贝塔衰变中能量和其他量的守恒。

1933年 恩里科·费米提出了弱相互作用理论，以解释贝塔衰变。

此后

1956年 美国物理学家克莱德·科温和弗雷德里克·莱因斯证实，贝塔衰变过程会释放出电子和中微子。

1968年 电磁力和弱相互作用在弱电力理论中得到统一。

1983年 在欧洲核子研究中心的粒子加速器——超级质子同步加速器中发现了W和Z玻色子。

1930年前后起，科学家开始揭示核衰变的秘密。早期的贝塔衰变曾使研究人员感到困惑，因为能量似乎凭空消失了，这违反了能量守恒定律。在接下来的50年，杰出的物理学家会发现失踪能量的各种"携带"者，详细解释不稳定原子核发生元素变化的过程，并识别和观察核衰变过程中传导

（传递）弱相互作用的载体。

1933年，恩里科·费米提出，当一个中子变成一个质子时，原子核中会发生贝塔辐射，发射出一个电子和另一个中性粒子，并带走一部分能量。（费米称这种中性粒子为中微子，但它后来被确认为反中微子，即中微子的反粒子。）在另一种主要的贝塔衰变类型，即正贝

贝塔衰变（一般从原子核中发射出一个电子）似乎**不遵守**能量守恒。

一种轻的、中性粒子——中微子或反中微子带走了部分能量。

在负贝塔衰变过程中，一个中子转变为一个质子、一个电子和一个反中微子。

弱相互作用涉及载体粒子的交换。

在这个过程中起作用的是**弱**相互作用，也称弱力。

参见：量子场论 224~225页，核辐射 238~239页，反物质 246页，粒子动物园和夸克 256~257页，中微子质量 261页，希格斯玻色子 262~263页。

塔衰变（β+衰变）中，一个质子变成了一个中子，发射出一个正电子和一个中微子。引起这种衰变的神秘力量被命名为弱相互作用——现在被认为是自然界的四种基本力之一。

打破规则的相互作用

强相互作用和电磁力都遵循宇称守恒；它们对一个系统的影响是对称的，产生了一种镜像。由于对弱相互作用是否具有宇称守恒性存疑，物理学家杨振宁和李政道请求他们的同行吴健雄进行实验研究。1956年，即克莱德·科温（Clyde Cowan）和弗雷德里克·莱因斯（Frederick Reines）证实中微子存在的同一年，吴健雄开始在美国国家标准局低温实验室进行研究，她将钴-60样品中原子核自旋方向（内部角动量）对齐，并观察其衰变情况。她发现，贝塔辐射过程中发射的电子偏向一个特定的方

加尔加梅勒气泡室（拍摄于1970年）是一种被设计用于探测中微子和反中微子的装置。摄像机可以通过它的舷窗追踪带电粒子的轨迹。

向（而不是在所有方向上平等地随机发射），这表明弱相互作用违反了宇称守恒定律。

弱相互作用涉及载体粒子的相互交换：W^+、W^-和Z^0玻色子。所有这些载体粒子都是玻色子（自旋为整数），而构成物质的关键部分，如夸克和轻子，都是费米子（自旋为半整数），并遵守不同的物理规律。独特的是，弱相互作用还可以改变夸克的"味"，即某种属性。在负贝塔衰变（β-衰变）过程中，一个下夸克变为一个上夸克，将中子转变为质子，并释放出一个虚拟的W玻色子，而W玻色子会衰变为一个电子和一个反中微子。W和Z玻色子非常重，所

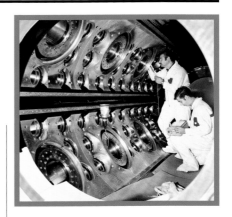

以通过它们发生的过程往往非常缓慢。

1973年，欧洲核子研究中心的加尔加梅勒气泡室观察到了玻色子的相互作用过程。该气泡室捕捉到的粒子运动轨迹，首次证实了弱中性流的相互作用。它被解释为在Z玻色子的交换过程中产生了中微子，并带走了部分动量。1983年，欧洲核子研究中心的高能超级质子同步加速器（SPS）首次观测到W和Z玻色子自身。■

吴健雄

吴健雄于1912年出生在中国上海附近的浏河镇，在阅读了波兰物理学家和化学家玛丽·居里的传记后，对物理学产生了浓厚的兴趣。她在南京的国立中央大学学习物理学，然后于1936年移居美国，在加利福尼亚大学伯克利分校获得博士学位。

吴健雄于1944年加入曼哈顿计划，从事铀的浓缩工作。第二次世界大战结束后，她成为哥伦比亚大学的教授，主要研究贝塔衰变。吴健雄的合作者李政道和杨振宁因发现宇称不守

恒而获得1957年诺贝尔物理学奖；但她的贡献未得到应有的认可。她最终在1978年获得了沃尔夫奖。吴健雄于1997年在纽约去世。

主要作品

1950年 《贝塔射线光谱形状研究》

1957年 《贝塔衰变中宇称守恒的实验研究》

1960年 《贝塔衰变》

大自然是荒诞的

量子电动力学

背景介绍

关键人物
朝永振一郎（1906—1979）
朱利安·施温格（1918—1994）

此前
1865年 麦克斯韦提出了光的电磁理论。

1905年 爱因斯坦发表了描述狭义相对论的论文。

1927年 保罗·狄拉克将带电粒子和电磁场的量子力学理论公理化。

此后
1965年 朝永振一郎、施温格和理查德·费曼因在量子电动力学方面的贡献而分享了诺贝尔物理学奖。

1973年 量子色动力学创立，它把色荷作为强相互作用（强核力）的起源。

量子力学描述了物体在原子和亚原子尺度上的行为，它的出现使物理学的许多分支发生了革命性的变化。

保罗·狄拉克于1927年提出了电磁场的量子理论，但其描述电磁场中高速运动粒子的模型失效了，由于这些粒子具有狭义相对论效应，这导致了一个假设，即量子力学和狭义相对论是不相容的。20世纪40年代，朝永振一郎、理查德·费曼和朱利安·施温格证明了量子电动力学（QED）可以与狭义相对论相融洽。事实上，量子电动力学是第一个结合了量子力学和狭义相对论的理论。

在经典电动力学中，带电粒子通过它们产生的电磁场对外施加力的作用。然而，在量子电动力学中，带电粒子之间的作用力来自虚光子（或信使光子）的交换——这些粒子瞬间出现，通过被释放或吸收影响"真实"粒子的运动。

量子电动力学已被用于模拟以前无法解释的现象。其中一个例子就是兰姆移位——氢原子的两个能级之间存在能量差。∎

因对量子电动力学的贡献，朝永振一郎获得了诺贝尔物理学奖、日本学士院奖和许多其他奖项。

参见：力场和麦克斯韦方程组 142~147页，粒子和波 212~215页，量子场论 224~225页，粒子动物园和夸克 256~257页。

中微子消失的秘密

中微子质量

20世纪20年代以来，物理学家已经知道核聚变会导致太阳和其他恒星发光发热。他们进一步推测，聚变过程会释放出一种被称为中微子的粒子，这些粒子会从太空传播到地球上。

由于很难被探测到，中微子被比喻为幽灵。它们不带电，几乎没有质量，并且不受强相互作用或电磁力的影响，从而能够悄无声息地穿过地球。中微子有三种类型，或者三种"味"：电子中微子、μ中微子和τ中微子。

1985年，日本物理学家小柴昌俊（Masatoshi Koshiba）在锌矿井中建造了一个中微子探测器。探测器被一个巨大的水箱环绕，当中微子与水分子中的原子核发生相互作用时，探测器会捕捉到闪烁信号。小柴昌俊证实，到达地球的太阳中微子似乎比预测的要少得多。1996年，他领导构建造了一个更大的探测器（超级神冈探测器），

既然中微子天体物理学已经诞生了，那我们下一步该如何研究？

小柴昌俊

这使他的团队能够找到答案。该探测器对大气层中的中微子的观测结果表明，中微子在飞行过程中可以在不同的"味"之间转换，这个过程称为中微子振荡。这意味着在太阳中产生的电子中微子可能会转变为μ中微子或τ中微子，从而躲过只对电子中微子敏感的探测器。这一发现意味着中微子是有质量的，这对描述基本力和粒子物理学标准模型提出了挑战。■

参见：海森堡不确定性原理 220~221页，粒子加速器 252~255页，粒子动物园和夸克 256~257页，作用力载体 258~259页。

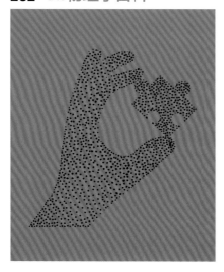

我想我们找到它了

希格斯玻色子

背景介绍

关键人物

彼得·希格斯（1929—2024）

此前

1959年 美国的谢尔登·格拉肖和巴基斯坦的阿卜杜勒·萨拉姆提出了在高温致密的情况下电磁力和弱相互作用的统一理论。

1960年 日裔美国物理学家南部阳一郎构思出了他的对称性破缺理论，该理论可用于解决W和Z玻色子的质量问题。

此后

1983年 欧洲核子研究中心的超级质子同步加速器证实了W和Z玻色子的存在。

1995年 费米实验室发现了质量为176GeV/c^2的顶夸克，这与希格斯场的理论预测相符。

2012年 欧洲核子研究中心的超导环场探测器（ATLAS）和紧凑型缪子线圈探测器（CMS）确认探测到了希格斯玻色子。

经过几十年的研究，在20世纪70年代初建立起来的标准模型用几种基本力和基本粒子解决了粒子物理学的许多问题。然而，仍有一些问题亟待解决。虽然其中两种基本力——电磁力和弱相互作用——在极高温下可以统一为单一的弱电力，但该理论在某些方面与现实不符。它意味着所有的弱电力载体都是无质量的。虽然这对于光子来说是正确的，但W和Z玻色子很明显是有质量的。

1964年，三个物理研究小组——分别由英国的彼得·希格斯（Peter Higgs）、比利时的罗伯特·布劳特（Robert Brout）、弗朗索瓦·恩格勒（François Englert）、美国的杰拉德·古拉尼（Gerald Guralnik）、卡尔·哈庚（C. Hagen）、汤姆·基博尔

弱电力理论预言所有的**作用力载体**（在其他粒子间激发相互作用的粒子）都**不具有质量**。

实验表明光子没有质量，但是W和Z玻色子（两种作用力载体）是**具有质量**的。

W和Z玻色子会与**希格斯场**发生强烈的相互作用。

希格斯玻色子是希格斯场的作用力载体。

而希格斯场**使粒子具有质量**。

参见：量子场论 224~225页，粒子加速器 252~255页，粒子动物园和夸克256~257页，作用力载体 258~259页。

（Tom Kibble）领导——提出，弱玻色子可能与一个赋予它们质量的场发生相互作用，后来这个场被称为希格斯场。根据这个理论，希格斯场在宇宙大爆炸后不久就开始弥漫整个空间，一个粒子与它发生相互作用越强烈，能获得的质量就越大。光子不与希格斯场发生相互作用，从而能够以光速飞行。然而，W和Z玻色子与希格斯场有强烈的相互作用。在正常温度下，它们变得很重，而且传播范围很小。与希格斯场发生相互作用的粒子加速运动，它们就获得了质量，速度越快，就需要越多的能量来推动它们，这使它们难以达到光速。

像上帝一样重要

科学家意识到，验证希格斯场理论的唯一方法就是找到一个以重粒子形式存在的量子场激发，即希格斯玻色子。这一探索具有接近神话般的重要性，20世纪80年代，这种玻色子赢得了"上帝粒子"的绰

在这幅插图中，希格斯场被想象成一个可能存在于整个宇宙的能量场；在这个能量场中，希格斯玻色子与其他粒子不断发生相互作用。

号，而希格斯和他的同事却不喜欢这个绰号。当时没有任何粒子探测器能够探测到它，寻找仍在继续。这影响到了世界上最强大的粒子加速器——欧洲核子研究中心的大型强子对撞机（LHC）的设计方案，该对撞机于2008年开始运行。

根据物理学家的计算，在大型强子对撞机中，每100亿次质子-质子对撞中只有一次会产生希格斯玻色子，研究人员利用欧洲核子研究中心的探测器，在数以万亿次的碰撞事件中寻找该粒子的蛛丝马迹。2012年，欧洲核子研究中心宣布发现了一个质量约为126GeV/c^2的玻色子——几乎可以肯定这就是希格斯玻色子。标准模型现在已经完成，但物理学家仍在继续探索，寻找存在于标准模型之外的其他类型希格斯玻色子的可能性。■

我从没想过在我有生之年它会发生，我会让我的家人在冰箱里放一些香槟。

彼得·希格斯

彼得·希格斯

希格斯于1929年出生在泰恩河畔的纽卡斯尔，是英国广播公司一名音响工程师的儿子。频繁的搬家打乱了他的早期教育，但在布里斯托的可安文法学校，他受到了一位校友——理论物理学家保罗·狄拉克的激励。然后他去了伦敦国王学院，并于1954年获得了博士学位。在担任各种学术职务后，希格斯选择了留在爱丁堡大学。在高地的一次散步中，他开始建立自己的质量起源理论，这为他赢得了声誉，尽管他欣然承认还有许多其他贡献者。

2013年，希格斯与弗朗索瓦·恩格勒共同获得诺贝尔物理学奖。他于2024年4月8日在苏格兰爱丁堡去世。

主要作品

1964年 《对称性破缺和规范玻色子的质量》

1966年 《不含无质量玻色子的自发对称性破缺》

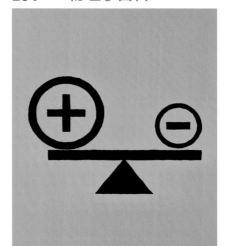

所有反物质都去哪儿了？

物质–反物质不对称性

背景介绍

关键人物
安德烈·萨哈罗夫（1921—1989）

此前

1928年 保罗·狄拉克提出了一种带有相反电荷的新物质形式：反物质。

1932年 美国卡尔·安德森发现了"反电子"，并称其为正电子。

1951年 朱利安·施温格揭示了CPT对称性的早期形式。

此后

1964年 美国物理学家詹姆斯·克罗宁和瓦尔·菲奇发现中性K介子的弱衰变违反了CP对称性。

2010年 费米实验室的科学家探测到B-介子倾向于衰变成μ子，这违反了CP对称性。

2019年 欧洲核子研究中心的物理学家探测到D-介子的不对称性，D-介子是含有粲夸克的最轻粒子。

物理学家一直对宇宙几乎完全由正物质构成感到疑惑。P（宇称）对称性，即自然界不能区分左右的观点，说明宇宙大爆炸时应该产生等量的物质和反物质。第一个线索出现在1956年，当时一个实验表明，在弱相互作用中通过贝塔衰变产生的电子有固定的方向。第二年，为了保持对称性，苏联物理学家列夫·朗道（Lev Landau）提出了CP对称性——将P对称性与C（电荷守恒）对称性相结合，这样一来，一个粒子和其带相反电荷的反粒子将互为镜像。

镜像宇宙存不存在？

1964年，当实验进一步发现中性K介子在衰变时违反了CP对称性时，物理学家为挽救对称性做了最后的努力。他们引入时间反演对称性，提出CPT对称性，如果时空可以倒退到宇宙大爆炸前的反物质镜像宇宙中，则可以保留这种对称性。

1967年，苏联物理学家安德烈·萨哈罗夫（Andrei Sakharov）反而提出，如果在早期宇宙中发生CP对称性破缺，就可能演化出物质和反物质的不平衡。而且破缺现象必须频繁发生，才足以造成这种不平衡，否则就需要超越标准模型的物理学理论了。现在实验已经揭示了显著的CP对称性破缺，这支持了萨哈罗夫的观点。■

物理学家开始反思，他们也许一直关注着错误的对称性。

乌尔里希·尼尔斯特

参见：反物质 246页，作用力载体 258~259页，中微子质量 261页，质量和能量 284~285页，大爆炸 296页。

恒星不断产生和灭亡

恒星里的核聚变

恒星无穷无尽的能量是由氢原子聚变为氦原子的过程提供的，这一发现在20世纪初让杰出的物理学家感到兴奋。到了20世纪30年代中期，他们已经在实验室里实现了核聚变。在那些领头的理论物理学家中，德国出生的汉斯·贝特（Hans Bethe）意识到，恒星（包括太阳）通过质子-质子链式反应释放能量。

核聚变只发生在极端条件下。带正电荷的原子核彼此强烈排斥，但如果有足够的能量，它们就会被挤压得足够近，足以克服排斥力并融合，形成更重的原子核。当它们融合时，结合能就会被释放出来。

迈向受控核聚变

1951年，贝特在美国的研究工作促使第一颗氢弹试验成功，它使用核裂变来诱导发生核聚变，并释放出恐怖的爆炸威力。

由于需要极高的温度（约4000

英国的JET托卡马克装置是世界上最大、最成功的核聚变设施。它是欧洲核聚变研究和国际ITER项目的核心。

万开尔文）和承受这种高温的材料等挑战，用受控核聚变产生持续可利用的能量非常困难。核聚变反应器的主要方案——托卡马克——利用磁场来约束高温带电气体。

由于核聚变看起来比核裂变更安全，放射性更小，产生的核废料更少，所以对它的探索仍在继续。■

参见：发电 148~151页，强相互作用 247页，核武器和核能 248~251页，粒子加速器 252~255页。

RELATIVITY AND THE UNIVERSE

OUR PLACE IN THE COSMOS

相对论和宇宙

我们在宇宙中的位置

古希腊哲学家亚里士多德描述了一个静止而又永恒的宇宙，在这个宇宙里，一个球形的地球被由行星和恒星组成的同心圆环绕。

波斯天文学家阿卜杜勒-拉赫曼·苏菲对仙女座星系进行了第一次有记录的观测，他将该星系描述为一个"小云"（small cloud）。

伽利略解释了他的相对论原理：无论一个人是静止的还是以恒定的速度运动，物理定律都是相同的。

阿尔伯特·爱因斯坦的狭义相对论表明了空间和时间是如何变化的，这取决于一个物体相对于另一个物体的速度。

公元前 4 世纪

964 年

1632 年

1905 年

约 150 年

1543 年

1887 年

托勒密创建了一个宇宙的数学模型，把地球描绘成一个位于中心的静止球体，其他已知的天体围绕着它运行。

哥白尼为日心说宇宙提供了一个模型，在这个模型中，地球围绕太阳旋转。

在美国，阿尔伯特·迈克尔逊和爱德华·莫雷证明了光以恒定的速度运动，而与观察者的运动无关。

古代文明质疑夜空中星星的运动对人类的存在及其在宇宙中的地位意味着什么。大多数人认为地球一定是宇宙中最大、最重要的物体，其他一切都围绕着它旋转。在这些地心说中，托勒密于2世纪提出的模型是如此的令人信服，以至于它主宰了天文学几个世纪。

1608年望远镜的问世证明波兰天文学家尼古拉斯·哥白尼（Nicolaus Copernicus）对托勒密观点的质疑是正确的。1610年，意大利天文学家伽利略观测到了环绕木星运行的四颗卫星，从而提供了天体围绕其他星球运行的证据。在科学革命期间，物理学家和天文学家开始研究物体和光在空间中的运动。太空被想象成一个横跨宇宙的刚性网格，他们还假设在地球上测量的长度在任何行星、恒星（包括太阳）或中子星（由一颗巨星坍塌产生的小恒星）上都是一样的。时间也被认为是绝对的，地球上的1秒相当于宇宙中其他任何地方的1秒。但很快，他们就发现事实并非如此。

在站在路边的人看来，从移动中的车辆上抛出的球会因车辆的移动而加速。然而，如果光从移动的车辆上发出，光的速度并没有增加，它仍然以光速传播。在接近光速时，自然界表现出一种奇特的现象，仿佛存在一个普遍的速度限制。为理解这种现象，科学家不得不对空间和时间的概念进行彻底的重新思考。

狭义相对论

20世纪初，人们发现空间和时间是有弹性的：1米或1秒在宇宙的不同地方有不同的长度。出生于德国的物理学家阿尔伯特·爱因斯坦在1905年提出的狭义相对论中向世人介绍了这些观点。他解释了从地球上的观察者的角度来看，以接近光速的速度在空间中移动的物体是如何收缩的，以及这些物体的时间是如何变得更慢的。两年后，也就是1907年，德国数学家赫尔曼·闵可夫斯基（Hermann

爱因斯坦发表了他的广义相对论，描述了时间和空间如何被加速观察者或在引力场中的人弯曲。

英国物理学家亚瑟·爱丁顿拍摄了日食时星光围绕太阳弯曲的照片，证明了时空的弯曲。

在美国，拉塞尔·赫尔斯和约瑟夫·泰勒发现了引力波存在的间接证据，他们观测到了两颗相互环绕的恒星的能量损失。

1915年　　**1919**年　　**1974**年

1907年　　**1916**年　　**1929**年　　**2017**年

赫尔曼·闵可夫斯基用四维空间和时间（后来被称为时空）来解释狭义相对论。

卡尔·史瓦西利用广义相对论预测了黑洞的存在，黑洞的引力非常强，连光都无法逃脱。

埃德温·哈勃证明了宇宙正在膨胀，他注意到遥远的星系比近的星系移动得更快。

LIGO科学家首次直接探测到两颗中子星合并产生的引力波。

Minkowski）提出，如果时间和空间被缝合成一个单一的"时空"结构，狭义相对论就将更有意义。

狭义相对论产生了深远的影响。正如爱因斯坦质能方程$E = mc^2$所描述的那样，能量和质量只是同一事物的两种形式，这一概念促进了为恒星提供能量的核聚变的发现，并最终推动了原子弹的研发。

1915年，爱因斯坦将他的理论扩展到包括以不断变化的速度和通过引力场运动的物体。广义相对论描述了时空是如何弯曲的，就像一块布在重压下会被拉伸一样。德国物理学家卡尔·史瓦西（Karl Schwarzschild）更进一步，他预测存在巨大质量的物体，这些

物体可以在一点上使时空弯曲得如此之大，以至于任何物体，甚至是光，都无法以足够快的速度逃逸。天文学的进步为这些黑洞提供了证据，现在人们认为，最大的恒星"死"后会变成黑洞。

银河之外

20世纪20年代初，天文学家已经能够精确测量夜空中恒星的距离及它们相对于地球的运动速度。这彻底改变了人们对宇宙和我们在宇宙中位置的看法。20世纪初，天文学家认为一切都存在于距离地球10万光年的范围内，也就是银河系内。然而，美国天文学家埃德温·哈勃在1924年发现了另一个

星系——仙女座星系，这让人们认识到，银河系只是远在10万光年之外的数十亿个星系中的一个。更重要的是，这些星系正在分离，这使天文学家相信宇宙开始于138亿年前的一个点，并在所谓的大爆炸中爆发。

今天的天体物理学家在探索宇宙方面还有很长的路要走。奇怪的、看不见的暗物质和暗能量构成了已知宇宙的95%，它们似乎在不显示其存在的情况下发挥着控制宇宙运行的重要作用。同样，黑洞和宇宙大爆炸的运行方式仍然是一个谜，但是天体物理学家正在接近真相。■

天体的运行

天堂

背景介绍

关键人物

托勒密（约公元90—公元168）

此前

公元前2137年 中国天文学家首次记录了日食。

公元前4世纪 亚里士多德把地球描述成一个位于宇宙中心的球体。

约公元前130年 喜帕恰斯编纂了他的恒星名册。

此后

1543年 尼古拉斯·哥白尼提出太阳而非地球才是宇宙的中心。

1784年 法国天文学家查尔斯·梅西耶建立了银河系其他星团和星云的数据库。

1924年 美国天文学家埃德温·哈勃指出，银河系是宇宙中众多星系中的一个。

远古时代起，人类就敬畏地凝视着夜空，被太阳、月亮和星星的运动吸引。早期天文学的最早例子之一是英国的巨石阵，这是一个可以追溯到公元前3000年前后的石阵。虽然这些巨石的真正用途尚不清楚，但据说，至少有一些是为了配合太阳在天空中的运动而设计的，也可能是为了配合月球的运动而设计的。世界上还有许多这样的遗迹。早期人类将夜空中的物体与地球上的神灵联系在一起。他们相信天体对他们生活的各个方面都有影响，比如月球与生育周期有关。一些文明，包括15世纪的印加文明，将天空中定期出现的星星划分为星座。

巨石阵是一处位于英格兰西南部威尔特郡的史前遗迹，建造它的目的可能是让古人能够追踪太阳在天空中的运动。

参见：科学方法 20~23页，物理学的语言 24~31页，宇宙模型 272~273页，探寻河外星系 290~293页。

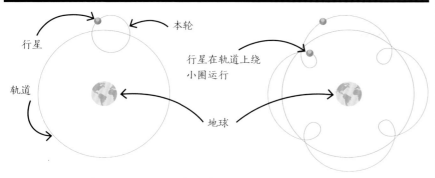

行星

本轮

轨道

行星在轨道上绕小圈运行

地球

托勒密认为，每一颗行星都绕着地球运行，同时也绕着"次轨道"或本轮运行。他认为这解释了恒星和行星不可预测的"逆行"运动。

托勒密

克罗狄斯·托勒密生活在100—170年。关于他的生平，我们知之甚少，只知道他住在亚历山大城，写过许多方面的书，包括天文学、占星术、音乐、地理和数学。在《地理学》一书中，他列出了已知世界上许多地方的纬度和经度，绘制出了一幅可以复制的地图。他的第一部天文学著作是《天文学大成》。在这本书中，他编目了1022颗恒星和48个星座，并试图解释夜空中恒星和行星的运动。他的地心说宇宙模型持续了几个世纪。尽管托勒密的著作并不准确，但它在理解物体如何在太空中运动方面有着巨大的影响。

主要作品

约150年 《天文学大成》

约150年 《地理学》

约150—170年 《随查表》

约150—170年 《行星假设》

观测天空

让早期天文学家感兴趣的不仅是恒星和行星的运动，还有短暂的事件。早在公元前1000年，中国的天文学家就记录了哈雷彗星在夜空中出现的情况，并称其为"客星"。他们还记录了超新星或爆炸的恒星，最著名的是导致蟹状星云在1054年形成的超新星。当时的报告显示，这颗超新星足够明亮，能在白天被持续观测一个月。

公元前4世纪，古希腊哲学家亚里士多德假设地球是宇宙的中心，所有其他天体，如月亮和行星，都围绕着地球旋转。大约150年，来自亚历山大的天文学家托勒密进一步发展了亚里士多德的地心说，他试图用数学术语解释夜空中恒星和行星看似不规则的运动。通过观察一些行星的来回运动，以及其他行星似乎根本不运动的事实，他得出结论：天体在一系列复杂的圆形轨道和本轮（"次轨道"）中运动，地球在中心静止不动。

地心说宇宙

托勒密的许多计算基于喜帕恰斯的观测结果，喜帕恰斯是公元前2世纪的一位古希腊天文学家。托勒密最著名的作品《天文学大成》阐述了他的地心说，他利用喜帕恰斯关于月亮和太阳运动的笔记，计算了月亮、太阳、行星和其他恒星在不同时间的位置，并预测了日食。托勒密的复杂宇宙模型，即托勒密体系，主导了天文学几个世纪。直到16世纪，波兰天文学家哥白尼才提出太阳是宇宙的中心。尽管哥白尼的模型最初遭到了嘲笑——意大利天文学家伽利略·伽利雷因支持该模型而在1633年受到审判——但它最终被证明是正确的。■

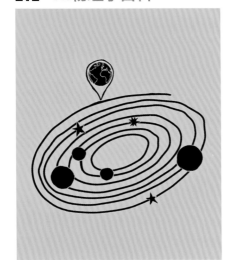

地球不是宇宙的中心

宇宙模型

背景介绍

关键人物

尼古拉斯·哥白尼（1473—1543）

此前

公元前6世纪 古希腊哲学家毕达哥拉斯根据月球是球形的这一事实，推测地球也是球形的。

公元前3世纪 埃拉托色尼非常精确地测量了地球的周长。

2世纪 亚历山大的托勒密断言地球是宇宙的中心。

此后

1609年 约翰尼斯·开普勒描述了行星围绕太阳的运动。

1610年 伽利略·伽利雷观测了绕木星运行的卫星。

1616年 尼古拉斯·哥白尼的著作《天体运行论》被天主教会禁止出版。

恒星和行星的不规则运动不能简单地用地球是宇宙的中心来解释。

地球似乎是静止不动的，但实际上它在旋转。这就解释了为什么星星会划过天空。

从地球上看，其他行星有时似乎在向后移动，但这是一种错觉，因为地球本身也在移动。

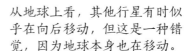

哥白尼认为太阳在宇宙中心附近是静止的，地球和其他行星在围绕着它旋转。

今天看来，"地球是平的"这一观点似乎很滑稽。然而，包括古埃及在内的早期世界的描述表明，这就是当时的人们所相信的。毕竟，地球似乎是向远处伸展的，从它的表面看，它似乎没有弯曲。地球被认为是一个漂浮在海洋上的圆盘，上面有一个圆顶——天堂，下面是阴间。

直到公元前6世纪，古希腊哲学家才认识到地球是圆的。毕达哥拉斯首先发现月球是球形的，他观察到月球上白天和黑夜之间的线是弯曲的。这让他认为地球也是球形的。亚里士多德后来对此进行了补充，他注意到了月食期间地球的弧形阴影，以及星座位置的变化。埃拉托色尼（Eratostherces）更进一步，他看到了太阳在赛尼城和亚历山大城投下不同的阴影，并利用这一知识计算出了行星的周长。根据他的计算，这段距离在3.8万千米至4.7万千米之间，与真正的4.0075万千米相差不大。许多研究也致力于找到地球在已知宇宙中的位置。2世纪，亚历山大的托勒

参见：科学方法 20~23页，运动定律 40~45页，万有引力定律 46~51页，天堂 270~271页，探寻河外星系 290~293页，大爆炸 296~301页。

时间的流逝已经向所有人揭示了我之前提到的真相。

伽利略

密将地球描述为一个位于宇宙中心的静止球体，所有其他已知的天体都围绕着它运行。五个世纪前，古希腊天文学家阿里斯塔库斯（Aristarchus of Samos）曾提出太阳是宇宙的中心，但托勒密地心说的接受度更广泛。

日心说宇宙

以太阳为中心的宇宙的想法一直处于"休眠"状态，直到16世纪早期，尼古拉斯·哥白尼写了一份简短的手稿《评注》，并在朋友之间流传。在这份手稿中，他提出了日心说模型，即太阳在已知宇宙的中心附近，地球和其他行星围绕太阳做圆周运动。他还提出，太阳升起和落下的原因是地球的旋转。天主教会最初接受了哥白尼的著作，但后来因为新教指控它是异端而禁止了它。尽管如此，日心说还是流行了起来。德国天文学家约翰尼斯·开普勒在1609年和1619年发表了他的行星运动定律，该定律表明，行星围绕太阳公转的轨道不是完美的，它们离太阳越近运动得越

现在已知木星有79颗卫星，但当伽利略在1610年首次观测到环绕木星运行的四颗卫星时，他证明了哥白尼的理论，即不是所有的东西都围着地球转。

快，离太阳越远运动得越慢。直到伽利略·伽利雷发现了围绕木星运行的四颗卫星，才证明了有天体围绕其他星球运行——而地球并不是一切事物所围绕的中心。■

尼古拉斯·哥白尼

尼古拉斯·哥白尼于1473年2月19日出生在波兰的索恩（现在的托伦）。他的父亲是一名富有的商人，在他10岁的时候就去世了，但由于他的叔叔，哥白尼接受了良好的教育。他在波兰和意大利学习，并对地理和天文学产生了兴趣。哥白尼继续为他的叔叔工作，他的叔叔是波兰北部埃尔姆兰的主教，但在叔叔于1512年去世后，他将更多的时间花在了天文学上。1514年，他分发了一份手写的小册子《评注》，在这本小册子中，他提出，太阳，而不是地球，接近已知宇宙的中心。他在1532年完成了一部更长的著作《天体运行论》，但该著作直到1543年他去世前两个月才出版。

主要作品

1514年　《评注》
1543年　《天体运行论》

没有绝对的时间和长度

从经典力学到狭义相对论

背景介绍

关键人物

亨德里克·洛伦兹（1853—1928）

此前

1632年 伽利略·伽利雷假设，一个人在一个没有窗户的房间里，是不能分辨这个房间是在匀速运动还是根本不运动的。

1687年 艾萨克·牛顿利用伽利略理论的关键部分设计了他的运动定律。

此后

1905年 阿尔伯特·爱因斯坦发表了他的狭义相对论，表明光速总是恒定的。

1915年 爱因斯坦发表了他的广义相对论，解释了物体的引力如何弯曲时空。

2015年 美国和欧洲的天文学家发现了引力波——爱因斯坦一个世纪前预测的时空涟漪。

相对论的概念——空间和时间的特性——被广泛认为是由阿尔伯特·爱因斯坦在20世纪初提出的。然而，早期的科学家也想知道他们所看到的一切是否都如表面上的那样。

伽利略相对性原理

早在1632年的意大利文艺复兴时期，伽利略就提出，如果一个房间里有物体在运动，就不可能知道这个房间是静止的还是匀速运动的。这个想法被称为伽利略相对性原理，其他人在随后的几年里试图扩展它。一种方法是注意物理定律在所有惯性参考系（那些以恒定速度运动的参考系）中都是一样的。荷兰物理学家亨德里克·洛伦兹（Hendrik Lorentz）在1892年证明了这一点。他的方程组，被称为洛伦兹变换，显示了当空间物体接近光速时，质量、长度和时间是如何变化的，而光速在真空中是恒定

伽利略举了一艘船在平坦的海面上以恒定速度行驶的例子。乘客把球扔到甲板下时，无法判断船是移动的还是静止的。

的。洛伦兹的工作为爱因斯坦的狭义相对论铺平了道路。在狭义相对论中，爱因斯坦不仅表明无论一个人是以恒定速度运动，还是根本不运动，物理定律都是相同的，而且指出无论在何种情况下测量，光速都是相同的。这一想法带来了对宇宙的全新理解。■

参见：运动定律 40~45页，万有引力定律 46~51页，光速 275页，狭义相对论 276~279页，等效原则 281页。

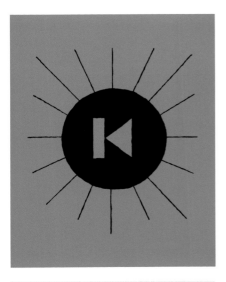

八分钟前的太阳

光速

光速一直困扰着人类。在古希腊，哲学家恩培多克勒认为，太阳的光到达地球需要一段时间，亚里士多德却怀疑光是否有速度。

测量光速

艾萨克·比克曼（Isaac Beeckman）和伽利略·伽利雷在17世纪第一次认真地尝试测量光速。二人都依赖人类的视力，都没有定论。1850年，阿尔芒·斐索和莱昂·傅科分别用旋转齿轮和旋转镜子切割或中断光束，独立地进行了第一次真正的测量。在傅科的例子中，他根据光进入和离开旋转镜子的角度，以及镜子旋转的速度来计算光的速度。19世纪80年代早期，美国物理学家阿尔伯特·迈克尔逊改进了傅科的技术，将一束光从两块镜子上反射到更远的地方。他制造了一种干涉仪，这种仪器可以将一束光分成两束，并引导两束光沿着不同的路径传播，然后将它们重新组合。根据返回的光的模式，他计算出光速为299853千米/秒。1887年，迈克尔逊和他的同事、美国科学家爱德华·莫雷设计了一项实验，试图测量地球穿过所谓的"以太"的运动。人们曾长期认为光是通过神秘的"以太"传播的。然而，他们的实验并未找到任何关于"以太"存在的证据，却记录下了越来越精确的光速常数。■

光认为它比任何东西都快，但它错了。

特里·普拉切特，英国小说家

参见：聚焦光线 170~175页，块状和波状的光 176~179页，衍射和干涉 180~183页，多普勒效应和红移 188~191页。

这趟列车在牛津停吗?

狭义相对论

背景介绍

关键人物

阿尔伯特·爱因斯坦(1879—1955)

此前

1632年 伽利略·伽利雷提出相对论假设,被称为伽利略相对性原理。

1687年 艾萨克·牛顿提出了他的运动定律。

1861年 苏格兰物理学家詹姆斯·克拉克·麦克斯韦建立了描述电磁波的方程组。

此后

1907年 赫尔曼·闵可夫斯基提出时间是空间的第四维度。

1915年 阿尔伯特·爱因斯坦的广义相对论包括了引力和加速度。

1971年 为了证明广义相对论和狭义相对论引起的时间膨胀,科学家让原子钟绕着地球飞行。

参见：从经典力学到狭义相对论 274页，光速 275页，弯曲时空 280页，等效原则 281页，狭义相对论的悖论 282~283页，质量和能量 284~285页。

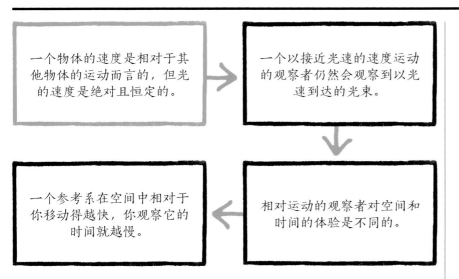

一个物体的速度是相对于其他物体的运动而言的，但光的速度是绝对且恒定的。

一个以接近光速的速度运动的观察者仍然会观察到以光速到达的光束。

一个参考系在空间中相对于你移动得越快，你观察它的时间就越慢。

相对运动的观察者对空间和时间的体验是不同的。

相对论有着深厚的根基。1632年，伽利略想象了一个场景：一名旅行者在一个没有窗户的船舱里，而这艘船以恒定的速度航行在完全平静的海面上。旅行者是否有办法在不登上甲板的情况下判断船是否在移动？有没有什么实验，在移动的船上进行会与在陆地上进行得出不同的结果？伽利略的结论是不存在。如果船以恒定的速度和方向移动，结果将是相同的。没有一种计量单位是绝对的——所有的单位都是相对于其他东西来定义的。要测量任何东西，不管是时间、距离还是质量，都必须有可以衡量的东西。

人们对物体运动速度的感知取决于他们相对于物体的速度。例如，如果一个人在快速行驶的火车上扔一个苹果给另一个乘客，苹果会以每小时几千米的速度从一个人手中到达另一个人手中，但对于站在铁轨旁的观察者来说，苹果和乘客都会以每小时100千米的速度闪过。

参考系

没有参考系，运动就没有意义的想法是爱因斯坦狭义相对论的基础。狭义相对论的特殊之处在于，它关注的是物体以相对于另一个物体的恒定速度运动时的特殊情况。物理学家称之为惯性参考系。正如牛顿所指出的，惯性状态是任何没有受到力作用的物体的默认状态。惯性运动是匀速直线运动。在爱因斯坦之前，牛顿的绝对运动理论——一个物体可以被说成是在运动（或静止），而不与其他任何东西相关联——起着支配作用。狭义相对论将终结这一切。

相对性原理

19世纪的科学家知道，如果磁铁在线圈里移动，或者线圈移动而磁铁不动，就会产生电流。随着英国物理学家迈克尔·法拉第在19世纪20年代和30年代的发现，科学家认为这种现象有两种不同的解释——一种是关于移动线圈的，另一种是关于移动磁铁的。爱因斯坦却不这么认为。在他1905年发表的论文《论运动物体的电动力学》中，他说，哪个物体在运动并不重要，产生电流的都是它们相对于彼此的运动。在阐述他的"相对论原理"时，他宣称："同样的电动力学和光学定律将适用于力学定律适用的所有参考系。"换句话说，物理定律在所有的惯性参考系中都是一样的。这与伽利略在1632年得出的结论相似。

光是一个常量

在詹姆斯·克拉克·麦克斯韦1865年计算电磁场变量的方程中，电磁波的速度约为每秒30万千米，是一个常数，由它所经过的空间真空性质定义。麦克斯韦方程组

如果你不能简单地向别人解释清楚，就说明你自己还不够明白。

阿尔伯特·爱因斯坦

在任何惯性参考系中都成立。爱因斯坦宣称，虽然有些东西可能是相对的，但光速是绝对的、恒定的：光以恒定的速度运动，不受其他任何东西的影响，包括光源的运动，也不相对于任何其他东西进行测量。这就是光与物质的根本不同之处——所有低于光速的速度都是相对于观察者的参考系而言的，没有任何东西的速度能比光速更快。这样做的结果是，两个相对运动的观察者总是会测量到一束光的速度是相同的——即使一个人与光束的运动方向相同，而另一个人在远离光束。从伽利略的角度来看，这几乎没有意义。

只是时间问题

"光速对所有观察者来说都是恒定的"这一观点是狭义相对论的核心。其他的一切都源于这个看似简单的事实。爱因斯坦发现，时间和光的速度之间有一个基本的联系。正是这种洞察力使爱因斯坦完成了他的理论：即使一个观察者以接近光速的速度运动，他也仍然会记录到以光速到达的光束。爱因斯坦说，要使这种情况发生，观察者的时间必须运行得更慢。牛顿认为时间是绝对的，在宇宙中任何被测量的地方，时间都不与任何其他东西相关联，以同样稳定的速度流动。即使一个观察者站着不动，而另一个观察者坐着最快的宇宙飞船匆匆而过，对两个观察者来说10秒也是一样长的。

牛顿物理学认为，速度等于移动的距离除以走过这段距离所花费的时间，公式是 $v = d/t$。所以，如果光速总是保持不变，那么 d 和 t，即距离或者空间和时间，一定会改变。

爱因斯坦认为，时间在所有运动参考系中通过的方式是不同的，这意味着相对运动的观察者（在不同的运动参考系中）将拥有以不同速度运行的时钟。时间是相对的。正如沃纳·海森堡谈到爱因斯坦的发现时所说的那样，"这是物理学基础的一次改变"。根据狭义相对论，一个人在空间中穿行的速度越快，他在时间中穿行的速度就越慢。这种现象叫作时间膨胀。欧洲核子研究中心大型强子对撞机的科学家在解释实验结果时，必须考虑到时间膨胀的影响。在那里，粒子以接近光速的速度碰撞在一起。

收缩的空间

爱因斯坦常问自己一个问题：如果我拿着一面镜子以光速穿行，我能看到自己的像吗？如果镜子以光速运动，光如何到达镜子？如果光速是一个常数，那么，不管他移动得多快，从爱因斯坦到镜子再回来的光的速度总是约30万千

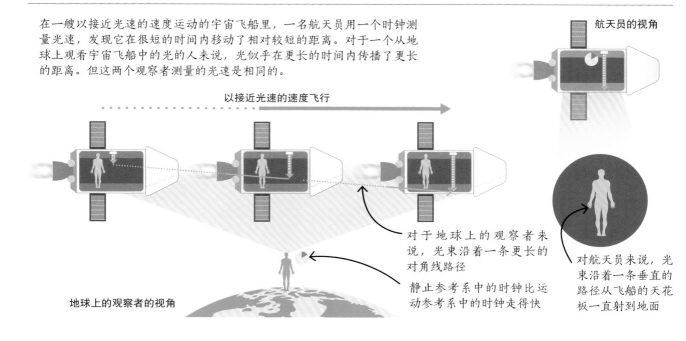

在一艘以接近光速的速度运动的宇宙飞船里，一名航天员用一个时钟测量光速，发现它在很短的时间内移动了相对较短的距离。对于一个从地球上观看宇宙飞船中的光的人来说，光似乎在更长的时间内传播了更长的距离。但这两个观察者测量的光速是相同的。

航天员的视角

以接近光速的速度飞行

对于地球上的观察者来说，光束沿着一条更长的对角线路径

静止参考系中的时钟比运动参考系中的时钟走得快

对航天员来说，光束沿着一条垂直路径从飞船的天花板一直射到地面

地球上的观察者的视角

> 爱因斯坦在狭义相对论中证明，不同的观察者，在不同的运动状态下，看到的是不同的现实。
>
> 莱昂纳德·萨斯坎德，美国物理学家

米/秒，因为光速不变。

为了让光线到达镜子，不仅时间要变慢，光束经过的距离也要减小。在大约99.5%的光速下，距离缩短了10倍。这种收缩只发生在运动方向上，并且只有相对于运动物体处于静止状态的观察者才会看到。在一艘以接近光速飞行的宇宙飞船上，机组人员觉察不到飞船长度的任何变化；相反，他们会看到观察者在他们飞驰而过时似乎在收缩。

空间收缩的结果之一是缩短了宇宙飞船到达恒星所需的时间。想象有一个宇宙铁路网，轨道从一个星球延伸到另一个星球。宇宙飞船运行得越快，轨道看起来就越短，因此到达目的地所需的距离也就越短。以99.5%的光速到最近的恒星的旅程将花费宇宙飞船大约5

个月的时间。然而，对于返回地球的观察者来说，这趟旅程似乎需要4年多的时间。

爱因斯坦质能方程

物理学中最著名的方程之一是由狭义相对论推导出来的。爱因斯坦把它作为他特殊理论的一种简短的附言发表了出来。它有时被称为质能等效定律，$E = mc^2$ 有效地说明了能量（E）和质量（m）是同一事物的两个方面。如果一个物体获得或失去能量，根据这个公式，它就会失去或获得等量的质量。例如，一个物体运动得越快，它的动能越大，它的质量也就越大。光速（c）是一个很大的数字——它的平方更是一个非常大的数字。这意味着，即使是极少量的物质转换成等量的能量，产出也是巨大的，但这也意味着，必须有巨大的能量输入，才能看到质量的显著增加。■

光以恒定的速度传播，所以从汽车前灯发出的光的速度不会在汽车加速时增加，也不会在汽车减速时减少。

阿尔伯特·爱因斯坦

阿尔伯特·爱因斯坦于1879年3月14日出生在德国的乌尔姆。据说爱因斯坦学说话很慢，后来他说："我很少用语言思考。"四五岁时，阿尔伯特就对使罗盘指针移动的无形力量着迷，他说这唤起了他对世界的好奇心。六岁时，他开始学习小提琴，对音乐的热爱贯穿了他的一生。爱因斯坦数学不好的说法是不对的——他是一个很有能力的人。1901年，爱因斯坦获得了瑞士国籍，成为瑞士专利局的一名技术助理。在那里，他利用业余时间创作了许多最优秀的作品。1933年，他移民美国，在普林斯顿担任理论物理学教授，并于1940年成为美国公民。他于1955年4月18日去世。

主要作品

1905年 《关于光的产生和转化的启发式观点》

1905年 《论运动物体的电动力学》

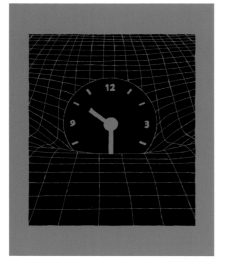

空间与时间的结合

弯曲时空

世界似乎遵循某种几何规则。例如，可以计算一个点的坐标，或者绘制出一个特定的形状。这种用直线和角度来理解世界的基本方法被称为欧几里得空间，以亚历山大的欧几里得命名。

随着20世纪初物理学的迅猛发展，对理解宇宙新方法的需求越来越大。德国数学家赫尔曼·闵可夫斯基意识到，物理学家的许多工作在考虑四维空间时更容易理解。在闵可夫斯基的《时空》中，三个坐标描述了一个点在空间中的位置，第四个坐标给出了事件发生的时间。

1908年，闵可夫斯基指出，地球和宇宙都是弯曲的。就像飞机在地球上空沿着曲线而不是直线飞行一样，光本身也绕着宇宙弯曲。这意味着时空中的坐标不能用直线和角度来精确测量，而要依赖非欧几里得几何形式的详细计算。

这在计算地球表面的距离时很有用。在欧几里得空间中，两点之间的距离要在将地球表面当成是平的这一条件下来计算。但在非欧几里得空间中，必须考虑行星的曲率，使用测地线（"大弧线"）来获得更精确的值。■

从这一刻起，空间本身和时间本身将成为背景。

赫尔曼·闵可夫斯基

参见：测量长度 18~19页，物理学的语言 24~31页，测量时间 38~39页，狭义相对论 276~279页。

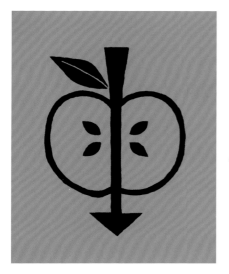

引力等效于加速度

等效原理

背景介绍

关键人物

阿尔伯特·爱因斯坦（1879—1955）

此前

约1590年 伽利略·伽利雷证明了两个下落的物体不论质量大小如何，都以相同的速度加速落下。

1609年 德国天文学家约翰尼斯·开普勒描述了如果月球轨道停止并向地球坠落会发生什么。

1687年 艾萨克·牛顿的万有引力理论包含了等效原理的思想。

此后

1964年 科学家扔下铝和金的测试质量块，以证明地球上的等效原理。

1971年 美国航天员大卫·斯科特在月球上扔下一把锤子和一根羽毛，以表明它们以相同的速度下落，正如几个世纪前伽利略·伽利雷所预测的那样。

阿尔伯特·爱因斯坦的狭义相对论描述了物体对空间和时间的不同感受，这取决于它们的运动。狭义相对论的一个重要含义是，空间和时间总是在一个称为时空的四维连续体中联系在一起。他后来的广义相对论描述了时空是如何被大质量物体弯曲的。质量和能量是等价的，它们在时空中引起的弯曲产生了引力效应。

爱因斯坦1915年提出的广义相对论基于等效原理，即惯性质量和引力质量具有相同的值。这是由伽利略和牛顿在17世纪首先发现，然后由爱因斯坦在1907年提出的。当一个力作用在一个物体上时，这个物体的惯性质量可以通过测量它的加速度计算出来。一个物体的引力质量可以通过测量引力来计算。这两种计算会得到相同的结果。如果一个人在地球上静止的宇宙飞船上扔下一个物体，那么这个物体的测量质量将与这个人在太空中加速

在一艘加速的宇宙飞船中，下落的球的行为与在地球引力场中下落的球的行为完全相同。

球落向地面

加速的宇宙飞船

的宇宙飞船上的质量一样。爱因斯坦说，用这种方法是不可能分辨一个人是处于均匀引力场中还是在太空中加速的。

爱因斯坦继续想象飞船里的人看到的一束光会是什么样子的。他的结论是，强大的引力和极端的加速度会产生同样的效果——光束会向下弯曲。■

参见： 自由落体 32~35页，万有引力定律 46~51页，狭义相对论 276~279页，弯曲时空 280页，质量和能量 284~285页。

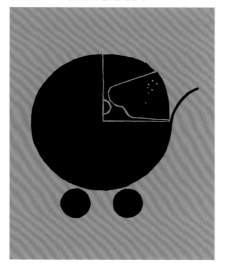

一对双胞胎，为什么去旅行的那个更年轻？

狭义相对论的悖论

背景介绍

关键人物
保罗·朗之万（1872—1946）

此前

1905年 阿尔伯特·爱因斯坦指出，移动的时钟比静止的时钟经历的时间少。

1911年 阿尔伯特·爱因斯坦继续指出，一个运动的人会比一个静止的人年轻。

此后

1971年 美国物理学家约瑟夫·哈菲尔和理查德·基廷证明爱因斯坦的时间膨胀理论是正确的。他们将原子钟带上飞机，并将其与地面上的原子钟进行比较。

1978年 第一批GPS卫星也被发现经历了时间膨胀。

2019年 美国航空航天局发射了一个用于深空的原子钟。

阿尔伯特·爱因斯坦的相对论促使科学家探索光和其他物体在到达时间、空间和运动的极限时的行为——例如，当一个运动物体的速度接近光速时。但他们也产生了一些有趣的思想实验，这些实验一开始似乎是无法解决的。

最著名的思想实验之一是"孪生悖论"。这是由法国物理学家保罗·朗之万在1911年首先提出的。以爱因斯坦的工作为基础，朗之万提出了一个基于相对论的已知结果——时间膨胀的悖论。这意味着任何运动速度比观察者快的物体，在观察者看来都会经历更慢的时间。物体运动得越快，它所经历的时间就越慢。

朗之万想知道，如果将地球上一对同卵双胞胎兄弟中的其中一个送入太空，进行快速往返于另一颗恒星的旅行，会发生什么情况。地球上的那个孪生兄弟会说旅行者在移动，所以旅行者返回时，将成为两人中较年轻的一个。然而，旅行者会争辩说，是他的孪生兄弟在移动，而他是静止的。因此，他会说地球上的那个孪生兄弟更年轻。

对于这个看似矛盾的情况有两种解释。第一种解释是，旅行者必须改变速度才能返回地球，而留在地球上的孪生兄弟速度保持不变——因此，旅行者会更年轻。第二种解释是，旅行者离开了地球的参考系，而地球上的孪生兄弟仍然处在地球的参考系中，这意味着旅行者主导了随时间发生的事件。

> 返回地球时，地球已经老去了两年，（旅行者）从车里出来时，会发现地球至少老了200年。

> 保罗·朗之万

参见：测量时间 38~39页，从经典力学到狭义相对论 274页，光速 275页，狭义相对论 276~279页，弯曲时空 280页。

"谷仓与杆子悖论"

在"谷仓与杆子悖论"（也称"梯子悖论"）中，一名撑竿跳高运动员以接近光速的速度穿过谷仓，他的撑竿的长度是谷仓的两倍。当撑竿跳高运动员在谷仓内时，谷仓的两扇门同时关闭，然后再次打开。当门关着的时候，撑竿是否可以被装进谷仓？

从观察者的参考系来看，当某物接近光速时，它似乎会缩短，这一过程被称为长度收缩。然而，从撑竿跳高运动员的参考系来看，谷仓正以光速向他移动，而他没有动。这样谷仓就会收缩，撑竿就放不进去了。

解决这个悖论的关键在于一些不一致的因素使撑竿能够适应谷仓。从观察者的角度来看，这个撑竿足够小，可以在谷仓门再次打开之前放进去。从撑竿跳高运动员的角度来看，门并不是同时关闭和打开的，而是相继进行的，可以让撑竿从一端进入，从另一端"出去"。◼

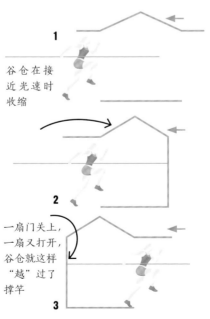

静止观察者参考系

撑竿是谷仓的两倍长

1

当它接近光速时，撑竿会收缩，所以它可以被装进封闭的谷仓里

2

3

撑竿跳高运动员参考系

谷仓在接近光速时收缩

1

2

一扇门关上，一扇门又打开，谷仓就这样"越"过了撑竿

3

当物体接近光速时，其周围的空间就会收缩。一个静止的观察者看着撑竿到达谷仓，会看到它收缩，进入谷仓。对于撑竿跳高运动员来说，谷仓缩小了，但因为门不是同时开和关的，所以撑竿可以通过谷仓。

保罗·朗之万

保罗·朗之万于1872年1月23日出生在巴黎。在法国首都学习科学之后，他来到英国，跟随J. J. 汤姆孙在剑桥大学卡文迪许实验室学习。1902年，他回到巴黎，在索邦大学获得物理学博士学位。1904年，他成为法兰西公学院的物理学教授，1926年成为物理和化学学院的院长。他于1934年当选为法国科学院院士。

朗之万最为人所知的成就是他在磁学方面的研究，但他也借鉴了皮埃尔·居里（Pierre Curie）在第一次世界大战结束时的成果，设计了一种利用回声定位找到潜艇的方法。他还帮助在法国传播爱因斯坦的理论。20世纪30年代，他因反对法西斯主义而被法国维希政府逮捕，在第二次世界大战的大部分时间里被软禁。朗之万于1946年12月19日去世，享年74岁。

主要作品

1908年 《论布朗运动理论》
1911年 《时空的演变》

恒星与生命的演化

质量和能量

背景介绍

关键人物
亚瑟·爱丁顿（1882—1944）

此前
1905年 阿尔伯特·爱因斯坦首次提出质能等价性，初始方程为 L/V^2。

1916年 阿尔伯特·爱因斯坦发表了以方程 $E = mc^2$ 为标题的著名文章。

此后
1939年 出生于德国的物理学家汉斯·贝特对为太阳等恒星提供能量的氢聚变链进行了详细分析。

1942年 世界上第一个核反应堆芝加哥堆1号（CP-1）在美国芝加哥建成。

1945年 美国军队在新墨西哥州进行了首次核试验。

2008年 世界上最大的粒子加速器——位于欧洲核子研究中心的大型强子对撞机（LHC）投入使用。

多年来，著名的方程 $E = mc^2$ 出现了各种各样的形式，它对物理学的影响怎么说都不过分。它是由阿尔伯特·爱因斯坦在1905年提出的，与质能等价性有关——能量（E）等于质量（m）乘以光速的平方（c^2）。根据爱因斯坦的相对论，这个方程可以用来计算给定质量产生的能量，以及计算在核反应中发生的任何变化。

链式反应

爱因斯坦的方程表明，质量和能量之间以一种以前被认为不可能的方式联系在一起，微小的质量损失可能伴随着巨大的能量释放。这一发现的主要意义之一是理解恒星如何产生能量。在20世纪初英

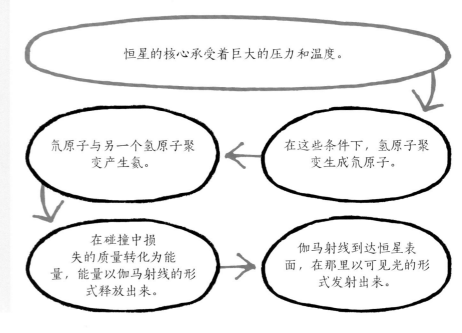

恒星的核心承受着巨大的压力和温度。

在这些条件下，氢原子聚变生成氦原子。

氘原子与另一个氢原子聚变产生氦。

在碰撞中损失的质量转化为能量，能量以伽马射线的形式释放出来。

伽马射线到达恒星表面，在那里以可见光的形式发射出来。

参见：能量和运动 56~57页，来自原子的光 196~199页，核武器和核能 248~251页，光速 275页，狭义相对论 276~279页。

国物理学家亚瑟·爱丁顿（Arthur Eddington）的开创性工作出现之前，科学家一直无法解释像太阳这样的恒星是如何发出如此明亮的辐射的。

当一个不稳定的（放射性）原子被另一个粒子（如中子）撞击时，它会分裂成新的粒子。这些粒子可以撞击其他原子引发链式反应，每次碰撞中损失的一些质量会转化为新的粒子，其余的则以能量的形式释放出来。1920年，爱丁顿提出，恒星内部的某些元素可能正在经历类似的过程来产生能量。

核反应

爱丁顿提出，恒星将氢转化为氦和其他更重的元素——这个过程现在被称为核聚变——这可以解释它们的能量输出（恒星产生的可见光）。利用爱因斯坦的方程，他描述了恒星核心的高温和高压是如何使核反应发生、消耗质量并释放能量的。

今天，关于质量如何转化为能量的知识，使物理学家能够在核反应堆中复现这一过程。核反应堆利用核裂变的过程——使一个重原子分裂成两个较轻的原子。核裂变还促进了原子弹的出现，原子弹中发生了不可阻挡的链式反应，释放出巨大而又致命的能量。大型强子对撞机等粒子加速器依靠爱因斯坦的方程使粒子碰撞在一起并产生新的粒子。碰撞时的能量越大，产生粒子的质量就越大。物理学家现在正试图重现核聚变的过程，核聚变产生的能量比核裂变的更多，但它所需的条件极为严苛，以至于很难复制。人们希望在未来几十年里，核聚变可以成为地球上可行的能源来源。■

太阳在核聚变过程中将氢转化为氦，释放出大量的能量。太阳含有足够的氢，足以让它在接下来的50亿年里继续发光。

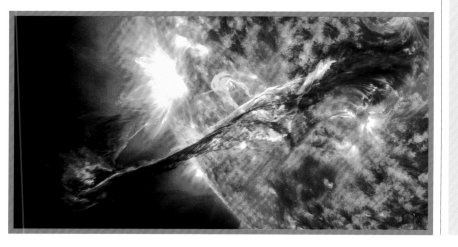

亚瑟·爱丁顿

亚瑟·爱丁顿于1882年出生在英国威斯特摩兰（现在的坎布里亚郡）。他先后在曼彻斯特大学和剑桥大学三一学院学习。1906—1913年，他是格林尼治皇家天文台的首席助理。爱丁顿的父母是贵格会教徒，所以他在第一次世界大战期间是一个和平主义者。从1914年开始，他对科学做出了重要贡献，并且是第一个用英语阐述爱因斯坦相对论的人。1919年，他前往非洲西海岸以外的普林西比岛观测日食，并在此过程中证明了引力透镜（爱因斯坦广义相对论中预言的大质量使光弯曲）的观点。他发表了关于引力、时空和相对论的文章，并在1926年发表了关于恒星核聚变的杰作。他于1944年去世。

主要作品

1923年 《相对论的数学理论》
1926年 《恒星的内部结构》

时空终结之地

黑洞和虫洞

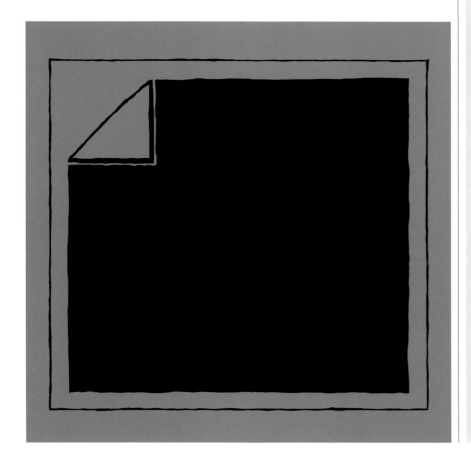

背景介绍

关键人物
卡尔·史瓦西（1873—1916）

此前
1784年 约翰·米歇尔提出了"暗星"的想法，暗星用其强烈的引力捕获光。

1796年 法国学者皮埃尔·西蒙·拉普拉斯预测宇宙中存在巨大的看不见的物体。

此后
1931年 印裔美国天体物理学家苏布拉马尼扬·钱德拉塞卡提出了黑洞形成的质量极限。

1971年 第一个黑洞天鹅座X-1在银河系中被间接发现。

2019年 一个全球天文学家团队揭示了第一张黑洞照片。

参见： 自由落体 32~35页，万有引力定律 46~51页，粒子和波 212~215页，从经典力学到狭义相对论 274页，狭义相对论 276~279页，弯曲时空 280页，等效原理 281页，引力波 312~315页。

物体的引力质量会弯曲时空。

如果一个物体被压缩到某一点以上，它就会变成黑洞。这个点是史瓦西半径（事件视界的半径）。

黑洞或奇点的引力将时空弯曲到如此程度，以至于没有任何东西能逃脱它——连光也不能。

没有人知道在黑洞的边界或视界之外会发生什么。

黑洞和虫洞的概念已经被讨论了几个世纪，但直到最近科学家才开始了解它们，以及随之而来的更广阔的宇宙。今天，科学家开始意识到黑洞是多么令人印象深刻，甚至成功拍摄到了一张黑洞的照片——这是黑洞存在无可争议的证据。

英国牧师约翰·米歇尔（John Michell）是第一个想到黑洞的人，他在18世纪80年代提出，可能存在引力非常大的恒星，以至于任何东西，甚至光，都无法逃脱。他称这些恒星为"暗星"，并表示，虽然它们本质上是看不见的，但在理论上，应该可以看到它们对其他物体的引力效应。

然而，1803年，英国物理学家托马斯·杨证明了光是一种波，而不是粒子，这促使科学家开始质疑光是否会受到引力的影响。1915年，爱因斯坦提出了他的广义相对论，并提出光本身可以被物体的质量弯曲。

无处可逃

第二年，德国物理学家卡尔·史瓦西将爱因斯坦的想法发挥到了极致。他认为，如果质量足够浓密，就会产生一个连光都无法逃脱的引力场，其边缘就是所谓的视界。与米歇尔的"暗星"想法类似，这后来被称为黑洞。

史瓦西提出了一个方程，使他能够计算出任何给定质量的史瓦西半径（事件视界的半径）。如果一个物体被压缩到一个密度非常大的体积，那么在这个半径内，它将弯曲时空，使任何东西都无法逃脱它的引力——它将坍缩成一个奇点，或黑洞的中心。然而，史瓦西并不认为奇点真的存在。他认为这是一个理论上的点，在这个点上，某些性质（在黑洞的例子中，就是物质的密度）是无限的。

即便如此，史瓦西的工作表明，黑洞在数学上是存在的，这是许多科学家认为不可能的。如今的天文学家使用他的方程来估计黑洞的质量，尽管不是很精确，因为它们的旋转和电荷无法被考虑在内。早在20世纪初，史瓦西的发现便让科学家开始思考在黑洞附近甚至内部可能发生什么。

质量极限

一个重要的因素是弄清楚黑洞是如何形成的，这是苏布拉马

大质量恒星的最终命运是在视界后坍缩，形成一个包含奇点的'黑洞'。

斯蒂芬·霍金

黑洞

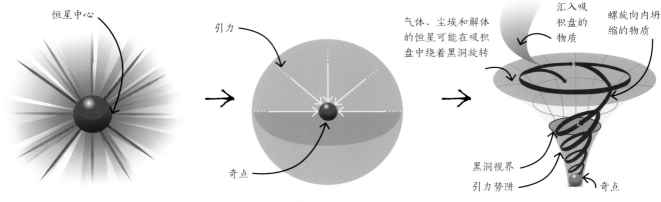

当一颗大质量恒星死亡时，它会坍缩，无法抵抗自身重力的挤压力。这导致了超新星爆发，恒星的外层被炸向太空。

如果超新星爆发后剩下的核心仍然是大质量的（超过太阳质量的1.4倍），那么它就会继续坍缩，在自身的重量下坍缩成一个密度无穷大的点——奇点。

奇点的密度如此之大，以至于它弯曲了周围的时空，甚至连光都无法逃脱。这个黑洞在二维空间中被描绘成一个无限深的洞，称为引力势阱。

尼扬·钱德拉塞卡（Subrahmanyan Chandrasekhar）在1931年提出的。他利用爱因斯坦的狭义相对论证明了存在质量极限，在质量极限以下，一颗恒星在生命结束时将坍缩成一颗稳定的、密度更小的恒星，即白矮星。如果恒星的剩余质量超过这个极限（钱德拉塞卡计算的是太阳质量的1.4倍），它将进一步坍缩，成为一颗中子星或一个黑洞。

1939年，美国物理学家J. 罗伯特·奥本海默和哈特兰·斯奈德（Hartland Snyder）提出了一种更现代的黑洞理论。他们描述了史瓦西所设想的那种天体如何只能通过其引力影响才能被探测到。其他人已经考虑了黑洞内部可能发生的奇特物理现象，包括比利时天文学家乔治·勒梅特（Georges Lemaître）。他的"爱丽丝和鲍勃"思想实验假设，如果鲍勃目

睹爱丽丝坠入黑洞，她会在黑洞的边缘——被称为事件视界的无形边界——看起来被冻结了，但当她落入黑洞的边界时，她会经历完全不同的事情。

直到1964年，下一个重大进展才出现，当时英国物理学家罗杰·彭罗斯（Roger Penrose）提出，如果一颗恒星以足够的力量内爆，它总会产生像史瓦西提出的那种奇点。三年后，"黑洞"一词在美国物理学家约翰·惠勒（John Wheeler）的一次演讲中诞生。他提出了一个术语来描述时空中的理论隧道，就是"虫洞"。

现在，许多物理学家在考虑虫洞的想法。"白洞"的概念——在这个概念中，视界不会阻止光线逃逸，而是会阻止光线进入——发展成了黑洞和白洞可以联系在一起的观点。有人提出，利用具有负能量密度和负压的奇异物质，信息可

以通过虫洞从一端传递到另一端，可能是在一个黑洞和一个白洞之间，甚至是两个黑洞之间，跨越巨大的空间和时间距离。

然而，在现实中，虫洞的存在仍然值得怀疑。尽管科学家认为虫洞可能发生在微观层面，但迄今为止，绘制更大图景的尝试都没有成功。尽管如此，虫洞的概念今天仍然存在——人类轻松地穿越宇宙中很远距离的模糊可能性也依然存在。

寻找证据

虽然理论层出不穷，但还没有人能够探测到黑洞，更不用说虫洞了。但在1971年，天文学家在天鹅座观测到一种奇怪的X射线源。他们认为，这些来自天鹅座X-1的X射线是一颗明亮的蓝色恒星被一个巨大而又黑暗的物体撕裂的结果。天文学家终于看到了他们的

第一个黑洞，不是通过直接观察，而是通过观察它对附近物体的影响。从那时起，黑洞理论开始流行起来。物理学家对黑洞的行为提出了新颖的想法，其中包括斯蒂芬·霍金（Stephen Hawking），他在1974年提出了黑洞可能会发射粒子（现在被称为霍金辐射）的想法。他提出，黑洞的强引力可以产生成对的粒子和反粒子，这被认为是在量子世界中发生的事情。粒子-反粒子对中的一个会被拉入黑洞，另一个则会逃脱，带着有关视界的信息。视界是一种奇特的边界，任何质量或光都无法逃脱。

超大质量黑洞

人们还想象了不同形状和大小的黑洞。恒星黑洞，如天鹅座X-1，被认为含有大约10到100倍太阳质量的物质，这些物质被压缩在几十千米宽的区域。但也有人认为，黑洞可以合并成一个超大质量的黑洞，在一个直径数百万千米的区域内，包含数百万甚至数十亿倍太阳质量的物质。

几乎每个星系都被认为在其核心处有一个超大质量黑洞，可能被一个由过热的尘埃和气体组成的旋转吸积盘包围，即使在很远的距离也能被看到。在位于银河系中心的超大质量黑洞周围，天文学家看到了他们认为围绕它运行的恒星——这正是米歇尔在18世纪提出的观点。

黑洞理论历史上最伟大的时刻是在2019年4月，当时来自一个名为事件视界望远镜（EHT）的国际合作项目的天文学家展示了第一张黑洞照片。他们利用世界各地的多个望远镜创建了一个虚拟的超级望远镜，能够拍摄到梅西耶87星系中的超大质量黑洞，该星系距离地球约5300万光年。这张照片符合所有预测，一圈光围绕着一个黑暗的中心。

当宇宙在数万亿年后走向终结时，人们认为随着熵（宇宙中无法利用的能量）的增加，黑洞将成为宇宙中唯一残存的物体。最终，黑洞也会慢慢蒸发消失。■

在这幅图中，天鹅座X-1正将蓝色伴星上的物质拉向它。这些物质形成了一个围绕黑洞旋转的红色和橙色圆盘。

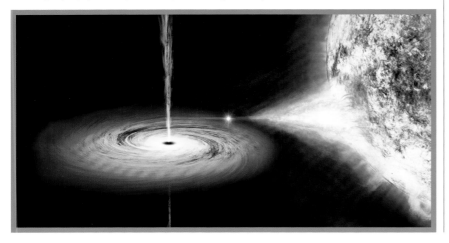

卡尔·史瓦西

卡尔·史瓦西于1873年出生在德国法兰克福，他在16岁时就发表了一篇有关天体轨道的论文，显示了在科学方面的天赋。1901年，他成为哥廷根大学的教授，1909年成为波茨坦天体物理天文台的主任。

史瓦西对科学的主要贡献之一是1916年他根据广义相对论首次提出了爱因斯坦引力方程的解。他证明，质量足够大的物体的逃逸速度（摆脱引力所需的速度）会高于光速。这是理解黑洞的第一步，并最终催生了视界的概念。史瓦西于1916年由于自身免疫病不幸去世。

主要作品

1916年 《关于爱因斯坦理论后的质点引力场》

已知宇宙的边界

探寻河外星系

背景介绍

关键人物
亨丽爱塔·斯旺·勒维特
（1868—1921）
埃德温·哈勃（1889—1953）

此前
964年 波斯天文学家阿卜杜勒-拉赫曼·苏菲是第一个观察仙女座的人，尽管他没有意识到它是另一个星系。

1610年 伽利略·伽利雷用望远镜观测银河系后，提出银河系是由许多恒星组成的。

此后
1953年 法国天文学家热拉尔·佛科留斯发现靠近地球的星系是超星系团的一部分，该超星系团被称为室女星系团。

2016年 美国天体物理学家克里斯托弗·康塞利斯领导的一项研究揭示，已知宇宙至少包含2万亿个星系。

参见： 多普勒效应和红移 188~191页，宇宙模型 272~273页，静态或膨胀的宇宙 294~295页。

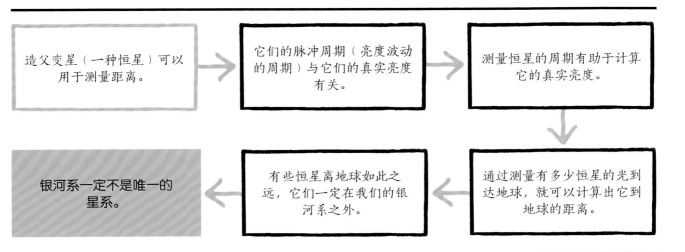

造父变星（一种恒星）可以用于测量距离。 → 它们的脉冲周期（亮度波动的周期）与它们的真实亮度有关。 → 测量恒星的周期有助于计算它的真实亮度。

银河系一定不是唯一的星系。 ← 有些恒星离地球如此之远，它们一定在我们的银河系之外。 ← 通过测量有多少恒星的光到达地球，就可以计算出它到地球的距离。

哥白尼的日心说宇宙模型于1543年发表，该模型将太阳而非地球置于宇宙的中心。在此之后，对宇宙大小和结构的进一步研究进展甚微。近400年后，天体物理学家才意识到，太阳不仅不是哥白尼认为的宇宙中心，它甚至不是我们银河系的中心。

20世纪20年代，埃德温·哈勃发现银河系只是宇宙众多星系中的一个，这标志着天文学知识的重大飞跃。这一飞跃的关键是美国天文学家亨丽爱塔·斯旺·勒维特（Henrietta Swan Leavitt）在1908年的工作使测量空间距离的新方法成为可能。

确定距离

20世纪初，要测定一颗恒星与地球之间的距离并非易事。对于在银河系内的天体，天文学家可以使用视差法来测量天体之间的距离，这一过程使用了基础的三角学。例如，通过测量地球运行到绕太阳公转轨道两侧时对某一目标天体的视线角度，天文学家可以计算出这两条视线的交会角度，从而得出该天体到地球的距离。然而，对于超过100光年的距离及银河系外的天体，视差法就显得不够精确了。20世纪初的天文学家需要另一种方法。

当时，勒维特在哈佛大学天文台担任"计算员"，这是当时对数据处理人员的称呼。哈佛天文台由爱德华·查尔斯·皮克林（Edward Charles Pickering）管理，他委托勒维特测量一组显示麦哲伦云的摄影板上恒星的亮度。如今我们知道，麦哲伦云是银河系外的小型星系。

在研究过程中，勒维特发现

造父变星的脉动——在一个有规律的周期内膨胀和收缩——导致不同的温度和亮度。天文学家可以在光变曲线上画出它们随时间变化的亮度。

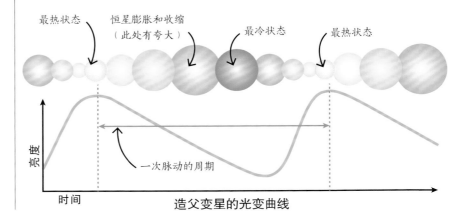

造父变星的光变曲线

> 由于造父变星与地球的距离几乎相同，所以它们的周期显然与它们实际发出的光有关。
>
> 亨丽爱塔·斯旺·勒维特

了一类非常明亮的恒星，称为造父变星，它们的光度随着脉动而波动。这些恒星中的每一颗都以规律的循环或周期脉动，这取决于恒星内部的物理变化。由于受到引力的压缩，恒星变得更小、更不透明，并且随着恒星内部捕获的光能开始积聚，恒星的温度逐渐升高。最终，极端的高温导致外层气体膨胀，恒星变得更加透明，允许光通

过。然而，随着恒星的膨胀，它也会变得更冷，最终引力再次超过膨胀向外的压力，恒星再次收缩，于是整个过程反复进行。

勒维特注意到，恒星的脉动周期在2天到60天之间变化，最亮的恒星在其最大光度上保持的时间更长。因为所有的恒星都在麦哲伦云中，所以勒维特知道，恒星光度之间的任何差异都源于它们的固有亮度，而不是它们离地球有多远。

新工具

勒维特在1912年发表了她的发现，她绘制了一张图表，展示了25个造父变星的周期，显示了它们的真实亮度，以及它们从地球上看起来的亮度，即它们的表观光度（视光度）。勒维特的发现的意义在于，一旦用视差计算出一个造父变星的距离，就可以通过将其周期可确定的真实亮度和表观光度进行比较的方法，来计算出在视差范围之外的恒星中具有可比周期的造父变星的距离。

之后的一年内，丹麦天文学家埃希纳·赫茨普龙创造了造父变星的光度尺度。这些恒星被指定为"标准烛光"——计算物体宇宙距离的基准。在接下来的十年里，其他天文学家开始利用勒维特和赫茨普龙的成果来计算恒星的距离。

埃德温·哈勃使用的是位于美国加利福尼亚州威尔逊山天文台2.5米的胡克望远镜。1924年，哈勃宣布他用它看到了银河系之外的东西。

哈勃空间望远镜拍摄的一张照片显示了造父变星船尾座RS，它有一种被称为光回声的现象——当来自恒星的光被宇宙尘埃云反射时产生的现象。

大辩论

使用造父变星并不是确定距离的完美方法——它不能考虑吸收光的宇宙尘埃，这会扭曲表观光度。然而，这一方法却使我们对宇宙的理解发生了根本性的变化。1920年，美国国家科学院就宇宙的性质和范围举行了一场辩论。美国天文学家希伯·柯蒂斯（Heber Curtis）和哈罗·沙普利（Harlow Shapley）在大辩论中对其他星系的存在与否进行了辩论。沙普利断言，银河系是一个单一的星系，像仙女座这样的"螺旋状星云"（螺旋状的恒星聚集）是我们银河系的气体云，他认为银河系比大多数天文学家想象的要大得多。他认为，如果仙女座是一个独立的星系，那么它与地球的距离将太大而令人无法接受。他还主张，太阳不在银河系的中心，而是在银河系的外围。

柯蒂斯则认为螺旋星云是独

立的星系。他的论点之一是，这些星云中的爆炸恒星（称为新星）看起来与我们银河系中的恒星相似，而且在某些位置（如仙女座），爆炸恒星的数量要比其他位置大得多。这表明存在更多的恒星，并暗示存在独立的星系，他称之为岛屿宇宙。与此同时，柯蒂斯将太阳置于银河系的中心。

正如柯蒂斯关于太阳在银河系中的位置的错误理论一样，这场大辩论证明了100年前我们对宇宙的理解是多么的不完整。（沙普利关于太阳位于银河系外边缘的理论几乎是正确的。）

哈勃的突破

1924年，美国天文学家埃德温·哈勃用造父变星进行了一些测量，解决了柯蒂斯和沙普利的争论。在大辩论中，沙普利推测银河系大约有30万光年宽，比柯蒂斯估计的3万光年大10倍。哈勃利用他在仙女座中发现的造父变星，计算出仙女座在90万光年之外（现在修

> 勒维特小姐于1921年12月12日去世，天文台失去了一位最有价值的研究者。
>
> 沙普利

正为250万光年）——远远超出了柯蒂斯和沙普利对银河系感知大小的估计。因此，在这一点上，柯蒂斯是正确的。哈勃的计算证明，不仅银河系比我们想象的要大得多，而且仙女座根本不是一个星云，而是另一个星系。这是第一次发现已知的银河系之外的星系。

扩张和碰撞

勒维特的工作使哈勃的发现成为可能，并最终使人们认识到，

银河系只是众多星系中的一个，每个星系都包含数百万到数千亿颗恒星。据估计，宇宙中至少有2万亿个星系，第一个星系是在138亿年前宇宙大爆炸之后的几亿年形成的。

1929年，哈勃还发现宇宙似乎在膨胀，几乎所有的星系都在彼此远离，距离越远，速度越快。一个值得注意的例外是仙女座，目前已知它正以每秒110千米的速度向我们的星系移动。与它的距离相比，这是相对缓慢的，但这意味着在大约45亿年后，银河系和仙女座将碰撞并形成一个星系，天体物理学家给这个星系取了个绰号"银河仙女星系"（Milkomeda）。然而，这一事件不会太引人注目：即使两个星系合并，任何两颗恒星都不太可能发生碰撞。■

亨丽爱塔·斯旺·勒维特

勒维特于1868年出生在美国马萨诸塞州的兰开斯特，在进入位于马萨诸塞州剑桥市的女子学院指导协会（现为拉德克利夫学院）之前，她曾就读于俄亥俄州的奥伯林学院。在上了天文学课程后，她对天文学产生了兴趣。大约在同一时期，一种疾病导致她听力丧失。

1892年毕业后，勒维特在哈佛天文台工作，随后由美国天文学家爱德华·查尔斯·皮克林领导。她加入了一个被称为"计算员"的女性组织，该组织的任务是研究恒星的照片底片。起初，她没有工资，但后来她每小时可得到30美分。作为她工作的一部分，她发现了2400颗变星，并在此过程中发现了造父变星。勒维特于1921年因癌症离世。

主要作品

1908年 《麦哲伦云中的1777个变星》

1912年 《小麦哲伦云中25颗变星的周期》

宇宙的未来

静止或膨胀的宇宙

阿尔伯特·爱因斯坦在1915年提出广义相对论时，存在一个问题。他坚持认为宇宙是静止的，是永恒的，但根据他的计算，宇宙最终会因引力而坍缩。为了解决这个问题，爱因斯坦提出了宇宙学常数的概念，用希腊字母lambda（Λ）表示，这是空间中"真空能量"的量度。

爱因斯坦的广义相对论提出了一套"场方程"，表明时空的曲率与通过它的质量和能量是如何相关的。但当他将这些方程应用于宇宙时，他发现宇宙要么在膨胀，要么在收缩——他认为这两种情况都不可能成立。

相反，爱因斯坦相信宇宙是永恒的，并在方程中加入了他的"宇宙学项"（现在称为宇宙学常数）。这使宇宙能够克服引力的影响，并保持静止，而不是坍缩。

1922年，俄罗斯数学家亚历山大·弗里德曼得出了一个不同的结论。他证明了宇宙是均匀的：无论你在宇宙中什么地方，无论你从哪个方向看，它都是相同的，所以宇宙不可能是静止的。所有的星系都在彼此远离，但取决于你所在的

宇宙有三种可能的未来。

 宇宙是静止的——它将停止膨胀，永远不会收缩。

 宇宙是封闭的，最终会坍缩。

 宇宙是开放的，并将永远膨胀下去——这是当前的理论。

参见：从经典力学到狭义相对论 274页，弯曲时空 280页，质量和能量 284~285页，大爆炸 296~301页，暗能量 306~307页。

宇宙的形状

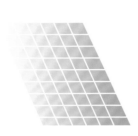  

如果宇宙的密度与一个临界值完全相同，那么它就是平坦的。在平坦的宇宙中，平行线永不相交。这个模型的二维类比是一个平面。

如果宇宙的密度大于一个临界值，那么它就是正弯曲的或"封闭的"，并且在质量和范围上是有限的。二维的类比是平行线汇聚的球面。

如果宇宙的密度小于一个临界值，那么它就是负弯曲的或"开放的"，因此是无限的。二维的类比是一个鞍形的表面，平行线在那里发散。

星系，所有其他星系也会远离你。因此，你可能会认为你位于宇宙的中心——但其他星系中的任何其他观察者也会这样认为。

宇宙模型

根据研究结果，弗里德曼提出了三种宇宙模型，根据宇宙数常数的值而变化。第一种模型是，引力会导致宇宙膨胀减缓，最终逆转并以"大收缩"告终。第二种模型是，一旦膨胀停止，宇宙就会变得静止。第三种模型是，膨胀将以越来越快的速度永远持续下去。尽管爱因斯坦最初嘲笑弗里德曼的想法，但一年后（1924年）他就接受了这些想法。然而，直到1931年，他才真正接受了宇宙正在膨胀的观点——这比美国天文学家埃德温·哈勃提出宇宙确实在膨胀的证据晚了两年。哈勃已经注意到遥远星系的红移，这可以用来测量遥远物体的距离。他发现，距离较远的星系比距离较近的星系移动得更快，这证明了宇宙本身正在膨胀。

在哈勃的发现之后，关于宇宙学常数的观点被认为是爱因斯坦的错误。然而，1998年，科学家发现宇宙正在加速膨胀。宇宙学常数成为理解暗能量的关键，这使得这个术语被重新引入。■

亚历山大·弗里德曼

亚历山大·弗里德曼于1888年出生在俄罗斯圣彼得堡。他的父亲是一名芭蕾舞演员，母亲是一名钢琴家。1906年，弗里德曼被圣彼得堡州立大学录取，学习数学。在那里，他还致力于研究量子理论和相对论，并于1914年获得了纯数学和应用数学硕士学位。1920年，弗里德曼开始基于爱因斯坦的广义相对论进行研究。他利用爱因斯坦的场方程，提出了自己的动态宇宙观点，与爱因斯坦认为宇宙是静止的观点相反。1925年，弗里德曼被任命为列宁格勒主要地球物理观测站的主任，但在那一年晚些时候，他由于伤寒离世，年仅37岁。

主要作品

1922年 《论空间的曲率》
1924年 《关于空间负曲率恒定世界的可能性》

在创世之初爆炸的宇宙蛋

大爆炸

背景介绍

关键人物

乔治·勒梅特（1894—1966）

此前

1610年 约翰尼斯·开普勒推测宇宙是有限的，因为夜空是黑暗的，而不是由无数的星星照亮的。

1687年 艾萨克·牛顿的运动定律解释了万物在宇宙中的运动。

1929年 埃德温·哈勃发现所有星系都在彼此远离。

此后

1998年 天文学家宣布宇宙膨胀正在加速。

2003年 美国航空航天局的威尔金森微波各向异性探测器（WMAP）通过绘制天空中微小的温度波动图，发现了暴胀（大爆炸后爆发的膨胀）的证据。

乔治·勒梅特用数学来证明爱因斯坦的广义相对论意味着宇宙一定在膨胀。

哈勃提供了一些实验证据，证明星系在不断分离，而那些离得最远的星系移动得最快。

宇宙一定是从一个点开始的——这个点就是勒梅特所说的"原始原子"。

宇宙微波背景辐射显示了大爆炸后残余的热量，表明大爆炸确实发生过。

两千多年来，最伟大的思想家一直在思考宇宙的起源，以及我们在宇宙中的位置。几个世纪以来，许多人相信某种神创造了宇宙，地球是它的中心，所有的恒星都围绕着地球运行。很少有人怀疑地球甚至不是太阳系的中心，而太阳本身只是宇宙中数千亿颗恒星中的一颗。今天关于宇宙起源的理论可以追溯到20世纪30年代早期，当时比利时天文学家乔治·勒梅特首次提出了现在被称为大爆炸的理论。

勒梅特的宇宙蛋

1927年，勒梅特提出宇宙正在膨胀；四年后，他发展了这个想法，解释说膨胀是在有限的时间之

乔治·勒梅特

乔治·勒梅特于1894年出生在比利时沙勒罗瓦，在第一次世界大战中作为炮兵军官服役，之后进入神学院，并于1923年被任命为牧师。他在英国剑桥大学的太阳物理实验室学习了一年，于1924年加入美国麻省理工学院。1928年，他成为比利时鲁汶天主教大学的天体物理学教授。勒梅特熟悉埃德温·哈勃和其他讨论宇宙膨胀的人的作品，并在1927年发表了发展这一观点的作品。勒梅特最为人所知的理论——宇宙是从单一点开始膨胀的——最初被摒弃，但最终在1966年他去世前不久被证明是正确的。

主要作品

1927年 《关于宇宙演化的讨论》
1931年 《原始原子假说》

参见：多普勒效应和红移 188~191页，超越可见光 202~203页，反物质 246页，粒子加速器 252~255页，物质-反物质不对称性 264页，静态或膨胀的宇宙 294~295页，暗能量 306~307页。

前从他所谓的"原始原子"或"宇宙蛋"的一个点开始的。勒梅特是一名牧师，他不认为这种想法与他的信仰有冲突：他宣称自己对从宗教和科学确定性的角度寻求真理有着同样的兴趣。他的宇宙膨胀理论部分源于爱因斯坦的广义相对论，但爱因斯坦因为缺乏大尺度运动的证据而摒弃了膨胀或收缩的观点。早些时候，爱因斯坦在广义相对论的场方程中加入了宇宙学常数，以确保得到一个静止的宇宙。然而，1929年，美国天文学家埃德温·哈勃的一项发现支持了宇宙膨胀的观点。通过观察物体远离地球时光线的变化，即所谓的红移，哈勃可以计算出星系远离地球的速度和距离。所有的星系似乎都在远离地球，离得最远的星系移动得最快。勒梅特似乎走上了正确的道路。

稳态模型

尽管有这些证据，但哈勃和勒梅特仍然面临着来自稳态理论的激烈竞争。在稳态模型中，宇宙一直存在。随着星系的漂移，物质在星系之间的空间中不断地形成，而物质和能量的不断产生——以每30万年每立方米一个氢粒子的速

> 在我看来，通向真理的道路有两条，我决定两条都走。
>
> 乔治·勒梅特

度——保持了宇宙的平衡。氢会形成恒星，从而产生更重的元素，然后是行星、更多的恒星和星系。这一观点得到了英国天文学家弗雷德·霍伊尔（Fred Hoyle）的支持。1949年，霍伊尔在电台上嘲笑与之竞争的哈勃和勒梅特的理论是"大爆炸"。这个朗朗上口的名字被用来描述如今被广泛接受的观点。

余热

乌克兰物理学家乔治·伽莫夫和美国宇宙学家拉尔夫·阿尔法（Ralph Alpher）发表了《化学元素的起源》一文，解释了"原始原子"爆炸后的情况和粒子在宇宙中的分布。这篇论文准确地预测了宇宙微波背景辐射（CMBR）——宇宙大爆炸后的残余热量。1964年，阿诺·彭齐亚斯（Arno Penzias）和罗伯特·威尔逊（Robert Wilson）在尝试使用大型天线进行射电天文学研究时，偶然发现了宇宙微波背景辐射。

宇宙微波背景辐射的存在几乎排除了稳态理论。它指出了宇宙历史上一个更热的时期，物质聚集在一起形成了星系，这表明宇宙并不总是一样的。

宇宙明显的膨胀和星系曾经紧密地聚集在一起的事实向稳态理论家提出了一个问题，他们相信宇宙中物质的密度是恒定的，不随距

大爆炸最好的证据是宇宙微波背景辐射，右图为美国航空航天局WMAP探测器于2003年至2006年拍摄的宇宙微波背景辐射温度微小波动的全天图像。从深蓝色（冷）到红色（热）的变化与早期宇宙密度的变化相对应。

离和时间变化。后来有人试图将稳态理论与宇宙微波背景辐射及其他发现相统一，但收效甚微。大爆炸理论现在是解释宇宙起源最杰出的理论。

元初宇宙

尽管大爆炸理论无法描述138亿年前宇宙形成的确切时刻，也无法描述在它之前发生了什么（如果有的话），但发现宇宙微波背景辐射被证明是至关重要的，因为它有助于绘制一幅宇宙可能进化的图景。

美国物理学家艾伦·古斯（Alan Guth）是20世纪后半叶发展大爆炸理论的宇宙学家之一。1980年，他提出宇宙暴胀发生在宇宙形成的瞬间（10^{-35}秒）。从最初无限热和无限稠密的"奇点"起，宇宙开始以超过光速的速度膨胀。古斯的理论虽然还未被证实，但它有助于解释为什么宇宙会冷却，以及为什么宇宙看起来是均匀的——物质和能量是均匀分布的。

物理学家认为，大爆炸之后，宇宙是纯能量，四种基本力（引

> 宇宙大爆炸不是空间中的爆炸：它更像是空间的爆炸。
>
> 塔玛拉·戴维斯，澳大利亚天体物理学家

大爆炸理论认为，宇宙是从一个密度无限、温度极高的"奇点"（勒梅特所说的"原始原子"）演化而来的，这个"奇点"迅速膨胀，释放出大量的热量和辐射。

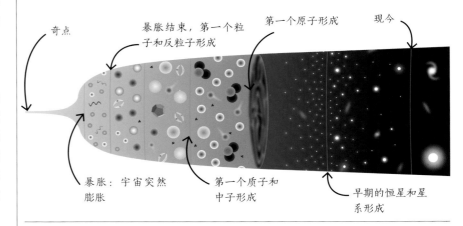

奇点

暴胀结束，第一个粒子和反粒子形成

第一个原子形成

现今

暴胀：宇宙突然膨胀

第一个质子和中子形成

早期的恒星和星系形成

力、电磁力、强相互作用和弱相互作用）是统一的。引力分裂，物质和能量处于可互换的"质能"状态。在膨胀开始时，强大的核力突然消失，形成了大量的质能。光子——充满电磁能量的光粒子——主宰了宇宙。在暴胀接近尾声时，也就是大爆炸后的万亿分之一秒，一个热的夸克-胶子等离子体出现了——一个由粒子和反粒子组成的海洋，在物质和反物质的碰撞中不断以质量交换能量。由于未知的原因，这个过程产生了更多的物质而不是反物质，物质成为宇宙的主要组成部分。在大爆炸后不到一秒的时间里，电磁力和弱相互作用分离，宇宙冷却到足以让夸克和胶子结合在一起，形成复合粒子——质子、中子、反质子和反中子——的程度。在三分钟内，质子-中子碰撞产生了第一个原子核，其中一些聚变成氦原子核和锂原子核。在这些反应中，中子被吸收，而许多自由质子被保留了下来。

不透明转向透明

早期的宇宙是不透明的，并且保持了几十万年。氢原子核几乎占了宇宙总质量的3/4；剩下的是氦原子核及微量的锂原子核和氘原子核。大爆炸后大约38万年，宇宙冷却和膨胀到足以让原子核捕获自由电子，第一个氢原子、氦原子、氘原子和锂原子形成了。光子摆脱了与自由电子和原子核的相互作用，可以像辐射一样在空间中自由移动，宇宙摆脱了它的黑暗时代，变得透明。宇宙微波背景辐射是这个时期的残余光。

恒星和星系的演化

天文学家现在认为，第一批恒星是在宇宙大爆炸后几亿年形成的。随着宇宙变得透明，随着更多的物质从密度较低的区域被拉进来，稠密的中性氢气团在引力的作用下形成并增长。当氢气团达到足以发生核聚变的温度时，最早的恒星就出现了。

为这些恒星建模的物理学家认为，它们是如此巨大、炎热和明亮——大小相当于太阳的30到300倍，亮度是太阳的数百万倍，以至于引发了宇宙的根本变化。它们的紫外线将氢原子重新电离成电子和质子。大约100万年后，当这些寿命相对较短的恒星爆炸成超新星时，它们创造了新的更重的元素，如铀和金。大约在宇宙大爆炸后的10亿年，下一代恒星由于引力聚集在一起，形成了第一个星系，它们包含更重的元素，寿命更长。这些星系开始成长和进化，其中一些相互碰撞，在它们内部创造出越来越多的、各种形状和大小的恒星。在接下来的几十亿年里，随着宇宙的膨胀，星系间的距离越来越远。碰撞减少了，宇宙变得相对稳定，就像今天一样。它包含了数万亿个星系，跨越了数十亿光年，且仍在膨胀。一些科学家相信它会永远膨胀，直到一切都扩散到虚无之中。

> 直到我们穷尽了所有关于声音起源的可能解释，我们才意识到我们发现了一个大问题。
>
> 阿诺·彭齐亚斯

可观测的时间轴

大爆炸理论使科学家对宇宙的起源有了确切的了解，它提供了一个从138亿年前开始的时间轴。关键是，它的大部分预测是可验证的。物理学家可以重现大爆炸发生后的情况，宇宙微波背景辐射则为我们提供了宇宙仅仅38万年时的直接观测数据。■

宇宙微波背景"噪声"

1964年，美国天文学家阿诺·彭齐亚斯（下图右）和罗伯特·威尔逊（下图左）在新泽西州贝尔电话实验室使用霍尔姆德尔霍恩天线工作。这个巨大的喇叭状望远镜被设计用来接收非常敏感的无线电波。这两位天文学家一直在寻找中性氢（HI）——一种含有一个质子和一个电子的氢原子。这种氢在宇宙中很丰富，但在地球上很稀少。他们受到了一种奇怪的背景"噪声"的阻碍。无论他们把天线指向哪里，宇宙都会发送回相当于电视静电的信号。他们首先认为可能是鸟类或线路故障的原因，之后他们咨询了其他天文学家。他们意识到他们正在接收宇宙微波背景辐射，即1948年首次预测的宇宙大爆炸的残余热量。这一重大发现使两人获得了1978年的诺贝尔物理学奖。

哈勃空间望远镜观测到的最远的星系可能是在宇宙大爆炸后大约4亿年形成的。这里显示的是134亿年前的样子。

可见的物质还不够

暗物质

背景介绍

关键人物
弗里茨·兹威基（1898—1974）
维拉·鲁宾（1928—2016）

此前
17世纪　艾萨克·牛顿的万有引力理论让一些人怀疑宇宙中是否存在黑暗物体。

1919年　英国天文学家亚瑟·爱丁顿证明了大质量物体可以扭曲时空和弯曲光线。

1919年　瑞士天文学家弗里茨·兹威基首次提出了暗物质的存在。

此后
20世纪80年代　天文学家发现了更多被认为充满暗物质的星系。

2019年　暗物质的搜索仍在继续，但到目前为止还没有确定的结果。

参见： 科学方法 20~23页，万有引力定律 46~51页，物质模型 68~71页，弯曲时空 280页，质量和能量 284~285页，探寻河外星系 290~293页，暗能量 306~307页，引力波 312~315页。

> 一定有很大的质量让恒星如此快速地绕轨道运行，但我们看不到。我们称这种看不见的物质为暗物质。

维拉·鲁宾

宇宙看起来的样子是没有意义的。从所有可见的物质来看，星系不应该存在——因为没有足够的引力将它们聚集在一起。但宇宙中还是有数万亿个星系，这是怎么回事呢？这个问题困扰了天文学家几十年，解决方案也同样令人烦恼——无法被看到或探测到的物质，它更广为人知的名称是暗物质。宇宙中存在不可见物质的观点可以追溯到17世纪，当时英国科学家牛顿首次提出了他的万有引力理论。大约在这个时候，天文学家便开始怀疑宇宙中是否有不反射光线，但可以通过其引力效应被探测到的黑暗物体。这也促进了黑洞概念的产生，并在19世纪引出了暗星云吸收光而非反射光的概念。

然而，直到20世纪，人们对事物运作方式的理解才有了更大的转变。随着天文学家开始研究越来越多的星系，他们对星系最初是如何存在的产生了越来越多的疑问。从那时起，对神秘暗物质和暗能量

（驱动宇宙膨胀的无形能量）的探索就一直在进行——如今的天文学家正在接近答案。

看不见的宇宙

爱因斯坦的广义相对论是理解引力和暗物质的关键。它表明，光本身可能会被大型物体的引力质量弯曲，而这些物体实际上会弯曲时空。1919年，亚瑟·爱丁顿开始证明爱因斯坦的理论。那年的早些时候，爱丁顿测量了恒星的位置，然后前往非洲西海岸以外的普林西比岛，在日食期间观察了同样的恒星。爱丁顿计算出恒星的位置发生了轻微的变化，因为它们发出的光围绕着巨大质量的太阳发生了弯曲——这种效应现在被称为引力

透镜效应。

十多年后的1933年，弗里茨·兹威基（Fritz Zwicky）有了惊人的发现。他在研究一个名为后发星系团的星系团时，计算出星系团中的星系质量必须远远大于以恒星形式存在的可观测物质的质量，才能将星系团凝聚在一起。这使他推断出宇宙中存在看不见的物质，或"下沉物质"（"暗物质"），将星系团聚集在一起。

其他天文学家开始将同样的方法应用于其他星系和星系团，并得出了同样的结论——没有足够的物质把所有的东西都凝聚在一起。所以，要么是万有引力定律错了，要么就是有什么东西存在，只是他们看不见。它不可能是像暗星云那

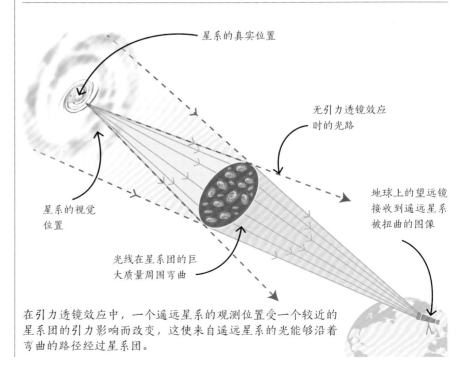

星系的真实位置

无引力透镜效应时的光路

地球上的望远镜接收到遥远星系被扭曲的图像

星系的视觉位置

光线在星系团的巨大质量周围弯曲

在引力透镜效应中，一个遥远星系的观测位置受一个较近的星系团的引力影响而改变，这使来自遥远星系的光能够沿着弯曲的路径经过星系团。

> 在旋涡星系中，暗物质与亮物质的比例约为10:1。对于我们的无知与已识的比例来说，这可能是个不错的数字。
>
> 维拉·鲁宾

样的东西，因为通过它吸收的光，天文学家可以看到暗星云。相反，它必须是完全不同的东西。

星系的旋转

美国天文学家维拉·鲁宾（Vera Rubin）能够阐释这个问题。20世纪70年代末，当鲁宾在华盛顿卡内基研究所工作时，她和她的美国同事肯特·福特（Kent Ford）发现仙女座星系并没有像它应该的那样旋转，他们对此感到十分困惑。通过观察，他们发现星系边缘的运动速度与星系中心的运动速度相同。想象一个溜冰者张开双臂旋转——她的手比她的身体移动得更快。如果溜冰者将手臂收回，随着身体向中心移动，她会旋转得更快。但仙女座星系的情况并非如此。

起初，这两位天文学家并没有意识到他们所看到的现象意味着什么。然而，鲁宾逐渐发现，星系的质量并非集中在中心，而是分散在整个星系。这就解释了为什么整个星系的轨道速度是相似的——最好的解释方法是，是否有一个暗物质的光环围绕着星系并将其聚集在一起。鲁宾和福特间接地发现了不可见宇宙的第一个证据。

捉迷藏

随着鲁宾和福特的发现，天文学家开始重新审视他们看到的宇宙。20世纪80年代，爱丁顿的研究表明大质量可以弯曲时空，在此基础上，人们发现了许多由暗物质引起的引力透镜效应。根据这些数据，天文学家计算出，宇宙中85%

27%
5%
68%

普通物质
暗物质
暗能量

可见物质——构成恒星和行星的原子——只占宇宙的一小部分。宇宙的大部分是由看不见的暗物质和暗能量组成的。

的质量来自暗物质。

20世纪90年代，天文学家注意到宇宙膨胀的一些不寻常之处：它正在加速膨胀。按照他们的理解，引力应该意味着膨胀在某一时刻会减缓。为了解释这一观测结果，天文学家提出了一种叫作暗能量的东西，它占宇宙质能含量的68%。

暗物质和暗能量加在一起，构成了已知宇宙质能的95%，可见物质——可以看到的东西——只占5%。有这么多暗物质和暗能量存在，应该很容易找到。它们被称为暗物质或暗能量是有原因的，然而，目前还没有直接的证据证实它们的存在。

天文学家相当肯定暗物质是某种粒子。他们知道它与引力相互作用，因为他们可以看到它在巨大范围内对星系的影响。但奇怪的是，它似乎与普通物质没有相互作用：如果有，就有可能看到这些相互作用在任何地方发生。相反，天文学家认为暗物质会直接穿过普通物质，因此很难被探测到。

然而，这并没有阻止科学家尝试探测暗物质，他们相信自己离

旋转星系中心的恒星应该运行得比边缘的恒星快。

→

但星系边缘的恒星的移动速度和中心恒星的一样快。

↓

大多数星系似乎被一圈看不见的暗物质所包围，暗物质的引力作用于外部恒星。

←

星系的质量并不集中在星系的中心。

发现真相越来越近了。暗物质的候选粒子之一被称为弱相互作用大质量粒子（WIMP），虽然这样的粒子很难被找到，但从理论上说，它们的存在并非不可能。

伟大的未知

在寻找暗物质的过程中，科学家建造了巨大的探测器，他们在探测器中注入液体，并将其埋入地下。他们的想法是，如果一个暗物质粒子通过了其中一个探测器，它就会留下明显的痕迹——如果暗物质真的存在，那么这会是经常发生的事情。意大利的格兰萨索国家实验室（Gran Sasso National Laboratory）和美国的LZ暗物质实验（LZ Dark Matter Experiment）就是这样的例子。欧洲核子研究中心的物理学家也在试图使用大型强子对撞机（LHC）寻找暗物质，他们搜寻其他粒子在高速碰撞时可能产生的暗物质粒子。然而，到目前为止，还没有发现这样的证据，尽管人们希望未来对大型强子对撞机的升级可能会成功。

今天，对暗物质的搜寻仍在继续，虽然天文学家相当肯定暗物质的存在，但他们对暗物质仍有很多未知之处。目前尚不清楚暗物质是单个粒子还是多个粒子，也不清楚它是否会像普通物质那样受到力的作用。它也可能是由另一种叫作轴子的粒子组成的，轴子比WIMP轻得多。

最终，关于暗物质还有很多东西需要了解，但它显然对天文学产生了重大影响。它的间接发现使天文学家推断出，存在着一个巨大的、看不见的、目前根本无法测量的宇宙，虽然这可能看起来令人生畏，但它也很迷人。未来几年，人们希望暗物质粒子最终能被探测到。然后，就像探测到引力波改变了天文学一样，天文学家将能够探测暗物质并发现它的真面目，进而确切地了解它对宇宙的影响。在那之前，我们依然是在"黑暗"中摸索。 ■

在绘制仙女座星系的质量时，维拉·鲁宾和肯特·福特意识到质量是遍布整个星系的，所以一定有一圈看不见的物质聚集在一起。

维拉·鲁宾

维拉·鲁宾于1928年出生在美国宾夕法尼亚州的费城。她在很小的时候就对天文学产生了兴趣，尽管她的高中老师告诉她要选择一个不同的职业。普林斯顿大学天体物理学研究生项目拒绝了她，因为该项目不招收女性，她后来被康奈尔大学录取。1965年，鲁宾加入了华盛顿卡内基研究所，在那里她选择了一个没有争议的领域——绘制星系质量。她发现质量并不集中在星系的中心，这暗示了暗物质的存在，她因此获得了无数奖项。鲁宾是第一位被允许在帕洛玛天文台进行观测的女性。她于2016年去世。

主要作品

1997年 《亮星系，暗物质》
2006年 《观测仙女座星系中的暗物质》

主宰宇宙的
未知成分

暗能量

背景介绍

关键人物

索尔·珀尔马特（1959— ）

此前

1917年 阿尔伯特·爱因斯坦提出了一个宇宙学常数，以抵消引力并保持宇宙静止。

1929年 埃德温·哈勃发现了宇宙正在膨胀的证据。

1931年 爱因斯坦称宇宙学常数是他"最大的错误"。

此后

2001年 结果表明暗能量可能构成了宇宙质能的很大一部分。

2011年 天文学家在宇宙微波背景辐射（CMBR）中发现了暗能量存在的间接证据。

2013年 暗能量模型得到改进，显示它与爱因斯坦预测的宇宙学常数非常相似。

直到20世纪90年代初，还没有人真正确定宇宙的命运会是什么。一些人认为它会永远膨胀下去，一些人认为它会变得静止，还有一些人认为它会自我瓦解。然而，在1998年，两个美国天体物理学家团队——一个由索尔·珀尔马特（Saul Perlmutter）领导，另一个由布莱恩·施密特（Brian Schmidt）和亚当·利斯（Adam Riess）领导——开始测量宇宙的膨胀率。他们使用强大的望远镜观测到非常遥远的 Ia 型超新星。令他们惊讶的是，他们发现超新星比他们预想

如果一颗白矮星（恒星的残余核心）围绕一颗巨星运行，吸积恒星物质，就可能形成 Ia 型超新星。

↓

Ia 型超新星的亮度是已知的，所以它的视星等（从地球上看到的亮度）表明它离地球有多远。

→

通过测量每颗超新星的亮度和红移，就可以计算出它相对于地球的距离和速度。

↓

来自遥远超新星的光到达地球的时间比预期的要长，所以宇宙膨胀一定在加速。

←

有一种无形的力量在起作用，将宇宙推离。

参见：多普勒效应和红移 188~191页，从经典力学到狭义相对论 274页，质量和能量 284~285页，静态或膨胀的宇宙 294~295页，大爆炸 296~301页，暗物质 302~305页，弦理论 308~311页。

索尔·珀尔马特

索尔·珀尔马特于1959年9月22日出生在美国伊利诺伊州，在宾夕法尼亚州的费城附近长大。他于1981年获得哈佛大学物理学学士学位，1986年获得加利福尼亚大学伯克利分校物理学博士学位。2004年，他被聘为那里的物理学教授。20世纪90年代初，珀尔马特对超新星可以作为标准烛光（已知亮度的物体，可以用来测量空间距离）来测量宇宙膨胀的想法产生了兴趣。为了在大型望远镜上争取时间，他不得不努力工作，他的努力得到了回报，珀尔马特在2011年与布莱恩·施密特和亚当·利斯一起获得了诺贝尔物理学奖。

主要作品

1997年 《一个在宇宙一半年龄时的超新星爆发的发现及其宇宙学意义》

2002年 《遥远的Ia型超新星速率》

的更暗淡，颜色更红，所以超新星一定在更远的地方。这两个团队得出了相同的结论：如果引力是唯一作用在超新星上的力，那么超新星的移动速度要比预期的快，因此宇宙膨胀一定在随着时间的推移而加速。

神秘的力量

这一发现推翻了引力最终会将一切重新拉在一起的观点。很明显，宇宙的整体能量含量必须完全由另一种东西支配——一种恒定的、看不见的力，它的作用与引力相反，并将物质推开。这种神秘的力被命名为暗能量。如果宇宙中存在这样一种能量场，那么珀尔马特、施密特和里斯认为它可以解释膨胀。

阿尔伯特·爱因斯坦在1917年提出了一个类似的概念——宇宙学常数，它是一个抵消引力的值，可以让宇宙保持静止。但当宇宙被证明在膨胀时，爱因斯坦宣布这个常数是个错误，并将它从相对论中删除了。

时至今日，暗能量仍被认为是宇宙膨胀最可能的原因，尽管它从未被直接观测到。然而，2011年，在研究大爆炸的残余热量（宇宙微波背景辐射）时，科学家提出，缺乏大规模宇宙结构暗示了暗能量的存在，暗能量会对抗引力，阻止大规模宇宙结构的形成。天文学家现在相信暗能量构成了宇宙质能的很大一部分（大约68%）。这一发现可能带来重大影响：宇宙有可能继续以不断增长的速度膨胀，直到星系以超过光速的速度移动，最终从我们的视野中消失。每个星系的恒星可能也会相互远离，然后是行星，然后是物质，最终宇宙会在数万亿年后成为一个黑暗而又无尽的虚空。■

如果你对暗能量是什么感到困惑，那你其实并不孤单。

索尔·珀尔马特

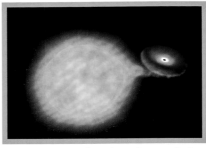

这颗白矮星的引力将物质从附近的一颗巨星上吸走。当它的质量达到目前太阳质量的1.4倍时，就会形成Ia型超新星。

挂毯的线

弦理论

背景介绍

关键人物
莱昂纳德·萨斯坎德（1940— ）

此前

1914年 第五维度的概念被吹捧以解释引力和电磁力是如何协同作用的。

1926年 瑞典物理学家奥斯卡·克莱因提出了额外不可观测维度的观点。

1961年 科学家设计了一种理论，将电磁力和弱相互作用统一起来。

此后

1975年 亚伯拉罕·佩斯和山姆·特雷曼创造了"标准模型"这个术语。

1995年 美国物理学家爱德华·威腾发展了M理论，包括11个维度。

2012年 大型强子对撞机探测到了希格斯玻色子。

参见： 万有引力定律 46~51页，海森堡不确定性原理 220~221页，量子纠缠 222~223页，粒子动物园和夸克 256~257页，作用力载体 258~259页，希格斯玻色子 262~263页，等效原理 281页。

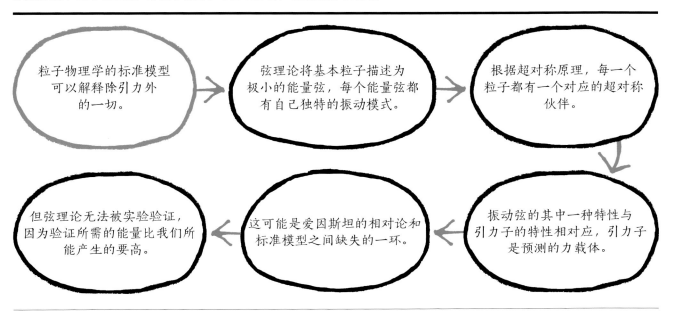

粒子物理学的标准模型可以解释除引力外的一切。

弦理论将基本粒子描述为极小的能量弦，每个能量弦都有自己独特的振动模式。

根据超对称原理，每一个粒子都有一个对应的超对称伙伴。

振动弦的其中一种特性与引力子的特性相对应，引力子是预测的力载体。

这可能是爱因斯坦的相对论和标准模型之间缺失的一环。

但弦理论无法被实验验证，因为验证所需的能量比我们所能产生的要高。

粒子物理学家使用标准模型的理论来解释宇宙。这个模型在20世纪70年代发展起来，描述了构成万物并将宇宙维系在一起的基本粒子和自然力。

然而，标准模型的一个问题是，它不符合爱因斯坦的广义相对论，该理论将引力（四种基本力之一）与空间和时间的结构联系起来，并将它们视为一个四维实体，称为时空。根据广义相对论，标准模型不能与时空曲率调和。另外，量子力学解释了粒子如何在原子尺度的最小层面上相互作用，但不能解释引力。物理学家试图将这两种理论统一起来，但没有成功。问题仍然是，标准模型只能解释四种基本力中的三种。

粒子和力

在粒子物理学中，原子包含着一个由质子和中子组成的原子核，原子核周围环绕着电子。电子——以及组成质子和中子的夸克——都在12种费米子（物质粒子）之中。费米子是最基本的粒子，是宇宙已知的最小的组成部分。费米子又细分为夸克和轻子。除了费米子，还有玻色子（力载体）和四种基本力：电磁力、引力、强相互作用和弱相互作用。不同的玻色子承载着费米子之间不同的力。标准模型允许物理学家描述所谓的希格斯场——一种被认为遍及整个宇宙的能量场。希格斯场中粒子之间的相互作用给了粒子质量，而一种被称为希格斯玻色子的可测量的玻色子是希格斯场的力载体。然而，没有一种已知的玻色子是引力的载体，

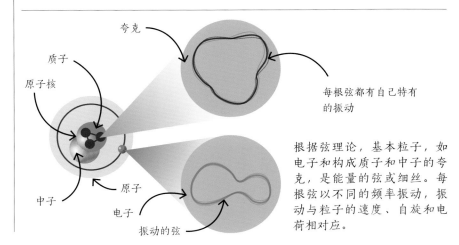

夸克

每根弦都有自己特有的振动

质子

原子核

中子

原子

电子

振动的弦

根据弦理论，基本粒子，如电子和构成质子和中子的夸克，是能量的弦或细丝。每根弦以不同的频率振动，振动与粒子的速度、自旋和电荷相对应。

这使科学家又提出了一种假设的、尚未被探测到的粒子，并称为引力子。

1969年，为解释原子核中束缚质子和中子的核力，美国物理学家莱昂纳德·萨斯坎德（Leonard Susskind）提出了弦理论。巧合的是，美籍日本物理学家南部阳一郎（Yoichiro Nambu）和丹麦物理学家霍尔格·尼尔森（Holger Niesen）同时独立提出了相同想法。

根据弦理论，粒子——宇宙的基石——不是点状的，而是微小的、一维的、振动的能量链或弦，它产生了所有的力和物质。当弦碰撞时，它们会结合在一起并短暂地振动，然后再次分离。

然而，弦理论的早期模型是有问题的。它们解释了玻色子，但没有解释费米子，并且需要某些假设的粒子，即快子，以超过光速的速度传播。它们还需要比我们熟悉的空间和时间四维更多的维度。

从几何学中构建物质本身，这在某种意义上就是弦理论所做的。

大卫·格罗斯，美国理论物理学家

超对称

为了解决这些早期的问题，科学家提出了超对称原理。从本质上说，这表明宇宙是对称的，给了标准模型中每个已知的粒子一个未被发现的伙伴，或称超对称伙伴——例如，每个费米子都与玻色子配对，反之亦然。

当希格斯玻色子最终在2012年被欧洲核子研究中心的大型强子对撞机探测到时，它比预期的要轻。希格斯玻色子是英国物理学家彼得·希格斯在1964年预测的。粒

子物理学家认为，它与希格斯场中的标准模型粒子的相互作用，给了粒子质量，也会使它变重。但事实并非如此。超对称伙伴的概念，即可能抵消希格斯场的一些效应并产生更轻的希格斯玻色子的粒子，使科学家能够解决这个问题。这也让他们发现自然界四种基本力中的三种，即电磁力、强相互作用和弱相互作用，可能在大爆炸时以相同的能量存在——这是在大统一理论中统一这些力的关键一步。

弦理论和超对称原理共同催生了超弦理论。在超弦理论中，所有费米子、玻色子和它们的超对称伙伴都是能量弦振动的结果。20世纪80年代，美国物理学家约翰·施瓦茨（John Schwarz）和英国物理学家迈克尔·格林（Michael Green）提出了这样的观点：基本粒子（如电子和夸克）是在量子引力尺度上振动的弦的外在表现。

就像琴弦不同的振动产生不同的音符一样，质量等特性也是由同一种弦不同的振动产生的。电子

莱昂纳德·萨斯坎德

莱昂纳德·萨斯坎德于1940年出生在美国纽约市，目前是斯坦福大学费利克斯·布洛赫物理学教授。他于1965年在纽约康奈尔大学获得博士学位，1979年加入斯坦福大学。1969年，萨斯坎德提出了他最著名的理论——弦理论。他的数学工作表明，粒子物理学可以用最低水平的振动弦来解释。他在20世纪70年代进一步发展了他的想法，并在2003年创造了"弦理论景观"这个词。这一激进的想法旨在强调可能存在的大量宇宙，形成令人难以

置信的"巨宇宙"（megaverse）——也许还包括其他具备生命存在必要条件的宇宙。今天，萨斯坎德在这一领域仍然备受尊敬。

主要作品

2005年 《宇宙景观》

2008年 《黑洞战争》

2013年 《理论最小值》

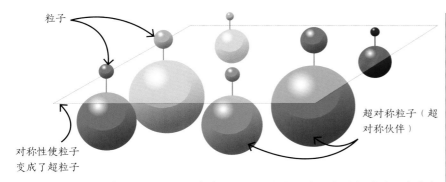

粒子

对称性使粒子
变成了超粒子

超对称粒子（超
对称伙伴）

根据超对称原理，每一个玻色子，或载力粒子，都有一个巨大的超对称伙伴费米子或物质粒子，而每一个费米子都有一个巨大的超对称伙伴玻色子。超弦理论将超对称伙伴描述为以更高八度振动的弦，就像小提琴的和声。一些超弦理论学家预测，超对称伙伴的质量可能比相应粒子的质量大1000倍，但目前还没有发现超对称粒子。

是一根以某种方式振动的弦，而夸克是以不同方式振动的同一根弦。

在工作过程中，施瓦茨和格林意识到，弦理论预测了一种类似于假设的引力子的无质量粒子。这种粒子的存在可以解释为什么引力与其他三种力相比如此微弱，因为引力子会在弦理论所要求的10个维度中进出流动。最终，似乎诞生了爱因斯坦长期以来寻求的东西，一种可以描述宇宙中一切事物的理论——"万物理论"。

大统一理论

寻找包罗万象的理论的物理学家在考虑黑洞时遇到了问题。在黑洞中，广义相对论遇到了量子力学，试图解释当大量物质被压缩到一个非常小的区域时会发生什么。根据广义相对论，黑洞的核心，也就是所谓的奇点，可以说本质上是零大小的，但在量子力学中，这是不成立的，因为没有任何东西可以无穷小。根据德国物理学家沃纳·海森堡在1927年提出的不确定性原理，达到无限小的尺度是完全不可能的，因为一个粒子总是可以以多种状态存在。关键的量子理论（如叠加和纠缠）也表明，粒子可以同时处于两种状态，此时粒子必然产生一个与广义相对论相协调的引力场，但在量子理论下，这似乎并不成立。

如果超弦理论可以解决其中一些问题，那它可能就是物理学家一直在寻找的大统一理论。甚至有可能通过粒子碰撞来检验超弦理论。在更高能量下，科学家认为他们有可能看到引力子消散到其他维度，这为该理论提供了一个关键证据。但并非所有人都相信这一点。

揭示想法

一些科学家，如美国物理学家谢尔顿·格拉肖（Sheldon Glashow），认为对弦理论的追求是徒劳的，因为没有人能证明它所描述的弦是否真的存在。它们所涉及的能量如此之高（超出了普朗克能量的测量范围），以至于人类无法探测到，而且在可预见的未来可能仍然如此。由于无法设计出可以测试弦理论的实验，格拉肖等科学家开始质疑弦理论是否属于科学。然而，也有其他科学家持不同观点，他们指出，目前已有一些实验在试图寻找弦理论的某些效应，以便提供答案。例如，日本超级神冈探测器可以通过寻找质子衰变来测试弦理论的各个方面。质子衰变是超对称原理预测的一个质子在极长时间尺度上可能发生的衰变。

超弦理论可以解释很多未知的宇宙。比如，希格斯玻色子为什么那么轻？引力为什么那么弱？它可能有助于阐明暗能量和暗物质的本质。一些科学家甚至认为，超弦理论可以提供有关宇宙命运的信息，以及回答宇宙是否会无限期地膨胀下去。■

日本超级神冈探测器的墙壁上排列着光电倍增管，用来探测中微子与水槽内的水相互作用所发出的光。

时空的涟漪

引力波

背景介绍

关键人物
巴里·巴里什（1936— ）
基普·索恩（1940— ）

此前
1915年 阿尔伯特·爱因斯坦的广义相对论为引力波的存在提供了一些证据。

1974年 科学家在研究脉冲星时间接观测到了引力波。

1984年 美国建立了激光干涉仪引力波观测台（LIGO），用于探测引力波。

此后
2017年 科学家探测到了来自两颗中子星合并时的引力波。

2034年 空间激光干涉仪（LISA）计划2034年发射到太空，以研究引力波。

参见： 电磁波 192~195页，超越可见光 202~203页，从经典力学到狭义相对论 274页，狭义相对论 276~279页，弯曲时空 280页，质量和能量 284~285页，黑洞和虫洞 286~289页。

太空中的两个大质量天体，如两个黑洞，进入彼此环绕的轨道。

随着时间的推移，这两个天体开始越来越近地旋转，绕轨道运行得越来越快。

最终，它们相撞并融合成一个单一的天体，产生大量的能量。

大部分能量以引力波的形式存在，引力波以光速在宇宙中向外传播。

这些波到达地球后，在仪器上产生了一个明显的信号，使科学家能够计算出这些波的来源。

2016 年，科学家宣布了一项有望给天文学带来革命的声明：2015年9月，一组物理学家发现了引力波的第一个直接证据。引力波是由两个物体合并或碰撞引起的时空涟漪。在此之前，关于宇宙及其工作原理的知识主要是通过可见光波来获得的。现在，科学家有了一种新的方法来探测黑洞、恒星和其他宇宙奇观。

引力波的概念已经存在一个多世纪了。1905年，法国物理学家亨利·庞加莱（Henri Poincaré）最初提出了引力通过波传播的理论，他称之为引力波。十年后，爱因斯坦在他的广义相对论中将这一想法提升到了另一个层次，他提出，引力不是一种力，而是由质量、能量和动量引起的时空弯曲。

爱因斯坦证明，任何大质量的物体都会导致时空弯曲，而时空弯曲又会反过来弯曲光本身。每当大质量物体移动并改变这种弯曲时，就会产生以光速从大质量物体中传播出去的波。任何移动的物体都会产生这种波，即使是像两个人绕圈旋转这样的日常现象也会产生引力波，尽管这种波因太小而无法被探测到。

尽管爱因斯坦提出了自己的理论，但他对引力波的存在始终持怀疑态度，他在1916年指出，"没有类似于光波的引力波"。1918年，他在一篇关于引力波的新论文中重新提出了这个想法，认为引力波可能存在，但没有办法测量它们。到了1936年，他又收回之前所言，说引力波根本不存在。

搜寻不可见之物

直到20世纪50年代，物理学家才开始意识到引力波可能是真实存在的。一系列论文强调，广义相对论确实预言了波的存在，认为引力波是一种能量传递的方式。

然而，引力波的探测给科学家带来了巨大的挑战。他们相当肯定这些波存在于整个宇宙，但他们需要设计一个足够灵敏的实验来探测它们。1956年，英国物理学家费利克斯·皮拉尼（Felix Pirani）证明了引力波在经过时会移动周围的粒子，这在理论上是可以被探测到的。然后，科学家开始设计实验来测量这些扰动。

早期的探测工作没有成功，但在1974年，美国物理学家拉塞尔·赫尔斯（Russel Hulse）和约瑟夫·泰勒（Joseph Taylor）发现了引力波存在的第一个间接证据。他们观测到一对绕轨道运行的中子星（由红巨星坍缩产生的小型恒星），其中一颗是脉冲星（一种快速旋转的中子星）。当它们围绕彼

这种波被假定以光速传播。

亨利·庞加莱

此旋转并逐渐靠近时，双星系统所损失的能量与引力波辐射能量的预期值相符。这一发现让科学家在证明引力波存在的问题上又迈进了一步。

引力波机器

尽管像中子星这样巨大且快速运动的质量可能会产生最大的引力波，但这些引力波产生的效应是微乎其微的。从20世纪70年代末开始，一些物理学家，包括美籍德国物理学家雷纳·韦斯（Rainer Weiss）和来自英国的罗纳德·德雷弗（Ronald Drever），开始提出利用激光束和一种叫作干涉仪的仪器来探测引力波是可能的。

1984年，美国物理学家基普·索恩（Kip Thorne）与韦斯、德雷弗共同建立了激光干涉引力波观测台（Laser Interferometer Gravitational-wave Observatory，LIGO），目的是建立一个能够探测引力波的实验。

1994年，美国开始建造两个干涉仪，一个在华盛顿州的汉福德，另一个在路易斯安那州的利文

> 女士们，先生们，我们探测到了引力波。我们做到了！
>
> 大卫·雷兹教授，
> 美国激光物理学家，LIGO主任

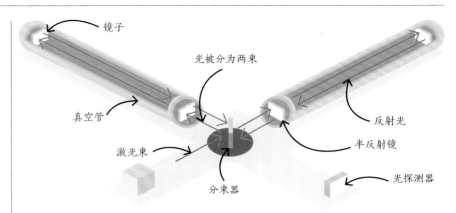

LIGO机器利用激光束探测引力波。一束光射向分束器，被半反射镜分成两束后进入以直角设置的管道。每一束光都经过另一个半反射镜，然后在该半反射镜和管道末端的一面镜子之间发生反射，管道里的一些光会在分束器处汇合。如果没有引力波，光束就会相互抵消。如果引力波存在，光束之间就会发生干涉，产生闪烁的光，并记录在光电探测器上。

斯通。建造两台机器是必要的，以验证探测到的波都是引力波，而不是随机的局部振动。该研究是由美国物理学家巴里·巴里什（Barry Barish）主导的。巴里什于1997年成为LIGO的负责人，并创建了由来自世界各地的1000名科学家组成的LIGO科学协作小组。这次全球合作给这个项目注入了新的动力，到2002年，科学家建造完成了两台LIGO机器。每一台都由两根宽1.2米、长4千米的钢管组成，并被置于一个混凝土掩体内。

由于引力波与空间会发生相互作用，在垂直方向上压缩和拉伸空间，所以这些管道彼此垂直，呈"L"形。从理论上讲，弯曲时空的引力波会改变每根管道的长度，不断拉伸一根管道，压缩另一根管道，直到引力波通过。为了测量任何微小的变化，一束激光被一分为二，照射到每根管道上。任何进入的引力波都会导致光束在不同的时间反射回来，因为时空本身

也被拉伸和压缩。通过测量这种变化，科学家希望弄清楚引力波从哪里来，是由什么引起的。

惊天动地的波动

在接下来的8年里，没有记录到任何波，这一情况因机器受到干扰而变得更加复杂，如风声，甚至火车和伐木机械的声音。2010年，科学家决定彻底检修这两台机器。2015年9月，两台机器重新启动，可以扫描更大范围的空间。几天之内，新的、更灵敏的仪器捕捉到了来自宇宙深处某个灾难性事件的微小瞬时波动，这些波动穿越时空到达地球。

科学家计算出，这些引力波是由两个距离地球13亿光年的黑洞相撞产生的，产生的能量是当时宇宙中所有恒星的50倍。这两个黑洞被称为恒星黑洞，它们的质量分别是太阳的36倍和29倍，碰撞形成了一个新的黑洞，其质量是太阳的62倍。剩下的质量——约为3倍太阳

质量——几乎完全以引力波的形式被发射到太空中。

通过测量两台机器接收到的信号——在位于意大利的室女座干涉仪的支持下——科学家现在能够回溯到引力波的起源，并研究以前根本无法接触到的宇宙新区域。他们通过将探测到的信号与来自不同时空事件的预期模式进行匹配，来实现这一目标。

2015年首次探测到引力波，2016年宣布取得突破性进展以来，科学家又发现了许多潜在的引力波信号，其中大多数来自黑洞合并。但在2017年，LIGO的科学家首次确认探测到约1.3亿年前两颗中子星碰撞产生的引力波。

远方的信号

LIGO机器和室女座干涉仪几乎每周都能探测到引力波。这些设备定期升级，使激光变得更强大，镜子则更稳定。即使是宇宙中仅有一座城市大小的物体，它也会在剧烈的宇宙学事件中被引力波拉伸或压缩，最终都能被干涉仪探测到，这些研究推动物理学突破了原先的边界。引力波的发现正在帮助科学家探索宇宙的本质，揭示更多关于宇宙起源、扩张，甚至潜在年龄的奥秘。

突破空间的界限

天文学家还在进行新的实验，以更详细地探测引力波。其中一项任务是由欧洲空间局（ESA）组织的，名为LISA（空间激光干涉仪）。预计于2034年发射的LISA，将由三个呈三角形排布的航天器组成，每个航天器之间相隔250万千米。航天器之间将发射激光，产生信号，以寻找可能是引力波涟漪的任何微小扰动。LISA对如此广阔区域的观测将使科学家能够探测到来自各种其他物体的引力波，如来自超大质量黑洞，甚至来自宇宙之初的引力波。太空深处的秘密可能最终会被揭开。■

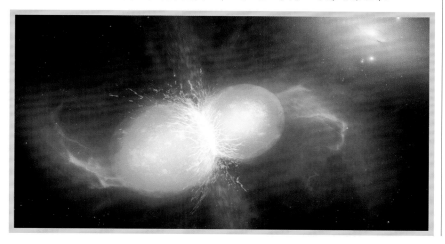

当两颗中子星相撞时，它们会释放出可见的伽马射线和不可见的引力波，这些射线和引力波在数百万年后的几乎同一时刻到达地球。

基普·索恩

基普·索恩于1940年出生在美国犹他州，1962年毕业于加州理工学院物理学专业，1965年在普林斯顿大学获得博士学位。1967年，他回到加州理工学院，现在是那里的荣誉退休理论物理学费曼教授。

索恩对引力波的兴趣促进了LIGO项目的成立，他通过识别远处的引力波源和设计从引力波中提取信息的技术来为该项目提供支持。由于索恩在引力波和LIGO方面的工作，他与合作者雷纳·韦斯和巴里·巴里什一起获得了2017年的诺贝尔物理学奖。

索恩还将他的物理学知识用于艺术领域：2014年的电影《星际穿越》的灵感就源于他的原创构思。

主要作品

1973年 《万有引力》

1994年 《黑洞与时间扭曲》

2014年 《电影〈星际穿越〉中的科学》

DIRECTORY

人名录

人名录

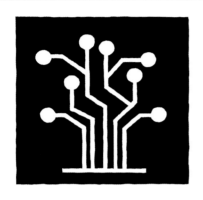

正如艾萨克·牛顿本人在1675年写给罗伯特·胡克的信中所说，"如果说我看得比别人更远些，那是因为我站在巨人的肩膀上"。公元前4000年科学在美索不达米亚发源以来，它的发展进程就一直伴随着合作与传承。从自然哲学家到发明家、实验家，再到近代的职业科学家，为科学发展做出重要贡献的人远比本书前面几章所提到的要多。因此，下面的人名录试图提供一些其他关键人物的概要，这些人在我们仍未完成的探索宇宙的进程中——从最微小的原子核到最遥远的星系——起到了重要作用。

阿基米德
公元前287—公元前212年

阿基米德是古希腊最重要的工程师、物理学家和数学家之一。人们对他的早年生活知之甚少，但他年轻时可能曾在亚历山大城学习。尽管后来他因其开创性的数学证明，特别是在几何学领域的证明而备受赞誉，但他生前主要因"阿基米德螺旋"水泵和复式滑轮等发明，以及阿基米德原理而闻名。当古罗马人入侵西西里岛时，阿基米德设计了许多巧妙的武器来保卫他的城市，最后他被一名古罗马士兵杀害了。

参见： 科学方法 20~23页，液体 76~79页。

伊本·海什木
965—1040

阿拉伯学者海什木（西方有时称为阿尔哈森）出生于巴士拉（现属伊拉克）。不过，他大部分职业生涯是在埃及开罗度过的。他最初是一名土木工程师，后来在医学、哲学、神学，以及物理学和天文学领域做出了贡献。海什木是科学方法最早的倡导者之一，设计了一些实验来证明或反驳各种假设。他最为出名的是他的著作《光学书》，该书成功地将各种经典的光学理论与解剖学的观察结合起来，用物体反射的光线、眼睛收集的光线和人脑诠释来理解视觉发生过程。

参见： 科学方法 20~23页，反射和折射 168~169页，聚焦光线 170~175页。

伊本·西那
980—1037

博学家伊本·西那（在西方被称为阿维森纳）来自波斯萨曼王朝一个地位显赫的官员家庭，年轻时就显现出了学习的天赋，熟读了许多古典和早期伊斯兰学者的作品。虽然今天广为人知的是他在医学上的巨大影响，但其实他的著作涉及很多领域，其中也包括物理学。他提出了一种运动理论，后来被发现其实就是惯性和空气阻力影响的概念。他还提出了一个早期论断，即光速必须是有限的。

参见： 运动定律 40~45页，光速 275页。

约翰尼斯·开普勒
1571—1630

德国数学家和天文学家约翰尼斯·开普勒因在16世纪90年代将行星运动轨道与"柏拉图多面体"的几何学联系起来而成名。他成为丹麦天文学家第谷·布拉赫的助手。1601年第谷去世后，开普勒继承并发展了他的工作。开普勒于1609年提出了行星运动定律，将行星置于围绕太阳的椭圆形（而不是圆形）轨道上，为更普适的牛顿运动定律和万有引力定律奠定了基础。

参见： 万有引力定律 46~51

页，天堂 270~271页，宇宙模型 272~273页。

埃万杰利斯塔·托里拆利
1608—1647

托里拆利出生于意大利拉文纳省，很小的时候就显现出了数学天赋，并被送到当地修道院的僧侣那里接受教育。后来他去了罗马，在那里成为数学教授贝内代托·卡斯特利（伽利略的好朋友）的助手和非正式学生。托里拆利成为伽利略学派的门徒，并在伽利略1642年去世前的几个月与他进行了多次讨论。托里拆利制造了第一个水银气压计——这个发明使他闻名于世。

参见： 科学方法 20~23页，压强 36页，液体 76~79页。

纪尧姆·阿蒙顿
1663—1705

出生于巴黎的纪尧姆·阿蒙顿是一位律师的儿子。他童年时期就失去了听觉，后投身于科学。他基本靠自学成才，是一个技艺精湛的工程师和发明家，改进了各种科学仪器。在研究气体性质时，他发现了温度、压强和体积之间的关系，不过他无法将这种关系量化为后来的"气体定律"的精确公式。人们对他印象最深的是他提出了摩擦律，该定律描述了表面相互接触的物体的静摩擦力和滑动摩擦力。

参见： 能量和运动 56~57页，气体定律 82~85页，熵和热力学第二定律 94~99页。

丹尼尔·华伦海特
1686—1736

华伦海特出生于但泽（今波兰的格但斯克）的一个商人家庭，他在荷兰度过了其大部分职业生涯。他在1701年成为孤儿，刚开始一直学习经商，后来致力于科学探索，并与当时许多杰出的思想家熟识，包括奥勒·罗默和戈特弗里德·莱布尼茨。他讲授化学知识，并学会了如何为科学仪器（如温度计）制造精致的玻璃部件。这促使他在1724年提出了标准温标的概念。

参见： 科学方法 20~23页，热量和传热 80~81页。

劳拉·巴斯
1711—1778

巴斯是意大利博洛尼亚一位律师的女儿，由于接受了良好的私人教育，她很早就对物理学产生了兴趣。十几岁时，她对仍存争议的牛顿理论着迷。20岁获得哲学博士学位后，她成为首位在大学里担任科学研究职位的女性。在博洛尼亚大学工作时，她遇到了同为讲师的朱塞佩·维拉蒂，并与之结婚，两人在余下的职业生涯中紧密合作。巴斯设计了许多先进实验来证明牛顿物理学的准确性，并在经典力学和水力学方面发表了大量文章。

参见： 运动定律 40~45页，万有引力定律 46~51页。

威廉·赫歇尔
1738—1822

天文学家威廉·赫歇尔出生于德国，19岁时移居英国。他广泛阅读了声学和光学方面的书籍，建造了当时最好的反射望远镜，并开始系统地研究星星。他的妹妹卡罗琳从1772年起与他一起研究。1781年，他发现了天王星，从而被任命为"皇家天文官"。1800年，在测量不同颜色可见光的性质时，他发现了红外辐射。

参见： 电磁波 192~195页，天堂 270~271页，宇宙模型 272~273页。

皮埃尔-西蒙·拉普拉斯
1749—1827

拉普拉斯在法国诺曼底长大，小时候就展现出了数学天赋。他16岁进入卡昂大学，后成为巴黎军事学校的教授。在漫长的职业生涯中，他不仅在纯数学方面做出了重要贡献，还将其应用到诸如潮汐和地球形状的预测、行星轨道的稳定性，以及太阳系的起源等领域。他是第一个提出太阳系是因由气体和尘埃组成的星云坍缩而形成的人，也是第一个用数学计算预言了黑洞存在的人。

参见： 万有引力定律 46~51页，宇宙模型 272~273页，黑洞和虫洞 286~289页。

索菲·热尔曼
1776—1831

热尔曼出生在巴黎一个殷实的

丝绸商人家庭，为追寻对数学的兴趣，她不得不与父母的偏见做斗争。起初是自学，但从1794年起，她从巴黎综合理工学院获得了讲义，并得到了约瑟夫·拉格朗日的私人指导。后来，她还与欧洲的主要数学家通信。她虽然以数学工作闻名，但也对弹性物理学做出了重要贡献。

参见： 拉伸和压缩 72~75页，音乐 164~167页。

约瑟夫·冯·夫琅禾费
1787—1826

夫琅禾费在11岁时成为孤儿，后来在德国一个玻璃作坊当学徒。1801年，作坊的房子倒塌了，他被从废墟中救了出来。巴伐利亚选帝侯亲王和其他慈善人士鼓励他从事学术研究，并最终让他进入一家玻璃制造研究所继续学习。夫琅禾费的发现使巴伐利亚成为玻璃科学仪器的制造中心。他发明了包括用于分散不同颜色光的衍射光栅，以及用于测量光谱中不同特征光线精确位置的分光镜。

参见： 衍射和干涉 180~183页，多普勒效应和红移 188~191页，来自原子的光 196~199页。

威廉·汤姆森，开尔文勋爵
1824—1907

威廉·汤姆森是19世纪物理学界最重要的人物之一。在英国格拉斯哥大学和剑桥大学完成学业后，才华横溢的汤姆森回到格拉斯哥大

学担任教授，当时他只有22岁。他兴趣广泛——帮助建立了热力学，计算了地球的古老年龄，并研究了宇宙自身的可能命运。作为一名电气工程师，他赢得了更广泛的声誉，并对19世纪50年代正在规划的第一条跨大西洋电报电缆的设计方案做出了关键贡献。他因此获得了骑士勋章，并最终成为勋爵。

参见： 热量和传热 80~81页，内能和热力学第一定律 86~89页，热功 90~93页。

恩斯特·马赫
1838—1916

奥地利哲学家和物理学家马赫在摩拉维亚（现捷克共和国的一部分）出生和长大，并在维也纳大学学习物理学和医学。他起初对光学和声学中的多普勒效应感兴趣，在纹影摄影术（一种对原本不可见的气流进行成像的方法）的启发下，开始研究流体动力学和超声速物体周围形成的冲击波。尽管他因这项工作（以及测量相对于声速的速度的"马赫数"概念）出名，但他对生理学和心理学也做出了重要贡献。

参见： 能量和运动 56~57页，液体 76~79页，统计力学的发展 104~111页。

亨利·贝克勒尔
1852—1908

亨利·贝克勒尔出身于一个富有的巴黎物理学世家，后来他的儿子也成了物理学家。贝克勒尔致力于工程和物理学的融合。他的工作

涉及对光的平面偏振、地磁场和磷光现象等课题的研究。1896年，受威廉·伦琴发现X射线的影响，贝克勒尔开始研究磷光材料（如某些铀盐）是否会产生类似的射线。贝克勒尔成为第一个发现存在"放射性"材料的人，为此他与居里夫妇共同获得了1903年的诺贝尔奖。

参见： 偏振 184~187页，核辐射 238~239页，原子核 240~241页。

尼古拉·特斯拉
1856—1943

塞尔维亚裔美国物理学家和发明家尼古拉·特斯拉，是早期建立大规模电力供应非常重要的人物。在匈牙利证明了他的工程才能后，他先后受雇于托马斯·爱迪生在巴黎和纽约的公司。后来他辞职开始独立推广自己的发明。其中一项发明是由交流电系统提供动力的感应电动机，对于交流电的广泛应用具有极为重要的意义。特斯拉还有许多其他发明（其中一些超前于他所处的时代），包括无线照明和电源、无线电控制的车辆、无叶片涡轮机，以及对交流电系统本身的改进等。

参见： 电流和电阻 130~133页，电动效应 136~137页，感应和发电机效应 138~141页。

J. J. 汤姆孙
1856—1940

出生于英国曼彻斯特的J. J. 汤姆孙小时候就表现出了不寻常的科学天赋，年仅14岁就被欧文斯学院（现在的曼彻斯特大学）录取。后

来他进入剑桥大学，并在数学方面表现突出，1884年被任命为卡文迪许物理学教授。今天，他主要因为1897年发现了电子而闻名。他还证明了阴极射线中的粒子在电场中可以被偏转，并计算出了这些粒子质量和电荷之间的比值。

参见： 原子论 236~237页，亚原子粒子 242~243页。

安妮·詹普·坎农
1863—1941

坎农是美国特拉华州参议员的长女，很小的时候就从母亲那里学习了关于天文的知识，母亲激发了她对科学的浓厚兴趣。尽管不幸染上猩红热使她几乎完全失聪，但她的学习成绩仍然很好。她在1896年成为哈佛大学天文台的工作人员，从事恒星光谱图像分类工作。在那里，她对大约35万颗恒星进行了手工分类，开发了至今仍被广泛使用的分类系统，并出版了恒星目录，最终揭示了恒星的组成成分。

参见： 衍射和干涉 180~183页，来自原子的光 196~199页，能量子 208~211页。

罗伯特·密立根
1868—1953

罗伯特·密立根出生于美国伊利诺伊州，在俄亥俄州欧柏林学院学习古典文学，后因其希腊语教授的建议而转学物理学。他后来获得了哥伦比亚大学的博士学位，并进入芝加哥大学工作。1909年，他和研究生哈维·弗莱彻在芝加哥大学

设计了一个巧妙的实验，首次测量出了电子的电荷量。这个自然界的基本常数为许多其他重要的物理常数的精确计算奠定了基础。

参见： 原子论 236~237页，亚原子粒子 242~243页。

艾米·诺特
1882—1935

德国数学家诺特很小时就表现出了过人的数学天赋和逻辑思维能力。尽管当时的学校政策对女学生有歧视，但她还是在德国巴伐利亚州的埃尔朗根大学获得了博士学位。1915年，数学家大卫·希尔伯特和费利克斯·克莱因邀请她到他们所在的哥廷根大学工作，从事爱因斯坦相对论的研究。在那里，诺特为现代数学的基础做出了突出贡献。物理学方面她最出名的贡献是1918年发表的一个证明，即某些物理量（如动量和能量）的守恒与系统及系统本身物理规律的对称性有关。诺特定理及其关于对称性的思想是许多现代理论物理学的基础。

参见： 能量守恒 55页，作用力载体 258~259页，弦理论 308~311页。

汉斯·盖革
1882—1945

德国物理学家盖革，在巴伐利亚州的埃尔朗根大学学习物理和数学，并在1906年获得了博士学位，后又获得英国曼彻斯特大学的奖学金。从1907年起，他在曼彻斯特大

学的欧内斯特·卢瑟福手下工作。1908年，在卢瑟福的指导下，盖革和同事欧内斯特·马斯登进行了著名的"盖革-马斯登实验"——显示了射向金箔的一些放射性阿尔法粒子是如何被反弹回来的，并由此证明了原子核的存在。

参见： 原子论 236~237页，原子核 240~241页。

劳伦斯·布拉格
1890—1971

作为澳大利亚阿德莱德大学物理学教授威廉·亨利·布拉格的儿子，劳伦斯·布拉格很早就对物理学产生了兴趣。随全家搬到英国后，威廉在利兹大学担任教职，劳伦斯则进入剑桥大学学习。正是在那里，身为研究生的劳伦斯想出了一个解决关于X射线本质的争论的方法。他推断，如果X射线是电磁波，而不是粒子，那么它们在通过晶体时，就会因衍射而产生干涉图样。父子俩设计了一个实验来验证这一假设，不仅证明了X射线的确是波，还发明了一种研究物质结构的新技术。

参见： 衍射和干涉 180~183页，电磁波 192~195页。

阿瑟·康普顿
1892—1962

康普顿出生于美国俄亥俄州伍斯特一个书香门第，是三兄弟（都获得了普林斯顿大学的博士学位）中最小的一个。在对X射线如何揭

示原子内部结构产生兴趣后，他于1920年成为圣路易斯华盛顿大学的物理系主任。1923年，他在那里做的实验促进了"康普顿散射"的发现。该现象的唯一解释是X射线除了具有波动性，还具有粒子性。普朗克和爱因斯坦都曾提出过电磁辐射具有粒子性的观点，但康普顿的发现是第一个无可辩驳的实验证据。

参见： 电磁波 192~195页，能量子 208~211页，粒子和波 212~215页。

伊雷娜·约里奥-居里
1897—1956

作为居里夫妇的女儿，伊雷娜从小就表现出了数学天赋。第一次世界大战期间，她曾担任放射成像技师，后来完成了学业，并在父母创办的镭研究所继续学习。在那里，她遇到了未来的丈夫、化学家弗雷德里克·约里奥。他们一起工作，并在1933年首次测量了中子的质量。约里奥-居里夫妇成功地创造出了人工放射性同位素，并因此获得了1935年的诺贝尔化学奖。

参见： 核辐射 238~239页，原子核 240~241页，粒子加速器 252~255页。

利奥·西拉德
1898—1964

西拉德出生于匈牙利布达佩斯的一个犹太家庭，天赋异禀，16岁时就获得了全国数学奖。他完成学业后在德国定居，纳粹崛起后便逃到了英国。在英国，他参与创立了一个帮助难民学者的组织，并构思了链式反应——一种利用中子级联释放原子能量的过程。1938年移居美国后，他与其他人合作，使曼哈顿计划中的链式反应得以实现。

参见： 核辐射 238~239页，原子核 240~241页，核武器和核能 248~251页。

乔治·伽莫夫
1904—1968

伽莫夫在他的家乡敖德萨（苏联的一部分，现属乌克兰）学习物理学，后在列宁格勒学习，在那里他开始对量子物理学着迷。20世纪20年代，他与西方合作者做出了一些成就，如对阿尔法衰变和放射性半衰期现象背后机制的解释。20世纪30年代末，伽莫夫燃起了对宇宙学的兴趣，1948年，他和拉尔夫·阿尔菲发表了现在所谓的"大爆炸核合成"理论——巨大爆炸能量按恰当比例产生早期宇宙元素的机制。

参见： 核辐射 238~239页，粒子动物园和夸克 256~257页，静止或膨胀的宇宙 294~295页，大爆炸 296~301页。

J.罗伯特·奥本海默
1904—1967

奥本海默在德国哥廷根大学读研究生期间便崭露头角，在那里他与马克斯·玻恩一起工作，并认识了许多其他量子物理学领军人物。1942年，奥本海默加入曼哈顿计划，从事计算工作。几个月后，他被任命为研发原子弹的实验室负责人。第二次世界大战后，奥本海默成为核扩散的公开批评者。

参见： 原子核 240~241页，核武器和核能 248~251页。

玛丽亚·格佩特·梅耶
1906—1972

格佩特·梅耶出生于卡托维兹（现属波兰）的一个学术家庭，先在德国哥廷根大学学习数学，后学习物理学。1930年，她在博士论文中预测了原子吸收成对光子的现象（1961年被证实）。从1939年起，她在哥伦比亚大学工作，参与了制造原子弹所需铀同位素的分离工作。20世纪40年代末，在芝加哥大学的她提出了"核壳模型"，解释了为什么具有一定数量核子（质子和中子）的原子核能够稳定存在。

参见： 核辐射 238~239页，原子核 240~241页，核武器和核能 248~251页。

多萝西·玛丽·霍奇金
1910—1994

为了通过入学考试，霍奇金专门学习了拉丁语。后来她进入牛津大学萨默维尔学院学习，之后又前往剑桥大学从事X射线晶体学的研究工作。她开创了使用X射线解析生物蛋白质分子结构的方法。回到萨默维尔后，她继续研究并完善了这项技术，以研究越来越复杂的分子，包括类固醇和青霉素（1945年）、维生素B_{12}（1956年，她因此获得了1964年的诺贝尔化学奖）和胰岛素（1969年完成）。

参见：衍射和干涉 180~183 页，电磁波 192~195页。

苏布拉马尼扬·钱德拉塞卡
1910—1995

钱德拉塞卡出生于拉合尔（当时是印度的一部分，现属巴基斯坦），在马德拉斯（现在的钦奈）获得了他的第一个学位，并从1930年开始在剑桥大学学习。他最著名的工作是关于白矮星等致密恒星的物理学研究。他表明，在质量超过1.4倍太阳质量的恒星中，内部压力将无法抵御引力的内拉——将导致灾难性的坍缩（中子星和黑洞的起源）。1936年，他搬到芝加哥大学，并于1953年成为美国公民。

参见：量子数 216~217页，亚原子粒子 242~243页，黑洞和虫洞 286~289页。

鲁比·佩恩-斯科特
1912—1981

澳大利亚射电天文学家鲁比·佩恩-斯科特在早期研究了磁场对生物体的影响后，对无线电波产生了兴趣。1945年，她与人合作撰写了首份将太阳黑子数量与太阳无线电发射联系起来的科学报告。他们后来建立了一个观测站，开创了探测太阳发出的无线电信号的方法，并最终将无线电爆发与太阳黑子活动联系了起来。

参见：电磁波 192~195页，超越可见光 202~203页。

弗雷德·霍伊尔
1915—2001

霍伊尔出生于英国约克郡，在剑桥大学学习数学。第二次世界大战期间，他从事雷达研制工作，与其他科学家的讨论激起了他对宇宙学的兴趣，而到美国的旅行则使他了解到天文学和核物理学的最新进展。多年积累使他在1954年提出了超新星核合成的理论，解释了重元素是如何在超重恒星内产生，并在它们爆炸时散布到整个宇宙的。

参见：恒星里的核聚变 265页，静止或膨胀的宇宙 294~295页，大爆炸 296~301页。

饭岛澄男
1939—

饭岛澄男出生于日本埼玉县，曾学习电气工程和固体物理。20世纪70年代，他在美国亚利桑那州立大学利用电子显微镜研究晶体材料，80年代回到日本后，继续研究极细的固体颗粒的结构，如"富勒烯"。他发现并确定了碳的另一种结构，即具有超高强度的圆柱形结构，现被称为纳米管。这种新材料的潜在应用激发了纳米技术的研究热潮。

参见：物质模型 68~71页，纳米电子学 158页，原子论 236~237页。

斯蒂芬·霍金
1942—2018

霍金也许是现代最著名的科学家。1963年，他被诊断出患有肌萎缩侧索硬化。1966年，他在博士论文中提出了大爆炸理论，即宇宙从一个被称为奇点的点发展而来，该理论与广义相对论是一致的（从而破除了对广义相对论最后主要质疑中的一个）。霍金早期一直在研究黑洞，并在1974年提出它们会释放出一种辐射。他后来的工作涉及宇宙的演变、时间的本质，以及量子理论与引力的统一等问题。霍金在1988年出版了《时间简史》一书，成为著名的科学传播者。

参见：黑洞和虫洞 286~289页，大爆炸 296~301页，弦理论 308~311页。

艾伦·古斯
1947—

古斯最初学习粒子物理，但1978—1979在美国康奈尔大学参加宇宙学讲座后，改变了自己的研究重点。他对宇宙的一些重大未解之谜提出了解决方案，构思了一个短暂而快速的"宇宙暴胀"过程。暴胀为一些疑问提供了解释，例如为什么我们周围的宇宙看起来如此均匀。其他人则以这个想法为出发点，认为我们所处的"泡泡"是"暴胀的多元宇宙"中的一个。

参见：物质-反物质不对称性264页，静止或膨胀的宇宙 294~295页，大爆炸 296~301页。

术语表

本术语表中的术语如有单独术语词条解释的均已使用*斜体*标识。

绝对零度 Absolute zero
宇宙中所能达到的最低温度，即0K或-273.15℃（-459.67℉）。

加速度 Acceleration
*速度*随时间的变化率。加速度是由导致物体方向或速度改变的力引起的。

空气阻力 Air resistance
阻止物体在空气中运动的力。

阿尔法粒子 Alpha particle
由两个*中子*和两个*质子*组成的*粒子*，在一种叫作阿尔法衰变的*放射性衰变*过程中被释放出来。

交流电 Alternating current (AC)
每隔一定的时间转换方向的*电流*。参见*直流电*。

角动量 Angular momentum
一个物体旋转的量度，考虑到它的*质量*、形状和*旋转速度*。

反物质 Antimatter
由反粒子组成的粒子和原子。

反粒子 Antiparticle
一种与普通粒子相同的*粒子*，只不过它带有相反的*电荷*。每个粒子都有一个相等的反粒子。

原子 Atom
元素中具有该元素化学性质的最小部分。原子曾被认为是*物质*中最小的部分，但许多亚原子*粒子*现在已为人所知。

贝塔衰变 Beta decay
原子*核*释放出粒子（*电子*或*正电子*）的一种*放射性*衰变形式。

大爆炸 Big Bang
大约138亿年前，宇宙从一个*奇点*向外膨胀，被认为是宇宙开始的事件。

黑体 Blackbody
理论上的物体，它吸收所有落在它上面的*辐射*，根据自身温度辐射*能量*，是辐射效率最高的发射器。

黑洞 Black hole
空间中密度极高的物体，光线无法逃离其引力场。

玻色子 Bosons
在其他粒子之间交换力并为粒子提供*质量*的亚原子*粒子*。

电路 Circuit
*电流*流过的路径。

经典力学 Classical mechanics
描述物体在力的作用下运动的一套定律。

系数 Coefficient
一个数或*表达式*，通常是*常数*，放在另一个数之前与之相乘。

导体 Conductor
热或*电流*容易通过的物质。

常数 Constant
数学*表达式*中不变的数量，通常用字母a、b、c来表示。

宇宙微波背景辐射 Cosmic microwave background radiation(CMBR)
微弱的微波*辐射*，四面八方都能探测到。CMBR是宇宙中最古老的辐射，在宇宙38万年时发出。宇宙*大爆炸*理论预测了它的存在，它于1964年被首次发现。

宇宙射线 Cosmic rays
以接近光速穿过太空的高能量*粒子*，如*电子*和*质子*。

宇宙学常数 Cosmological constant
阿尔伯特·爱因斯坦在他的*广义相对论*方程中加入的一个术语，用来模拟加速宇宙膨胀的*暗能量*。

暗能量 Dark energy
人们对暗能量知之甚少，暗能量与*引力*方向相反，会导致宇宙膨胀。宇宙中大约3/4的*质能*是暗能量。

暗物质 Dark matter
只能通过其对可见物质的引力作用被探测到的不可见*物质*。暗物质将星系凝聚在一起。

衍射 Diffraction
波浪在障碍物周围弯曲，并通过小开口向外扩散。

直流电 Direct current (DC)
只沿一个方向流动的*电流*。参见交流电。

多普勒效应 Doppler effect
观察者在与波源相对运动时所经历的*波*（如光波或声波）*频率*的变化。

弹性碰撞 Elastic collision
没有动能损失的碰撞。

电荷 Electric charge
亚原子粒子相互吸引或排斥的属性。

电流 Electric current
带有电荷的物体的流动。

电磁力 Electromagnetic force
自然界四种基本力之一。它涉及光子在粒子之间的转移。

电磁辐射 Electromagnetic radiation
一种穿越空间的能量形式。它有一个电场和一个磁场，它们以直角相互振荡。光是电磁辐射的一种形式。

电磁波谱 Electromagnetic spectrum
电磁辐射的完整范围。参见频谱。

弱电力理论 Electroweak theory
将电磁力和弱相互作用统一起来的理论。

电子 Electron
带负电荷的亚原子粒子。

电解 Electrolysis
通过电流使物质发生化学变化的过程。

元素 Element
一种不能通过化学反应分解成其他物质的物质。

能量 Energy
物体或系统做功的能力。能量可以多种形式存在，如势能和动能。它可以从一种形式变成另一种形式，但永远不会被创造或消灭。

纠缠 Entanglement
在量子物理学中粒子之间的联系，其中一个粒子的变化会影响另一个粒子，无论它们在空间中相距多远。

熵 Entropy
一个系统无序度的量度，基于一个特定系统可能被安排的特定方式的数量。

事件视界 Event horizon
围绕黑洞的边界，在这个边界内，黑洞的引力非常强，以至于光都无法逃脱。关于黑洞的任何信息都不能越过它的视界。

系外行星 Exoplanet
围绕非太阳的恒星运行的行星。

表达式 Expression
任何有意义的数学符号组合。

费米子 Fermion
一种亚原子粒子，如电子或夸克，与质量有关。

场 Field
力在时空中的分布，其中每个点都可以被赋予力的一个值。引力场就是这样一个例子：在某一点上感受到的力与到引力源的距离的平方成反比。

力 Force
移动或改变物体形状的推力或拉力。

夫琅禾费谱线 Fraunhofer lines
在太阳光谱中发现的暗吸收线，最早由德国物理学家约瑟夫·冯·夫琅禾费发现。

频率 Frequency
每秒通过一个点的波数。

摩擦力 Friction
抵抗或阻止相互接触的物体运动的力。

基本力 Fundamental forces
决定物质行为的四种力。基本力是电磁力、引力、强相互作用和弱相互作用。

星系 Galaxy
由引力聚集在一起的大量恒星、气体云和尘埃云。

伽马衰变 Gamma decay
放射性衰变的一种形式，在这种衰变中，原子核释放出高能、短波长的伽马射线。

广义相对论 General relativity
爱因斯坦考虑加速参考系的一种时空理论描述。广义相对论将引力描述为能量对时空的弯曲。

地心说 Geocentrism
以地球为中心的宇宙模型。参见日心说。

胶子 Gluons
在质子和中子中把夸克固定在一起的粒子。

引力波 Gravitational wave
由质量加速度产生的以光速传播的时空弯曲。

引力 Gravity
有质量的物体之间的吸引力。无质量光子也会受到引力的影响，广义相对论将其描述为时空弯曲。

热寂 Heat death
宇宙的一种可能的终结状态，在这种状态中，宇宙中没有温差，也不能做功。

日心说 Heliocentrism
以太阳为中心的宇宙模型。参见地心说。

希格斯玻色子 Higgs boson
一种与*希格斯场*有关的亚原子*粒子*，它与其他粒子的相互作用赋予粒子*质量*。

理想气体 Ideal gas
粒子间力为零的气体。理想气体中粒子之间的唯一相互作用是弹性*碰撞*。

惯性 Inertia
物体在受到外力作用前保持运动或静止的趋势。

绝缘体 Insulator
一种能减少或阻止热、电或声音流动的材料。

干扰 Interference
两个或多个*波*结合的过程，或相互增强，或相互抵消。

离子 Ion
失去或获得一个或多个*电子*而带电的*原子*或原子群。

同位素 Isotopes
同一元素的*原子*，具有相同数量的*质子*，但*中子*的数量不同。

光年 Light year
距离单位，表示光在一年内走过的距离，等于9460万亿千米。

轻子 Leptons
*费米子*只受两种基本力的影响——*电磁力*和*弱相互作用*。

磁力 Magnetism
磁铁产生的吸引力或排斥力。磁力产生于*电荷*的运动或粒子的磁矩。

质量 Mass
物体的一种属性，它是物体加速所需的力的量度。

物质 Matter
任何物理物体。可见世界都是由物质构成的。

分子 Molecule
由两个或多个*原子*以化学方式结合而成的物质。

动量 Momentum
物体的*质量*乘以它的*速度*。

中微子 Neutrino
一种电中性的*费米子*，其*质量*很小，尚未被探测到。中微子可以直接穿过*物质*而不被发现。

中子 Neutron
一种呈电中性的亚原子*粒子*，是原子*核*的一部分。中子是由一个上*夸克*和两个下夸克组成的。

核裂变 Nuclear fission
*原子*的原子核分裂成两个较小的原子核并释放*能量*的过程。

核聚变 Nuclear fusion
原子*核*结合在一起形成较重的原子核并释放*能量*的过程。在像太阳这样的恒星内部，这个过程涉及氢原子核聚变产生氦。

原子核 Nucleus
*原子*的中心部分。原子核由*质子*和*中子*组成，几乎包含了一个原子的全部*质量*。

光学 Optics
研究视觉和光的行为的学科。

轨道 Orbit
一个物体围绕另一个*质量*更大的物体运行的轨迹。

粒子 Particle
具有*速度*、位置、*质量*和*电荷*的微小物质微粒。

光电效应 Photoelectric effect
当光线照射到某些物质表面时*电子*的发射。

光子 Photon
将*电磁力*从一个地方传递到另一个地方的光粒子。

压电 Piezoelectricity
对某些晶体施加压力而产生的电。

平面 Plane
任意给定两点可由直线连接的平面。

等离子体 Plasma
一种热的、带电的流体，其中*电子*不受*原子*的束缚。

偏振光 Polarized light
波在一个*平面*内振荡的光。

正电子 Positron
与*电子*相对的反粒子，与电子*质量*相同，但带正*电荷*。

电势差 Potential difference
*电场*或*电路*中两处单位电荷的*能量*差。

压力 Pressure
在单位面积内作用于物体的连续的力。气体的压力是由它们分子的运动引起的。

质子 Proton
*原子核*中带正*电荷*的粒子。一个质子包含两个上*夸克*和一个下夸克。

量子 Quanta
以离散单位存在的*能量*包。在某些系统

中，量子是可能存在的最小能量。

量子电动力学 Quantum electrodynamics (QED)
用光子交换来解释亚原子粒子相互作用的理论。

量子力学 Quantum mechanics
物理学的一个分支，研究表现为量子的亚原子粒子。

夸克 Quark
构成质子和中子的亚原子粒子。

辐射 Radiation
由放射源发出的电磁波或粒子流。

放射性衰变 Radioactive decay
不稳定的原子核发出粒子或电磁辐射的过程。

红移 Redshift
由于多普勒效应，星系远离地球时发出的光的伸缩。这导致可见光向光谱的红端移动。

折射 Refraction
电磁波从一种介质移动到另一种介质时发生的弯曲。

电阻 Resistance
一种材料对电流的阻力的量度。

半导体 Semiconductor
一种电阻介于导体和绝缘体之间的物质。

奇点 Singularity
时空中长度为零的点。

时空 Spacetime
空间的三个维度与第四个维度——时间——结合，形成一个连续统一体。

狭义相对论 Special relativity
爱因斯坦认为绝对时间或绝对空间不可能存在的理论。狭义相对论是考虑到光速和物理定律对所有观察者都是一样的结果。

光谱 Spectrum
电磁辐射的波长范围。完整的光谱范围从波长比原子短的伽马射线到波长可能有数千米长的无线电波。

自旋 Spin
亚原子粒子的一种性质，类似于角动量。

标准模型 Standard Model
粒子物理学的框架，其中有12个基本费米子——6个夸克和6个轻子。

弦理论 String theory
一种物理理论框架，其中点状粒子被一维弦所取代。

强相互作用 Strong nuclear force
四种基本力之一，使夸克结合在一起形成中子和质子。

超新星 Supernova
大质量恒星坍缩的结果，引起比太阳亮数十亿倍的爆炸。

叠加 Superposition
量子物理学中的一种原理，即一个粒子，如电子，在被测量之前，同时处于所有可能的状态。

热力学 Thermodynamics
物理学的一个分支，研究热及其与能量和功的关系。

时间膨胀 Time dilation
两个相对运动的物体，或在不同的引力场中，经历不同速度的时间流动的现象。

不确定性原理 Uncertainty principle
量子力学的一种性质，对某些性质（如动量）的测量越精确，对其他性质（如位置）的了解就越少，反之亦然。

速度 Velocity
物体速率和方向的量度。

电压 Voltage
电势差的通用术语。

波 Wave
在空间中传播的振荡，把能量从一处传递到另一处。

波长 Wavelength
波中两个连续波峰或两个连续波谷之间的距离。

弱相互作用 Weak nuclear force
四种基本力之一，作用于原子核内部，引起贝塔衰变。

功 Work
力使物体朝某一特定方向移动时所传递的能量。

原著索引

Page numbers in **bold** refer to main entries.

引文出处

The following primary quotations are attributed to people who are not the key figure for the relevant topic.

致 谢

Dorling Kindersley would like to thank Rose Blackett-Ord, Rishi Bryan, Daniel Byrne, Helen Fewster, Dharini Ganesh, Anita Kakar, and Maisie Peppitt for editorial assistance; Mridushmita Bose, Mik Gates, Duncan Turner, and Anjali Sachar for design assistance; Alexandra Beeden for proofreading; Helen Peters for indexing; and Harish Aggarwal (Senior DTP Designer), Priyanka Sharma (Jackets Editorial Coordinator), and Saloni Singh (Managing Jackets Editor).

PICTURE CREDITS